教育部高等职业教育示范专业规划教材

机械工业出版社精品教材

机械制图与计算机绘图

第 4 版

主　编　冯秋官

副主编　陈建华

机械工业出版社

本书是在总结使用第 3 版的基础上，由机械工业高等职业技术教育机电类专业教材编委会组织修订而成，作为高职高专教育机电类专业基础课规划教材。

全书分上、下两篇。上篇为机械制图，内容有：制图的基本知识和技能，正投影基础，基本立体，轴测图，常见的立体表面交线，组合体，图样的基本表示法，图样的特殊表示法，零件图，装配图，展开图和焊接图。下篇为计算机绘图，内容有：计算机绘图基本知识，平面图形的画法，视图的画法，文本标注和尺寸标注，零件图和装配图画法，三维绘图简介等。与本教材配套使用的《机械制图与计算机绘图习题集》（第 4 版）同时出版。

本书可作为高职高专以及成人高等教育机械类、近机械类等专业基础课教材，也可供电视、函授等其他类型学校有关专业使用，还可供各专业师生和有关工程技术人员参考。

本书配有电子课件，习题册附有答案，凡使用本书作为教材的教师可登录机械工业出版社教材服务网 www.cmpedu.com 下载。咨询邮箱：cmp-gaozhi@ sina. com。咨询电话：010-88379375。

图书在版编目(CIP)数据

机械制图与计算机绘图/冯秋官主编. —4 版. —北京：机械工业出版社，2011.8
教育部高等职业教育示范专业规划教材　机械工业出版社精品教材
ISBN 978 - 7 - 111 - 35802 - 2

Ⅰ.①机…　Ⅱ.①冯…　Ⅲ.①机械制图—高等职业教育—教材 ②自动绘图—高等职业教育—教材　Ⅳ.①TH126

中国版本图书馆 CIP 数据核字（2011）第 183532 号

机械工业出版社(北京市百万庄大街22 号　邮政编码100037)
策划编辑：王海峰　责任编辑：王海峰　王德艳
版式设计：霍永明　责任校对：张晓蓉
封面设计：鞠　杨　责任印制：杨　曦
北京圣夫亚美印刷有限公司印刷
2012 年 1 月第 4 版第 1 次印刷
184mm×260mm · 19.5 印张 · 482 千字
0001—3000 册
标准书号：ISBN 978 - 7 - 111 - 35802 - 2
定价：36.00 元

序

职业教育指受教育者获得某种职业或生产劳动的职业道德、知识和技能的教育。机电行业的职业技术教育是培养在生产一线的技术、管理和运行人员，他们主要从事成熟的技术和管理规范的应用与运作。随着社会经济的发展和科学技术的进步，生产领域的技术含量在不断提高。用人单位要求生产一线的技术、管理和运行人员的知识与能力结构与之相适应。行业发展的要求促使职业技术教育的高层次——高等职业教育蓬勃发展。

高职教育与高等工程专科、中专教育培养的人才属同一类型，都是技术型人才，毕业生将就业于不同的技术工作岗位。高等职业教育的专业设置必须适应地区经济与行业的需求。高等职业教育是能力本位教育，应从职业分析入手，按岗位群职业能力来确定课程设置与各种活动。

机械工业出版社出版了大量的本科、高等工程专科、中专教材，其中有相当一批教材符合高等职业教育的需求，具有很强的职业教育特色，在此基础上这次又推出了机械类、电气类、数控类三个高职专业的高职教材。

专业课程的开发应遵循适当综合化与适当实施化。综合化有利于破除原来各种课程的学科化倾向，有利于删除与岗位职业能力关系不大的内容，有利于增添岗位能力所需要的新技术、新知识，如微电子技术、计算机技术等。实施化是课程内容要按培养工艺实施与运行人员的职业能力来阐述，将必要的知识支撑点溶于能力培养的过程中，注重实践性教学，注重探索教学模式，以达到满意的教学效果。

本教材倾注了众多编写人员的心血，他们为探索我国机电行业高职教育作出了可贵的尝试。今后还要依靠广大教师在实践中不断改进，不断完善，为创建我国的职业技术教育体系而奋斗。

赵克松

第4版前言

本书是在《机械制图与计算机绘图》（第3版）的基础上修订而成的。

本书修订时，参照了教育部制定的《高职高专工程制图课程教学基本要求（机械类专业适用)》，参考了教育部工程图学教学指导委员会制定的《普通高等院校工程图学课程教学基本要求》，保留了第3版的特色，注意了高职高专教育改革和发展对制图教学的新要求，广泛听取了读者的意见和建议，参考并吸收了许多教材的长处，深化课程改革，更新课程体系和内容，以必需、够用为度，充实了部分基本内容，加强了读图、测绘和徒手画图的能力训练，适当降低了画、读零件图和装配图的难度要求。为适应不同专业、学时的教学需要，将一些偏而难的题例和拓宽加深的内容作为选学（用＊表示）。本书贯彻了最新的《技术制图》和《机械制图》国家标准，计算机绘图采用 AutoCAD2010 的新版本重新编写。本书文字叙述简练通俗，便于学生自学。为满足多媒体教学的需要，我们编制了与教材配套的多媒体课件。

参加本书修订编写与配套课件编制的有：冯秋官、陈建华、王小娟、陈栩、李丽娜、陈霞、陈国英、谢芳、杨玉萍、史宛丽、陈光忠、刘燕。由冯秋官任主编，陈建华任副主编。

本书修订编写过程中得到许多同志的帮助，福建工程学院工程图学教研室的老师审阅了本书稿，提出了许多宝贵的意见和建议，在此一并表示感谢。

值此第4版出版之际，对为本书前三版作出贡献的人员深表感谢。

限于编者水平，书中难免存在错误和不足，恳请广大读者批评指正。

编　者

目 录

绪 论

一、图样及其在生产中的用途

根据投影原理、标准或有关规定，表示工程对象，并有必要的技术说明的图，称为图样。

现代工业生产中，无论是机器、仪器的设计、制造与维修，还是工程建筑的设计与施工，都是通过图样来进行的。设计者通过图样来表达设计意图；制造者根据图样来了解设计要求，进行制造与施工；使用者通过图样了解它的构造和性能，以及正确的使用和维护方法。因此，图样是表达设计意图、交流技术思想的重要工具，是工业生产中的重要技术文件，是工程界的技术语言。每个工程人员都必须具备阅读和绘制图样的基本能力。

行业和部门不同，对图样的名称和要求也不同。用来表示机器、仪器等的图样，称为机械图样。本课程是研究绘制与阅读机械图样的基本原理和方法的一门学科，是高等职业技术教育和高等工程专科教育机械类专业的一门主干技术基础课。

二、本课程的主要任务

1）学习正投影法的基本理论及其应用。

2）学习、贯彻制图国家标准及其有关规定。

3）培养学生用仪器、计算机、徒手三种方法绘制机械图样的基本能力。

4）培养学生具有阅读机械图样的基本能力。

5）培养学生的空间想象和思维能力，以及构型设计的基本能力。

6）培养认真负责的工作态度和一丝不苟的工作作风。

三、本课程的学习方法

本课程是一门既有系统理论，又有很强实践性的技术基础课。学习中，应该做到：

1）既要认真听课，又要及时、认真、独立地完成一定量的练习和作业。

2）要坚持理论联系实际。应多通过参观生产现场，观察机械产品，借助模型、立体图、实物等，增加生产实践知识和表象积累。

3）要注意物体与图样相结合，画图与读图相结合，构型与表达相结合，不断由物画图，由图想物，多画、多读、多想，由浅入深，反复实践，不断培养和发展空间想象和思维能力。

4）必须严格遵守、认真贯彻制图国家标准及相关标准。

5）要正确地使用绘图工具和仪器，还要熟练地掌握计算机绘图和徒手绘图的方法。

6）不断改进学习方法，提高自学能力。

上篇　机械制图

第一章　制图的基本知识和技能

工程图样是工业生产中必不可少的技术资料、交流技术思想的语言。要正确、快速地绘制和阅读工程图样，必须严格遵守制图国家标准的有关规定，熟悉绘图工具的使用，掌握几何图形的画法和仪器绘图的技能。本章对此作简要介绍。

第一节　制图国家标准的基本规定

为了便于生产、管理和技术交流，国家标准《技术制图》和《机械制图》对图纸的幅面和格式、比例、字体、图线和尺寸注法等，作了统一的规定。现摘要介绍其中的部分内容。

一、图纸幅面和格式（GB/T 14689—2008）

1. 图纸幅面尺寸

绘制技术图样时，应优先采用表1-1所规定的基本幅面。必要时，也允许选用加长幅面，但加长后的幅面尺寸须符合标准规定，由基本幅面的短边成整数倍增加后得出。

表1-1　基本幅面　　　　　　　　　　　　　　（单位：mm）

幅面代号	A0	A1	A2	A3	A4
$B \times L$	841×1189	594×841	420×594	297×420	210×297
e	20			10	
c	10			5	
a	25				

2. 图框格式

在图纸上必须用粗实线画出图框，其格式分为不留装订边和留有装订边两种，如图1-1、图1-2所示，其尺寸见表1-1。但同一产品的图样只能采用一种格式。

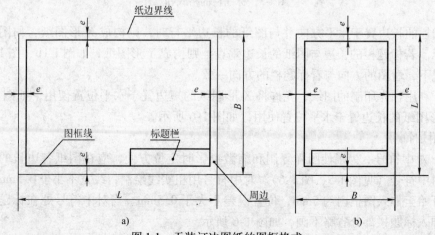

图1-1　无装订边图纸的图框格式

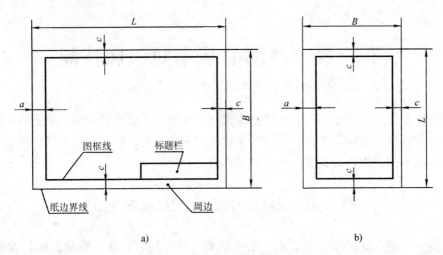

图1-2 有装订边图纸的图框格式

3. 标题栏的方位

每张图纸上都必须在右下角画出标题栏（见图1-1、图1-2）。GB /T10609.1—2008 规定的标题栏格式和尺寸如图1-3 所示。学生作业中的标题栏可以自定，建议采用如图1-4 所示的简化标题栏。

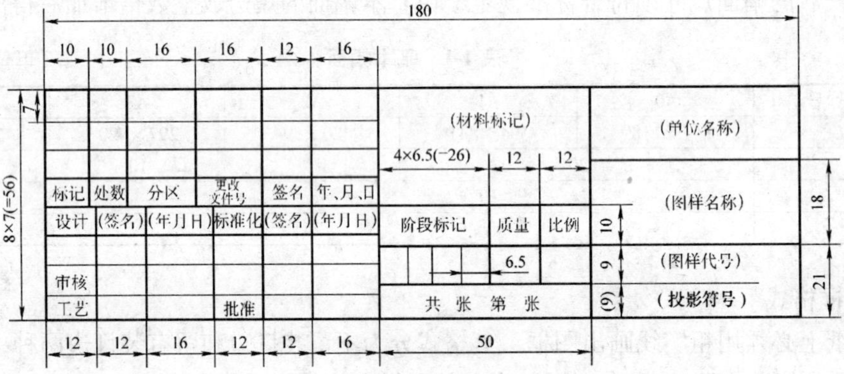

图1-3 标题栏的格式和尺寸

标题栏的长边置于水平方向并与图纸的长边平行时，则构成 X 形图纸，如图1-1a、图1-2a 所示。若标题栏的长边与图纸的长边垂直，则构成 Y 形图纸，如图1-1b、图1-2b 所示，在此情况下，看图的方向与看标题栏的方向一致。

为了利用预先印制的图纸，允许将 X 形图纸的短边置于水平位置使用，如图1-5 所示；或将 Y 形图纸的长边置于水平位置使用，如图1-6 所示。

4. 附加符号

（1）对中符号 为了使图样复制和缩微摄影时定位方便，应在图纸各边长的中点处分别画出对中符号（见图1-5、图1-6）。对中符号用粗实线绘制，线宽不小于 0.5mm，长度从纸边界开始至伸入图框内约 5mm，位置误差不大于 0.5mm。当对中符号处在标题栏范围内时，则伸入标题栏部分省略不画，如图1-6 所示。

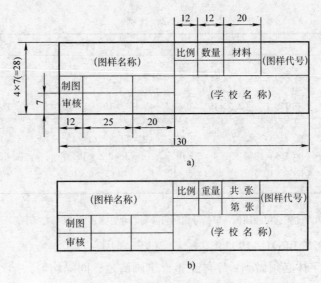

图 1-4　制图作业用简化标题栏
a）零件图标题栏　b）装配图标题栏

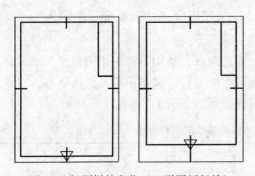

图 1-5　标题栏的方位（X 形图纸竖放）

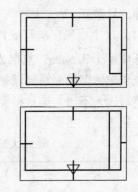

图 1-6　标题栏的方位（Y 形图纸横放）

（2）方向符号　对于按规定使用预先印制的图纸时，为了明确绘图与看图时图纸的方向，应在图纸下边对中符号处画出一个方向符号，如图 1-5、图 1-6 所示。方向符号是用细实线绘制的等边三角形，其大小和所处位置如图 1-7 所示。

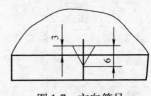

图 1-7　方向符号

二、比例（GB/T 14690—1993）

比例是指图中图形与其实物相应要素的线性尺寸之比。绘制图样时，应根据需要在表 1-2 规定的系列中选取适当的比例。

为能使图形直接反映实物的真实大小，绘图时，应尽可能采用原值比例，但有时需要采用放大或缩小比例来绘图。无论采用何种比例，图形上所注的尺寸数值，必须是实物的实际大小。但图形中的角度，仍应按实际尺寸绘制和标注。

标注比例时，比例符号应以"："表示，如 1：1，2：1，1：2 等。比例一般应标注在标题栏中的比例栏内。

表1-2　比例

种　类	比　例			
原值比例	1：1			
放大比例	2：1　　　　（2.5：1）　　　　（4：1）　　　　5：1 $2 \times 10^n：1$　（$2.5 \times 10^n：1$）　（$4 \times 10^n：1$）　$5 \times 10^n：1$　　$1 \times 10^n：1$			
缩小比例	（1：1.5）　1：2　（1：2.5）　　（1：3）　　（1：4）　1：5　（1：6）　1：10 （$1：1.5 \times 10^n$）　　1：2×10^n　　　（$1：2.5 \times 10^n$）　　　（$1：3 \times 10^n$） （$1：4 \times 10^n$）　　　1：5×10^n　　　（$1：6 \times 10^n$）　　　1：1×10^n			

注：1. n 为正整数。

　　2. 不带括号比例为优先选用的比例，带括号比例为必要时允许选用的比例。

三、字体（GB/T 14691—1993）

图样中书写的字体必须做到：字体工整，笔画清楚，间隔均匀，排列整齐。

字体高度（用 h 表示）的公称尺寸系列为：1.8mm，2.5mm，3.5mm，5mm，7mm，10mm，14mm，20mm。如需要书写更大的字，其字体高度应按 $\sqrt{2}$ 的比率递增。字体高度代表字体的号数。

（1）汉字　汉字应写成长仿宋体字，并应采用国家正式公布推行的简化字。汉字的高度 h 不应小于3.5mm，其字宽一般为 $h/\sqrt{2}$。

长仿宋体字的书写要领是：横平竖直，注意起落，结构匀称，填满方格。书写时，笔画要一笔写成，不得勾描；横要从左到右平直且略微提升，竖要铅垂，起落笔有力露锋；偏旁部首比例适当；主要笔画尖锋触格，结构匀称美观。如表1-3和图1-8所示。

表1-3　长仿宋体字的基本笔画和写法

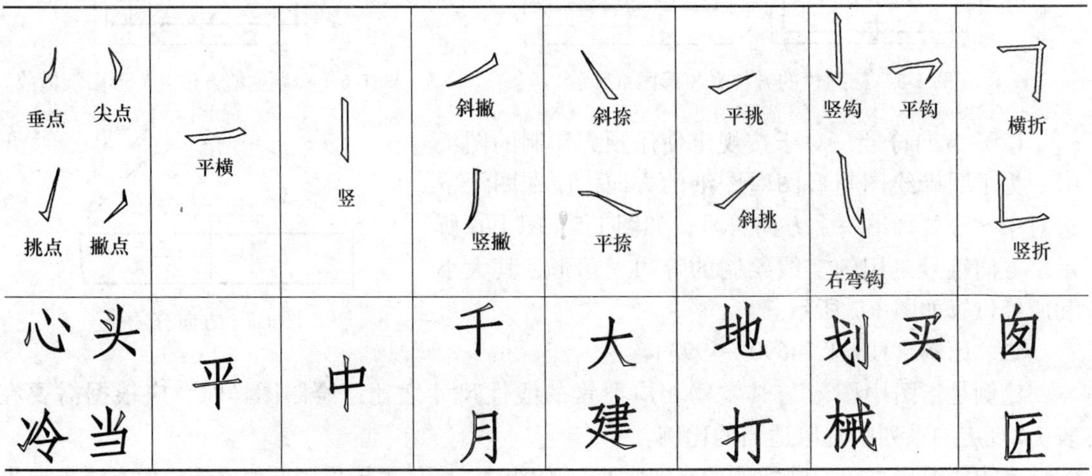

（2）字母和数字　字母和数字分A型和B型。A型字体的笔画宽度（d）为字高（h）的1/14，B型字体的笔画宽度（d）为字高（h）的1/10。同一图样上，只允许选用一种形式的字体。

字母和数字可写成斜体和直体。斜体字字头向右倾斜，与水平基准线成75°，如图1-9所示。

10 号字

字体工整　笔画清楚　间隔均匀　排列整齐

7 号字

横平竖直　注意起落　结构均匀　填满方格

5 号字

技术　制图　机械　电子　汽车　航空　船舶　土木　建筑　矿山　井坑　港口　纺织　服装

3.5 号字

螺纹　齿轮　端子　接线　飞行指导　驾驶舱位　挖填施工　引水通风　闸阀坝　棉麻化纤

图 1-8　长仿宋体字示例

大写拉丁字母

ABCDEFGHIJKLMNOP

QRSTUVWXYZ

小写拉丁字母

abcdefghijklmnopq

rstuvwxyz

阿拉伯数字

0123456789

罗马数字

I II III IV V VI VII VIII IX X

应用示例

R3　2×Φ5　M24-7H　Φ60H7　Φ30g6

$\Phi 20^{+0.021}_{0}$　$\Phi 25^{-0.007}_{-0.020}$　Q235　HT200

图 1-9　拉丁字母和数字示例（B 型斜体）

四、图线（GB/T 4457.4—2002，GB/T 17450—1998）

1. 线型及其应用

国家标准 GB/T 17450—1998《技术制图　图线》中规定了绘制各种技术图样的基本线型、基本线型的变形及其相互组合。在机械图样中，国家标准 GB/T 4457.4—2002《机械制图　图样画法　图线》规定，只采用粗线和细线两种线宽，它们之间的比例为 2∶1。图线宽度和图线组别，见表 1-4。制图中应优先采用的图线组别为 0.5 和 0.7。

表 1-4　图线宽度和图线组别　　　　　　　　　　（单位：mm）

图线组别	0.25	0.35	0.5	0.7	1	1.4	2
粗线宽度	0.25	0.35	0.5	0.7	1	1.4	2
细线宽度	0.13	0.18	0.25	0.35	0.5	0.7	1

机械图样上常用的几种图线的名称、线型和一般应用见表 1-5。

表 1-5　线型及其一般应用

图线名称	线　型	图线宽度	一般应用
粗实线	———————	粗	可见棱边线 可见轮廓线 相贯线 螺纹的牙顶线与螺纹长度终止线 齿顶圆（线） 剖切符号用线
细虚线	 — — — — —	细	不可见棱边线 不可见轮廓线
细实线	 ———————	细	尺寸线和尺寸界线 剖面线 过渡线 指引线和基准线 重合断面的轮廓线 螺纹的牙底线及齿轮的齿根线 辅助线 投影线
细点画线	 — · — · — · —	细	轴线 对称中心线 齿轮的分度圆（线） 孔系分布的中心线 剖切线
波浪线	 ～～～～	细	断裂处的边界线 视图与剖视图的分界线
双折线	 ⌇⌇	细	断裂处的边界线 视图与剖视图的分界线
细双点画线	 — ·· — ·· —	细	相邻辅助零件的轮廓线 可动零件的极限位置的轮廓线 剖切面前的结构轮廓线 轨迹线

（续）

图线名称	线　型	图线宽度	一般应用
粗点画线	—·—·—·—	粗	限定范围表示线
粗虚线	— — — —	粗	允许表面处理的表示线

以下将细虚线、细点画线、细双点画线分别简称为虚线、点画线和双点画线。

图线应用示例，如图1-10所示。

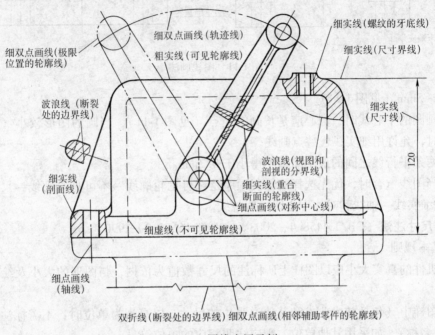

图1-10　图线应用示例

2. 图线的画法

1）在同一图样中，同类图线的宽度应一致。各类线素（不连续的独立部分，如点、画、间隔）的长度应各自大致相等，符合国家标准规定（见表1-6）。

表1-6　常用线素的长度

线　素	长　度	线　素	长　度
点	≤0.5d	画	12d
短间隔	3d	长画	24d

注：d为图线的宽度。

实际作图时，通常虚线画长4~6mm，间隔1mm；点画线长画长15~30mm，两长画间间隔约3mm；双点画线长画长15~30mm，两长画间间隔约5mm。

2）图线相交时，都应以画和长画相交，而不应该是点或间隔（见图1-11）。

3）虚线直线在实线延长线上相接时，虚线应留出间隔；虚线圆弧与实线相切时，虚线圆弧应留出间隔（见图1-11）。

4）实际绘图时，图线的首末端应是画和长画，不应是点或间隔。点画线的两端应超出

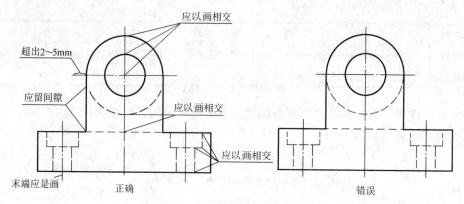

图 1-11　图线画法

轮廓线 2~5mm（见图 1-11）。

5）画圆的中心线时，圆心应是长画的交点（见图 1-11），当圆的图形较小（直径小于 12mm）时，允许用细实线代替点画线。

6）两条平行线之间的最小间隙不得小于 0.7mm。

7）当图线重合时，优先选择的绘制顺序是：可见轮廓线→不可见轮廓线→尺寸线→各种用途的细实线→轴线和对称中心线→假想线。

五、尺寸注法（GB/T 4458.4—2003 和 GB/T 16675.2—1996）

1. 基本规则

1）机件的真实大小应以图样上所标注的尺寸数值为依据，与图形的大小及绘图的准确度无关。

2）图样中（包括技术要求和其他说明）的尺寸，以毫米为单位时，不需标注计量单位符号（或名称），如采用其他单位，则应注明相应的单位符号。

3）图样中所标注的尺寸，为该图样所示机件的最后完工尺寸，否则应另加说明。

4）机件的每一尺寸，一般只标注一次，并应标注在反映该结构最清晰的图形上。

2. 尺寸的组成

图样上标注的每一个尺寸，一般由尺寸界线、尺寸线和尺寸数字及相关符号所组成，如图 1-12 所示。

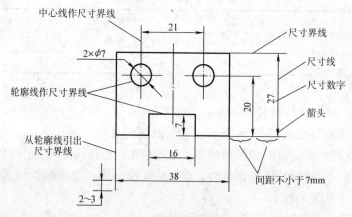

图 1-12　尺寸的组成

（1）尺寸界线　表示尺寸的度量范围。它用细实线绘制，并应由图形的轮廓线、轴线或对称中心线处引出，也可利用轮廓线、轴线或对称中心线作尺寸界线。

尺寸界线一般应与尺寸线垂直，必要时才允许倾斜。在光滑过渡处标注尺寸时，应用细实线将轮廓线延长，从它们的交点处引出尺寸界线，如图1-13所示。

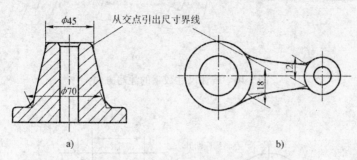

图1-13　光滑过渡处尺寸界线的画法

（2）尺寸线　表示尺寸的度量方向。它用细实线绘制，不能用其他图线代替，一般也不得与其他图线重合或画在其延长线上。标注线性尺寸时，尺寸线应与所注的线段平行。图1-14所示为尺寸线错误画法示例。

尺寸线的终端有箭头和斜线两种形式，如图1-15所示。箭头形式，适用于各种类型的图样。当尺寸线的终端采用斜线（用细实线绘制）形式时，尺寸线与尺寸界线应相互垂直。同一张图样中只能采用一种尺寸线终端的形式。机械图中一般采用箭头作为尺寸线的终端。

（3）尺寸数字　表示尺寸度量的大小。线性尺寸的数字一般应注写在尺寸线的上方，也允许注写在尺寸线的中断处。同一张图样上注写方法应一致。

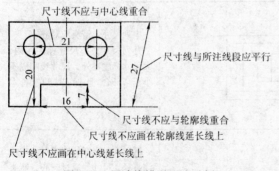

图1-14　尺寸线错误画法示例

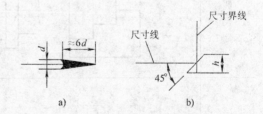

图1-15　尺寸线的两种终端形式
a）箭头形式（已放大）　b）斜线形式
d—粗实线宽度　h—字体高度

线性尺寸数字一般应按图1-16a所示的方向注写，即水平方向字头朝上，铅垂方向字头朝左，倾斜方向字头保持朝上趋势。并尽可能避免在图示30°范围内标注，当无法避免时，可按图1-16b的形式标注。

尺寸数字不可被任何图线所通过，否则应将图线断开，如图1-17所示。

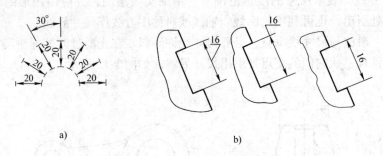

图 1-16　线性尺寸数字的注写方向

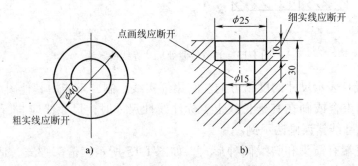

图 1-17　尺寸数字不可被任何图线通过

3. 常用的尺寸注法

常用尺寸注法示例见表 1-7。

表 1-7　常用的尺寸注法示例

项　目	图　例	说　明
直线尺寸		串列尺寸，箭头应对齐 并列尺寸，小尺寸标注在内，大尺寸标注在外，尺寸线间隔不小于 7mm，且保持间隔基本一致
圆和圆弧		圆和大于半圆的圆弧尺寸应标注直径，尺寸线通过圆心，箭头指在圆周上，且应在尺寸数字前加注符号"ϕ" 小于和等于半圆的圆弧尺寸一般标注半径，只在指向圆弧的一端尺寸线上画出箭头，尺寸线指向圆心，且在尺寸数字前加注符号"R"

（续）

项　目	图　例	说　明
小尺寸	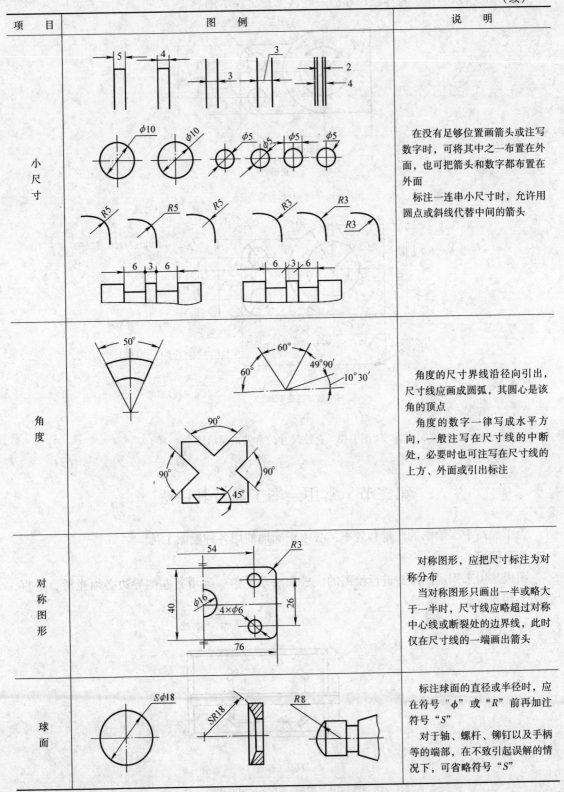	在没有足够位置画箭头或注写数字时，可将其中之一布置在外面，也可把箭头和数字都布置在外面 标注一连串小尺寸时，允许用圆点或斜线代替中间的箭头
角度		角度的尺寸界线沿径向引出，尺寸线应画成圆弧，其圆心是该角的顶点 角度的数字一律写成水平方向，一般注写在尺寸线的中断处，必要时也可注写在尺寸线的上方、外面或引出标注
对称图形		对称图形，应把尺寸标注为对称分布 当对称图形只画出一半或略大于一半时，尺寸线应略超过对称中心线或断裂处的边界线，此时仅在尺寸线的一端画出箭头
球面		标注球面的直径或半径时，应在符号"ϕ"或"R"前再加注符号"S" 对于轴、螺杆、铆钉以及手柄等的端部，在不致引起误解的情况下，可省略符号"S"

图 1-18 所示为初学者标注尺寸的一些常见正、误示例。

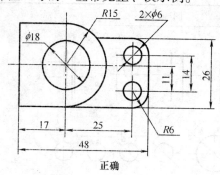

正确

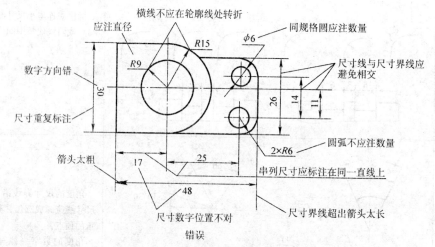

错误

图 1-18　标注尺寸的常见正误示例

第二节　常用绘图工具及其用法

为了提高手工绘图的质量和效率，必须正确地使用各种绘图工具。

一、图板

图板是用来固定图纸并进行绘图的。板面要求平整、光滑，左侧导边必须光滑、平直，如图 1-19 所示。

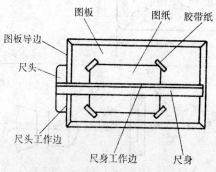

图 1-19　图板、丁字尺和图纸

二、丁字尺

丁字尺主要用来画水平线，还常与三角板配合画铅垂线。使用时，需用左手扶住尺头，并使尺头工作边紧靠图板左导边，上下滑移到画线位置（见图1-20a），然后压住尺身，沿工作边自左向右画水平线（见图1-20b）。禁止直接用丁字尺画铅垂线，也不能用尺身下缘画水平线。

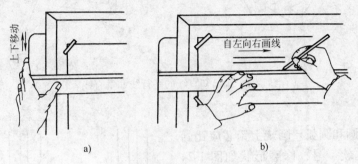

图1-20　用丁字尺画水平线

三、三角板

三角板常与丁字尺配合，画水平线的垂直线，如图1-21所示。

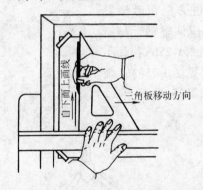

图1-21　用三角板与丁字尺画垂直线

三角板与丁字尺或直尺配合使用，可以画与水平线成15°倍数角的斜线，如图1-22所示。

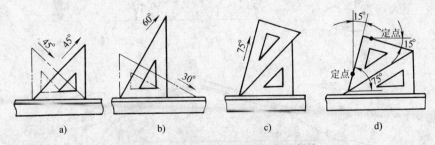

图1-22　用三角板画15°倍数角的斜线

两块三角板配合，还可以画任意已知直线的平行线或垂直线，如图1-23所示。

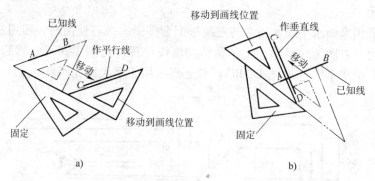

图 1-23　画已知直线的平行线和垂直线

四、圆规

圆规用来画圆和圆弧。圆规上铅芯应比画同类直线的铅芯软一号，修磨形状如图 1-24 所示。

画圆时，应将圆规钢针有台肩端朝下，并使台肩面与铅芯尖端平齐，两脚与纸面垂直，按顺时针方向画圆，并向前进方向稍微倾斜（见图 1-25a）；画较大圆时，应调整钢针与铅芯插脚，保持与纸面垂直（见图 1-25b）；画小圆时，圆规两脚应向里弯曲（见图 1-25c）；画大圆时，应接上接长杆（见图 1-25d）。

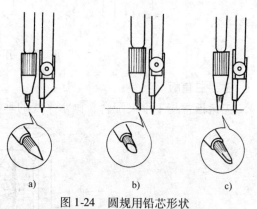

图 1-24　圆规用铅芯形状
a）圆锥形　b）斜形　c）扁四棱台

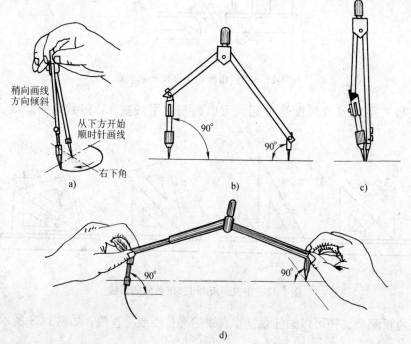

图 1-25　圆规的使用

五、分规

分规用来量取尺寸和等分线段。当两腿并拢时，两针尖应对齐，其用法如图 1-26 所示。

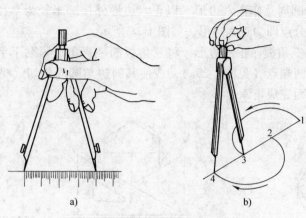

图 1-26　分规的使用

a）量取尺寸　b）等分线段

六、铅笔

绘图铅笔的铅芯有软硬之分，用标号 B 或 H 表示，B 前数字越大，铅芯越软，H 前数字越大，铅芯越硬，HB 铅芯软硬适中。

绘图时，一般用 H 或 2H 铅笔画底稿线，用 HB 或 B 铅笔加深粗线，用 H 铅笔加深细线；圆规用铅芯相应地选用软一号；用 HB 铅笔写字、画箭头。

铅笔应从没有标号的一端开始削起，铅芯的修磨，可在砂纸上进行（见图 1-27a）。用于画底稿线、细线和写字的铅笔，其铅芯宜磨成圆锥形（见图 1-27b）；用于画粗线的铅笔，其铅芯可磨成扁四棱台形（见图 1-27c）。

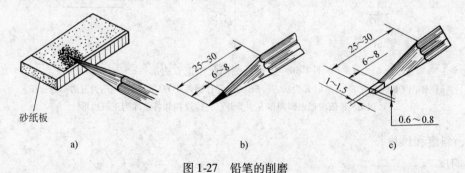

砂纸板

图 1-27　铅笔的削磨

常用的手工绘图工具和用品还有比例尺、曲线板、橡皮、胶带纸、擦线板、小刀、墨线笔、软毛刷、绘图纸等。

第三节　几何作图

任何平面图形都可以看成是由直线、圆弧、多边形或其他曲线等简单几何图形所组成的。本节介绍常用几何图形及其连接的尺规作图方法。

一、等分圆周及作正多边形

1. 正六边形

（1）用圆规等分圆周及作正六边形　以正六边形外接圆半径为半径，等分圆周，得六个等分点，连接各等分点即为正六边形，如图1-28所示。

（2）用丁字尺和三角板作正六边形　将三角板的一直角边紧贴丁字尺，使其斜边过圆周上垂直位置的直径两端点（见图1-29a），或使其斜边与圆周相切（见图1-29b），可作正六边形的四条边，进而完成正六边形。

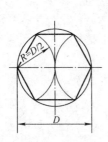
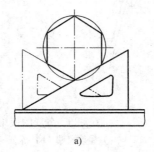
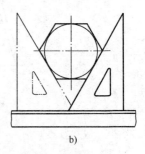

图1-28　用圆规作正六边形　　　　　　图1-29　用丁字尺和三角板作正六边形

2. 正五边形

作图方法如图1-30所示。

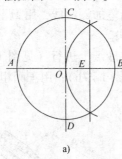
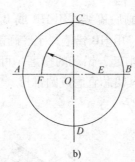
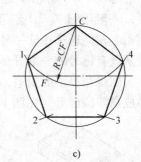

图1-30　五等分圆周及作正五边形

a）作出 *OB* 的中点 *E*　b）以 *E* 为圆心、*EC* 为半径作圆弧交 *OA* 于 *F*，*CF* 即为五边形的边长

c）以 *CF* 长依次截取圆周得五个等分点，连接相邻各点即为正五边形

二、斜度和锥度

1. 斜度

斜度是指一直线或平面对另一直线或平面的倾斜程度，一般以两者之间夹角的正切来表示（见图1-31a），即：斜度 $= H/L = \tan\alpha$。习惯上把比例前项化为1，写成 $1:n$ 的形式。

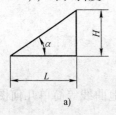

h=字体高度
d=h/10

图1-31　斜度及其标注

标注斜度时，采用图 1-31c 所示的图形符号表示。符号的倾斜方向应与斜度的方向一致，如图 1-31b 所示。

斜度的画法，如图 1-32 所示。

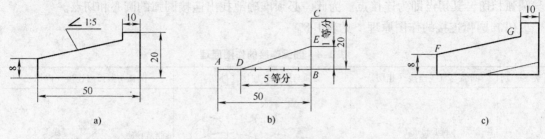

图 1-32　斜度的画法

a）已知图形　b）作 BC 垂直于 AB，在 AB 上取五等分得 D，在 BC 上取 1 等分得 E，连 DE 即为 1∶5 参考斜度线

c）按尺寸定出 F、G 点，过 F 作 DE 平行线，完成作图，即为所求

2. 锥度

锥度是指圆锥底圆直径与高度之比。如果是圆锥台，则为两底圆直径之差与高度之比（见图 1-33a），即：锥度 $= D/L = (D - d)/l = 2\tan\alpha$，通常以 1∶n 的形式表示。

在图样上采用图 1-33c 所示的图形符号表示锥度，该符号应配置在基准线上，基准线应与圆锥的轴线平行，图形符号的方向应与圆锥方向一致，如图 1-33b 所示。

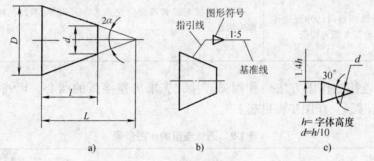

图 1-33　锥度及其标注

锥度的画法，如图 1-34 所示。

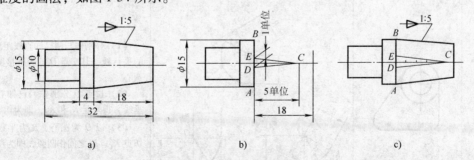

图 1-34　锥度的画法

a）已知锥度 1∶5 图形

b）按尺寸画出已知部分，在轴线上取五个单位长，在 AB 上取一个单位长，得 1∶5 两条参考锥度线 CD、CE

c）过 A、B 分别作 CD、CE 的平行线，完成作图，即为所求

三、圆弧连接

绘制机件图形时，经常需要用圆弧光滑地连接已知圆弧或直线（见表1-9）。这种用圆弧光滑地连接相邻两线段的方法，称为圆弧连接。光滑连接，实质上就是圆弧与直线或圆弧与圆弧相切，其切点即为连接点。为此，必须准确地找出连接圆弧的圆心和切点。

（1）圆弧连接的作图原理　见表1-8。

表1-8　圆弧连接的作图原理

类　别	圆弧与直线连接（相切）	圆弧与圆弧外连接（外切）	圆弧与圆弧内连接（内切）
图例			
连接弧圆心轨迹及切点位置	连接弧圆心的轨迹是平行于已知直线且相距为 R 的直线 连接弧圆心向已知直线作垂线，垂足 K 即为切点	连接弧圆心的轨迹是已知圆弧的同心圆弧，其半径为 $R_1 + R$ 两圆心连线与已知圆弧的交点 K 即为切点	连接弧圆心的轨迹是已知圆弧的同心圆弧，其半径为 $R_1 - R$ 两圆心连线的延长线与已知圆弧的交点 K 即为切点

（2）圆弧连接的作图方法　作圆弧连接，先求出连接弧的圆心，再找出连接点（切点），最后画连接弧。作图步骤见表1-9。

表1-9　圆弧连接的作图步骤

形　式	实　例	作　图	步　骤
两直线间的圆弧连接			（1）分别作与两已知直线距离为 R 的平行线，其交点 O 即为连接圆弧的圆心 （2）过点 O 分别作两已知直线的垂线，得垂足 K_1 和 K_2，即为切点 （3）以 O 为圆心，R 为半径在两切点 K_1、K_2 之间作圆弧，即为所求

（续）

形　式		实　例	作　图	步　骤
两圆弧间的圆弧连接	外连接	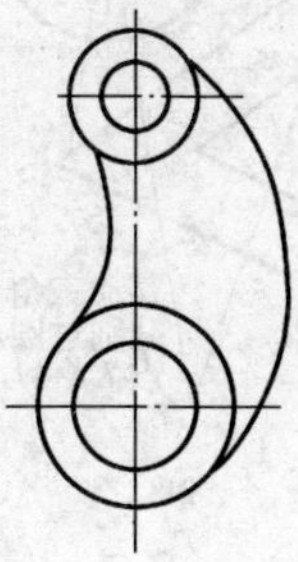	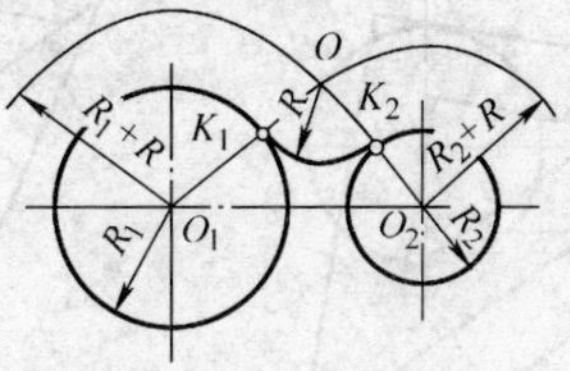	（1）分别以 O_1、O_2 为圆心，$R_1 + R$ 和 $R_2 + R$ 为半径画圆弧得交点 O，即为连接圆弧的圆心 （2）连接 OO_1、OO_2 与已知圆弧分别交于 K_1、K_2，即为切点 （3）以 O 为圆心，R 为半径在两切点 K_1、K_2 之间作圆弧，即为所求
	内连接		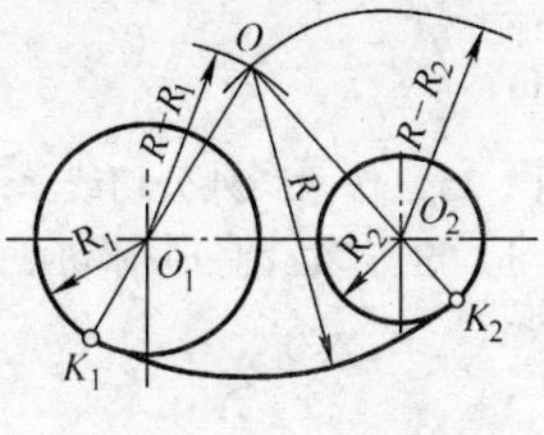	（1）分别以 O_1、O_2 为圆心，$R - R_1$ 和 $R - R_2$ 为半径画圆弧得交点 O，即为连接圆弧的圆心 （2）连接 OO_1、OO_2 并延长与已知圆弧分别交于 K_1、K_2，即为切点 （3）以 O 为圆心，R 为半径在两切点 K_1、K_2 之间作圆弧，即为所求
	混合连接	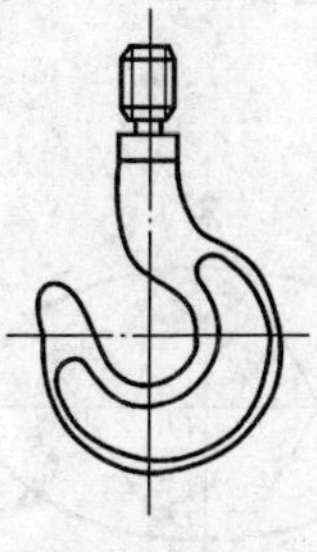	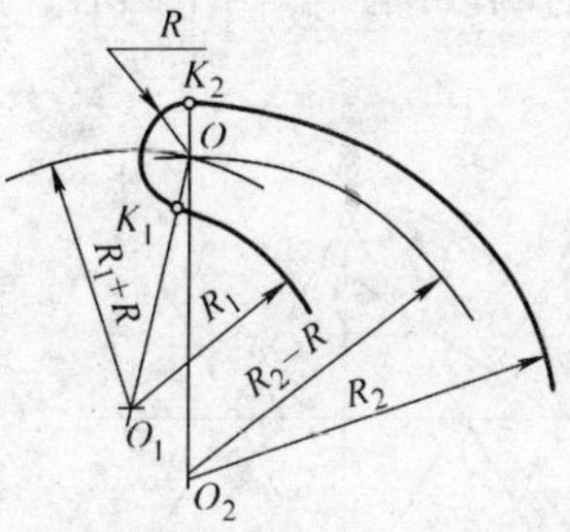	（1）分别以 O_1、O_2 为圆心，$R_1 + R$ 和 $R_2 - R$ 为半径画圆弧得交点 O，即为连接圆弧圆心 （2）连接 OO_1、OO_2 并延长 O_2O 与已知圆弧分别交于 K_1、K_2，即为切点 （3）以 O 为圆心，R 为半径在两切点 K_1、K_2 之间作圆弧，即为所求
直线和圆弧间的圆弧连接		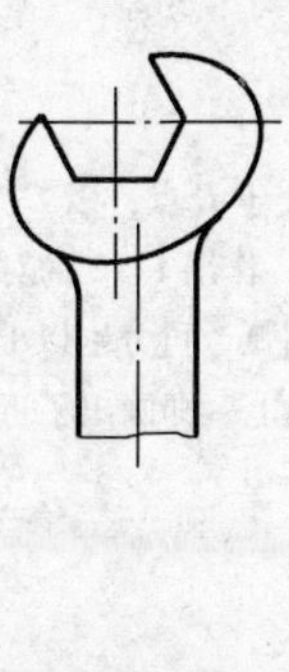	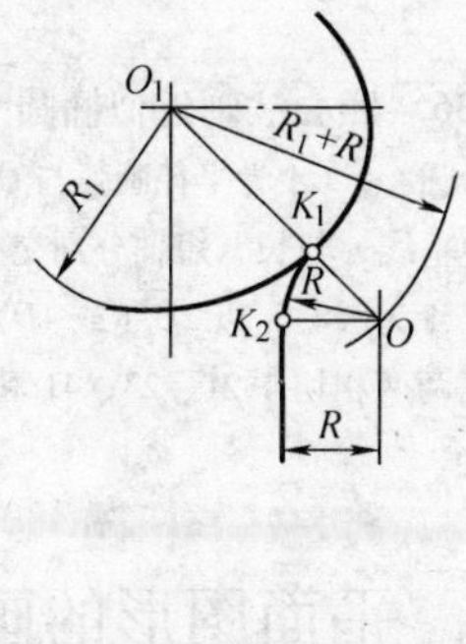	（1）作与已知直线距离为 R 的平行线 （2）以 O_1 为圆心，$R_1 + R$ 为半径画圆弧与平行线交于 O，即为连接圆弧圆心 （3）过 O 作已知直线垂线，得垂足 K_2，连接 OO_1 与已知圆弧交于 K_1，则 K_1、K_2 为切点 （4）以 O 为圆心，R 为半径，在 K_1、K_2 之间作圆弧，即为所求

四、作圆弧的切线

作圆弧切线，要先利用三角板定出切线位置，再准确求切点，最后画切线，作图的关键是求切点，如图 1-35 所示。

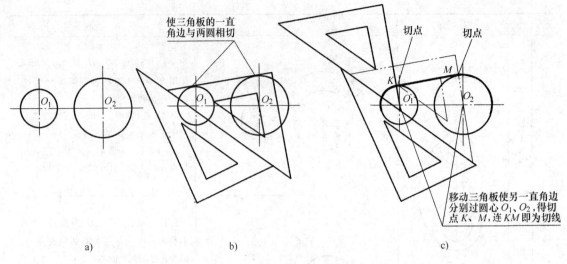

图 1-35 作两圆外公切线

a) 已知两圆 b) 定切线位置 c) 求切点,画切线

五、椭圆的近似画法

非圆曲线种类很多,这里仅介绍根据长、短轴作椭圆的近似画法。这种近似画法是以四段圆弧依次连接代替椭圆曲线。因为四段圆弧有四个圆心,所以将这种画法称为四心法。作图步骤如图 1-36 所示。

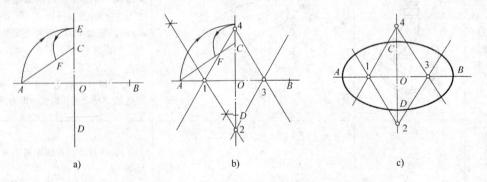

图 1-36 四心法画近似椭圆

a) 画长、短轴 AB、CD,连接 AC;以 O 为圆心,OA 为半径画弧与 OC 的延长线交于 E 点;以 C 为圆心,CE 为半径作圆弧交 AC 于 F 点 b) 作 AF 的中垂线,与长、短轴分别交于 1、2 两点,作出 1、2 的对称点 3、4,连接 21、23、41 和 43 并延长之 c) 分别以 2、4 为圆心,以 2C(或 4D)为半径作圆弧,再分别以 1、3 为圆心,以 1A(或 3B)为半径作圆弧,这四段圆弧两两相切于 21、23、41 和 43 四条直线上,即画出了近似椭圆

第四节 平面图形的画法

画平面图形前,首先要对图形进行尺寸和线段分析,以明确作图顺序,然后按一定的绘图方法和步骤,正确快速地画出图形和标注尺寸。

一、平面图形的尺寸和线段分析

（1）平面图形中的尺寸　按其作用可分为两类。

1）定形尺寸：确定平面图形中各线段或线框形状大小的尺寸。如线段长度、圆的直径、圆弧半径以及角度大小等，图1-37中的15、ϕ20、ϕ5、R15、R12、R50、R10等均为定形尺寸。

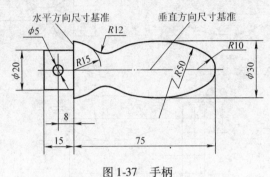

图1-37　手柄

2）定位尺寸：确定平面图形中线段或线框间相对位置的尺寸。如线段、圆心的位置尺寸等，图1-37中的8是确定ϕ5位置的尺寸。

有时，同一个尺寸既是定形尺寸又是定位尺寸。如图1-37中，尺寸75既是决定手柄长度的定形尺寸，又是R10的定位尺寸；尺寸ϕ30既是决定手柄大小的定形尺寸，又是R50的定位尺寸。

确定平面图形中尺寸位置的几何元素称为尺寸基准。通常以对称线、较长的直线或圆的中心线作为尺寸基准，如图1-37所示。平面图形中，水平和垂直方向应各有一个主要基准，复杂的图形还可能有一个或几个辅助基准。

标注平面图形尺寸时，应分析图形各部分的构成，选定尺寸基准，先标注出定形尺寸，再标注出定位尺寸，使所标注尺寸正确、完整、清晰。

（2）平面图形的线段　根据其所注尺寸分为三类。

1）已知线段：标注有齐全的定形尺寸和定位尺寸的线段。已知线段不依靠与其他线段的连接关系即可画出。注有圆弧半径和圆心的两个定位尺寸的圆弧为已知圆弧，如图1-37中的R15、R10。

2）中间线段：标注尺寸不齐全，需待与其一端相邻的线段作出后才能画出的线段。注有圆弧半径和圆心的一个定位尺寸的圆弧为中间圆弧，如图1-37中的R50。

3）连接线段：标注尺寸不完全，或不标尺寸，需待与其两端相邻的线段作出后才能画出的线段。只有圆弧半径没有圆心定位尺寸的圆弧为连接圆弧，如图1-37中的R12。

画图时，应先画已知线段，再画中间线段，最后画连接线段。

二、仪器绘图的方法和步骤

（1）准备

1）分析图形的尺寸与线段，拟定作图步骤。

2）确定比例，选取图幅，固定图纸。

3）画出图框和标题栏。

（2）绘制底稿　画底稿步骤（见图1-38）：

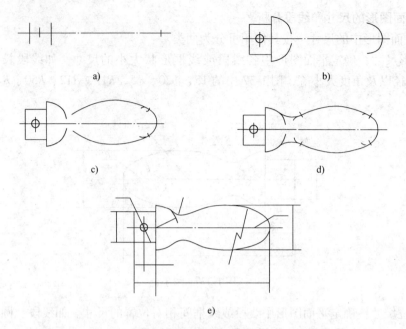

图 1-38　画底稿的步骤

a）画作图基准线　b）画已知线段　c）画中间线段　d）画连接线段　e）检查修正图形，画尺寸界线和尺寸线

1）画作图基准线，确定图形位置。

2）依次画出已知线段、中间线段和连接线段，完成图形。

3）画尺寸界线和尺寸线。

4）检查底稿，修正错误，擦去多画的图线。

要求：图形位置适当，图线细淡、准确、清晰，图面整洁。

（3）加深　加深步骤如下：

1）先粗后细——先加深描粗全部粗实线，再加深全部虚线、点画线和细实线等。

2）先曲后直——加深同一种线型时，应先画圆弧，后画直线。

3）先水平后垂直——先从上而下画水平线，再从左到右画垂直线，最后画倾斜线。

要求：同类图线粗细浓淡一致，连接光滑，字体工整，图面整洁。

（4）画箭头，填写尺寸数字、标题栏等；校对，修饰，完成全图。

第二章 正投影基础

机械图样是用正投影法绘制的。本章首先介绍投影法的基本知识，再讨论组成物体表面的几何元素——点、直线和平面等的投影特性和作图方法，以便为更好地培养空间形体的想象与思维能力，正确而迅速地表达物体，打下扎实的理论基础。

第一节 投 影 法

一、投影法概念

物体在光线照射下，就会在地面或墙面上产生影子。人们根据这种现象，经过科学抽象，提出了在平面上表示物体形状的方法，建立了投影法。

投射线通过物体，向选定的面投射，并在该面上得到图形的方法，称为投影法。根据投影法所得到的图形，称为投影（投影图）。投影法中，得到投影的面，称为投影面。

二、投影法分类

根据投射线汇交还是平行，投影法分为中心投影法和平行投影法两类。

1. 中心投影法

如图 2-1 所示，自 S 分别向 A、B、C、D 引直线并延长，使它与平面 P 分别交于 a、b、c、d。S 为投射中心，SAa、SBb、SCc、SDd 为投射线，平面 P 为投影面，则四边形 abcd 就是空间四边形 ABCD 在平面 P 上的投影（空间的几何元素用大写字母表示，其投影用同名小写字母表示）。这种投射线汇交一点的投影法，称为中心投影法。

中心投影法所得投影大小随着投影面、物体和投射中心三者之间距离的变化而变化，不能反映空间物体的真实大小，作图比较复杂，度量性差，因此机械图样中较少采用。但它具有较强的立体感，故在绘制建筑物外形图中经常使用。

图 2-1 中心投影法

2. 平行投影法

假设将投射中心移至无穷远处，这时的投射线可看作相互平行。这种投射线相互平行的投影法，称为平行投影法，如图 2-2 所示。

平行投影法中，按投射线是否垂直于投影面，又分为斜投影法和正投影法。

（1）斜投影法 投射线与投影面相倾斜的平行投影法，如图 2-2a

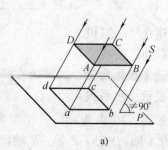
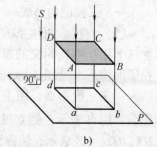

a)　　　　　　　　　　b)

图 2-2 平行投影法

a）斜投影法 b）正投影法

所示。根据斜投影法所得到的图形，称为斜投影（斜投影图）。

（2）正投影法　投射线与投影面相垂直的平行投影法。根据正投影法所得到的图形，称为正投影或正投影图。

由于正投影法所得到的正投影能真实地反映物体的形状和大小，度量性好，作图简便，因此它是绘制机械图样主要采用的投影法。若没有特别指明，后面所提到的"投影"均是正投影。

三、正投影的基本特性

（1）真实性　当直线段或平面形平行于投影面时，其投影反映直线段实长或平面形的实形，如图 2-3a 所示。

（2）积聚性　当直线段或平面形垂直于投影面时，直线段的投影积聚成点，平面形的投影积聚成直线段，如图 2-3b 所示。

（3）类似性　当直线段或平面形倾斜于投影面时，直线段的投影长度变短，平面形的投影为原形的类似形，如图 2-3c 所示。

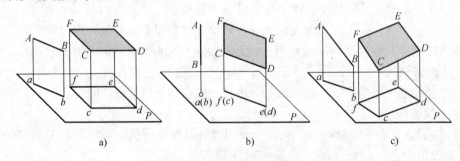

图 2-3　正投影的基本特性
a）真实性　b）积聚性　c）类似性

第二节　三　视　图

根据有关标准和规定，用正投影法所绘制出的物体的图形称为视图。一个视图一般不能反映物体的空间形状（见图 2-4）。所以，常采用从几个不同方向进行投射的多面正投影图来表示物体的空间形状。

一、三视图的形成

（1）三投影面体系的建立　一般设立三个相互垂直相交的投影面，构成三投影面体系（见图 2-5）。三个投影面分别为：正立投影面，用 V 表示；水平投

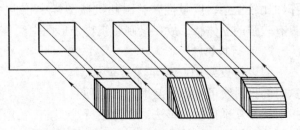

图 2-4　一个视图不能反映物体的空间形状

影面，用 H 表示；侧立投影面，用 W 表示。三个投影面之间的交线称为投影轴，分别用 OX、OY、OZ 表示，简称为 X 轴、Y 轴、Z 轴。X 轴代表左右长度方向，Y 轴代表前后宽度方向，Z 轴代表上下高度方向。三根投影轴的交点称为原点，用字母 O 表示。

（2）三面投影的形成　将物体置于三投影面体系中，按正投影法分别向三个投影面投

射，由前向后投射在 V 面上得到的视图叫主视图，由上向下投射在 H 面上得到的视图叫俯视图，由左向右投射在 W 面上得到的视图叫左视图，如图 2-6a 所示。

（3）三投影面的展开　为了在同一个平面上画出三视图，需将三个相互垂直的投影面展开摊平在同一个平面上，其展开方法规定：正立投影面（V 面）不动，水平投影面（H 面）绕 OX 轴向下旋转 90°，侧立投影面（W 面）绕 OZ 轴向右旋转 90°，都旋转到与正立投影面处在同一平面上，如图 2-6b、c 所示。

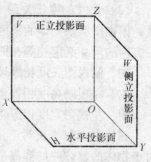

图 2-5　三投影面体系

由于视图所表达的物体形状与投影面的大小、物体与投影面之间的距离无关，所以工程图样上通常不画投影面的边框和投影轴，如图 2-6d 所示。

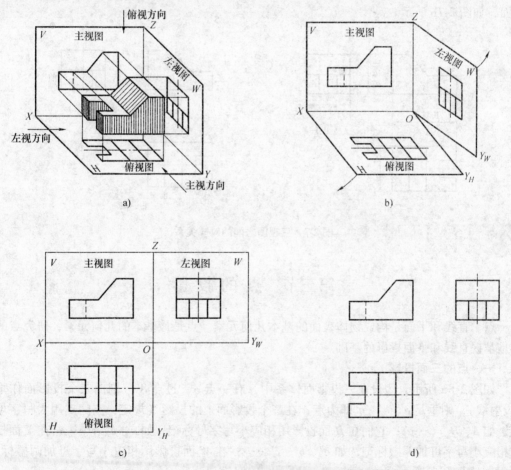

a)

b)

c)

d)

图 2-6　三视图的形成

二、三视图之间的对应关系

将投影面旋转展开到同一平面上后，物体的三视图之间存在着下列的对应关系。

（1）视图的位置关系　以主视图为准，俯视图配置在它的正下方，左视图配置在它的正右方，如图 2-7 所示。

（2）尺寸的度量关系　物体有长、宽、高三方向的尺寸，主视图反映物体的长度和高度，俯视图反映物体的长度和宽度，左视图反映物体的宽度和高度。这样，相邻两个视图同一方向的尺寸必定相等，即：

主、俯视图长度相等且对正；

主、左视图高度相等且平齐；

俯、左视图宽度相等。

三视图之间"长对正，高平齐，宽相等"的"三等"关系，就是三视图的投影规律，对于物体的整体或局部都是如此，画图、读图时，要严格遵循，如图 2-7a 所示。

（3）物体的方位关系　物体有上、下、左、右、前、后六个方位。主视图反映物体的上、下和左、右；俯视图反映物体的左、右和前、后；左视图反映物体的前、后和上、下。这样，俯、左视图中，靠近主视图的边，表示物体的后面，远离主视图的边，则表示物体的前面，如图 2-7b 所示。

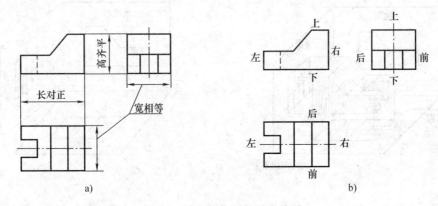

图 2-7　三视图之间的对应关系

第三节　点的投影

点、直线和平面是构成物体表面的基本几何元素。点是最基本的几何元素，研究点的投影是掌握直线和平面投影的基础。

一、点的三面投影

如图 2-8a 所示，假设在三投影面体系中，有一点 A，过点 A 分别向三个投影面作垂线（投射线），则垂足 a、a'、a'' 即为点 A 在三个投影面上的投影（规定：空间点用大写字母标记，如 A、B、C……；它们在 H 面投影用相应小写字母标记，如 a、b、c……；在 V 面投影用相应小写字母加一撇标记，如 a'、b'、c'……；在 W 面投影用相应小写字母加两撇标记，如 a''、b''、c''……）。

若将投影面按图 2-8b 所示展开摊平在一个平面上，省略投影面边框线，则可得到点 A 的三面投影，如图 2-8c 所示。

图 2-8a 中，过点 A 的三条投射线，构成三个互相垂直的平面，与 X、Y、Z 轴交于 a_X、a_Y、a_Z，与三个投影面交出六条交线，连同三个投影面，构成一个长方体。显然，aa_X 和 $a'a_X$ 同时垂直 X 轴，在投影面展开后的投影图中 a、a_X、a' 三点共线，且 $aa' \perp OX$，同理

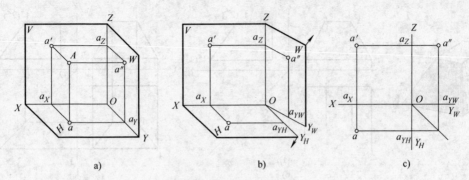

图 2-8 点的三面投影

$a'a'' \perp OZ$，所以可得出点的三面投影规律：

点的正面投影和水平投影的连线垂直于 X 轴，即 $aa' \perp OX$。

点的正面投影和侧面投影的连线垂直于 Z 轴，即 $a'a'' \perp OZ$。

点的水平投影到 X 轴距离等于点的侧面投影到 Z 轴的距离，即 $aa_X = a''a_Z$。

点的三面投影规律，实质上也反映了"长对正，高平齐，宽相等"的"三等"对应关系。

根据上述点的投影规律，若已知点的任两面投影，就可作出其第三面投影。

例 2-1 已知点的两面投影，求作第三面投影（见图 2-9）。

图 2-9a 的作图方法：

1）作 $\angle Y_HOY_W$ 的 45°分角线。

2）过 a' 作 X 轴垂线。

3）过 a'' 作 Y_W 轴垂线与 45°分角线相交，过交点作 Y_H 轴垂线与过 a' 的铅垂线相交，交点 a 即为所求。

图 2-9b 的作图方法，与图 2-9a 相同。

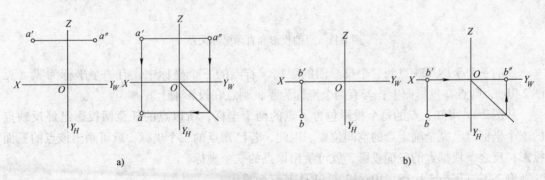

图 2-9 由点的两面投影求第三面投影
a) 已知 a'、a''，求 a b) 已知 b、b'，求 b''

例 2-2 求出立体表面上 Ⅰ、Ⅱ、Ⅲ、Ⅳ 各点的水平投影，完成立体的三视图（见图 2-10a、b）。

作图方法与例 2-1 相同，如图 2-10c 所示。

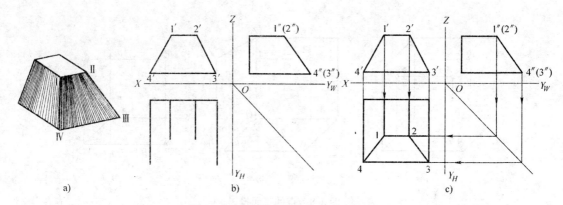

图 2-10　求立体表面上点的水平投影

二、点的投影与直角坐标之间的关系

点的空间位置也可用其直角坐标来确定。如图 2-11 所示，如果把三投影面体系看做空间直角坐标系，投影面当做坐标面，投影轴当做坐标轴，点 O 即为坐标原点，则：

点 A 的 x 坐标 $Oa_X = a'a_Z = aa_Y = Aa''$＝点 A 到 W 面的距离；

点 A 的 y 坐标 $Oa_Y = aa_X = a''a_Z = Aa'$＝点 A 到 V 面的距离；

点 A 的 z 坐标 $Oa_Z = a'a_X = a''a_Y = Aa$＝点 A 到 H 面的距离。

点 A 坐标的书写形式为 $A(X, Y, Z)$，如 $A(14, 7, 15)$。

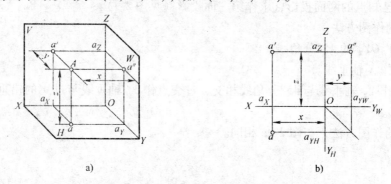

图 2-11　点的投影和直角坐标关系

点的三个坐标反映点到三个投影面的距离。若点的三个坐标中，有一个坐标为零（见图 2-9b），则点在投影面上；若有两个坐标为零，则点在投影轴上。

从图 2-11 可知，点的每个投影包含了点的两个坐标，所以点的任意两投影已经反映点的三个坐标，已完全确定点的空间位置。因此，若已知点的三个坐标，就可画出该点的三面投影；反之，根据点的三面投影，就可量出该点的三个坐标。

例 2-3　已知点 $A(15, 10, 12)$，求作其三面投影。

作图方法：

1）作投影轴 OX、OY、OZ，在 X 轴上量取 $Oa_X = 15$ 得 a_X（见图 2-12a）。

2）过 a_X 作 X 轴垂线，自 a_X 向下量取 $aa_X = 10$ 得 a，向上量取 $a'a_X = 12$ 得 a'（见图 2-12b）。

3）根据 a、a' 求出 a''（见图 2-12c）。

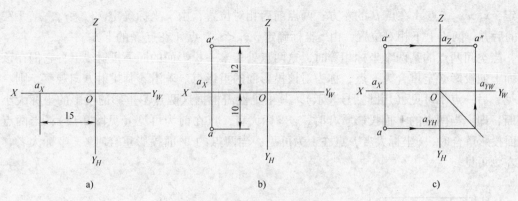

图 2-12 根据点的坐标作投影

例 2-4 已知点 A 的三面投影（见图 2-13a），画出其立体图。

作图方法：

1) 将 X 轴画成水平位置，Z 轴画成铅垂位置，Y 轴画成与 X、Z 轴成 135°（即与 X 轴延长线成 45°）；在相应轴上量取坐标 x_A、y_A、z_A，得到 a_X、a_Y、a_Z 三点，然后从这三点分别作各轴的平行线即得三个交点 a、a'、a''（见图 2-13b）。

2) 从 a、a'、a'' 作各轴的平行线相交于一点，即得空间点 A（见图 2-13c）。

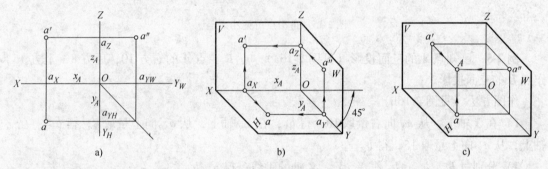

图 2-13 画点的立体图

三、两点的相对位置

两点的相对位置由两点的坐标来确定。如图 2-14 所示，两点左右相对位置，由 x 坐标

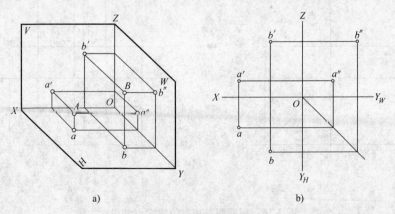

图 2-14 两点相对位置

确定，$x_A > x_B$，点 A 在点 B 的左方；两点前后相对位置，由 y 坐标确定，$y_A < y_B$，点 A 在点 B 的后方；两点上下相对位置，由 z 坐标确定，$z_A < z_B$，点 A 在点 B 的下方。

当空间两点的某两个坐标相等时，这两点处于某一投影面的同一投射线上，它们在该投影面上的投影必定重合为一点，称为对该投影面的重影点。若沿着其投射方向观察，则一点可见，另一点不可见（用圆括号表示）。其可见性需根据这两点不重影的投影的坐标大小来判断，即：当两点的 V 面投影重合时，y 坐标大者，点在前为可见（见图 2-15）；当两点的 H 面投影重合时，z 坐标大者，点在上为可见；当两点的 W 面投影重合时，x 坐标大者，点在左为可见。

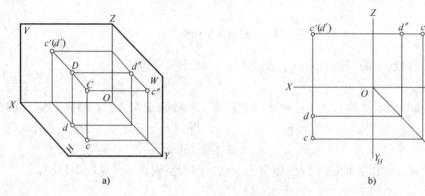

图 2-15　重影点可见性判定

例 2-5　已知点 A 的三面投影（见图 2-16a），点 B 在点 A 的右方 10，后方 8，上方 15，作点 B 的三面投影。

作图方法（见图 2-16b）：

1）在 X 轴上，从 a_X 向右量取 10，得 b_X；在 Y_H 轴上，从 a_{YH} 向上量取 8，得 b_{YH}；在 Z 轴上，从 a_Z 向上量取 15，得 b_Z。

2）分别过 b_X、b_{YH}、b_Z 作 X、Y_H、Z 轴的垂线，得 b、b'。

3）根据 b、b'，求得 b''。

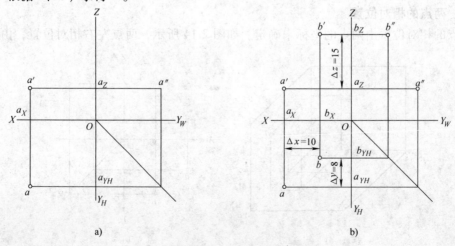

图 2-16　根据两点相对位置求点的投影

第四节　直线的投影

一、直线的三面投影

直线的投影一般仍为直线，其各面投影可由直线上两点的同面投影来确定。因此，要作直线的投影，只要作出直线上任意两点（一般为线段两端点）的投影，连接该两点的同面投影即可。如已知直线上的两点 $A(20，12，5)$ 和 $B(5，4，15)$，其投影的作法如图 2-17 所示。

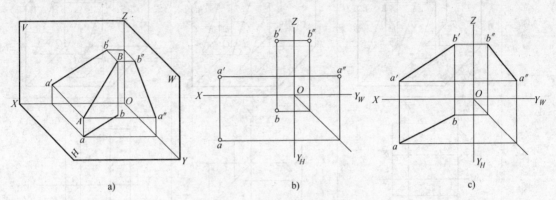

图 2-17　直线的投影作法
a) 立体图　b) 作 A、B 两点的投影　c) 连接 A、B 两点的同面投影

如图 2-18a 所示，已知四棱台上棱线 AB 的三面投影 ab、$a'b'$、$a''b''$，在作 AB 的三面投影时，先分别作出 A、B 两点的三面投影，然后将其同面投影连接起来，就是线段 AB 的三面投影（见图 2-18b）。

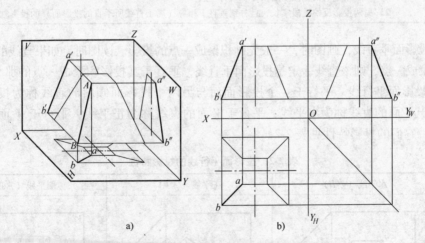

图 2-18　直线的三面投影

二、各种位置直线的投影

在三面投影体系中，直线相对于投影面的位置可分为三类：投影面垂直线、投影面平行线和一般位置直线。

（1）投影面垂直线　垂直于一个投影面，必平行于另两个投影面的直线称为投影面垂直线。垂直于 H 面的直线称为铅垂线，垂直于 V 面的直线称为正垂线，垂直于 W 面的直线称为侧垂线。它们的投影特性见表 2-1。

表 2-1　投影面垂直线的投影特性

名　称	铅垂线（$\perp H$）	正垂线（$\perp V$）	侧垂线（$\perp W$）
立体图			
投影图			
投影特性	1）水平投影积聚为一点 $a(b)$ 2）$a'b' = a''b'' = AB$ 3）$a'b' \perp OX$，$a''b'' \perp OY_w$	1）正面投影积聚为一点 $c'(b')$ 2）$bc = b''c'' = BC$ 3）$bc \perp OX$，$b''c'' \perp OZ$	1）侧面投影积聚为一点 $a''(d'')$ 2）$a'd' = ad = AD$ 3）$a'd' \perp OZ$，$ad \perp OY_H$
	小结：1）在所垂直的投影面上的投影积聚为一点 　　　2）另两投影反映线段实长，且分别垂直于相应（属于直线所垂直的投影面）的投影轴		

对于投影面垂直线，画图时，一般先画积聚成一点的投影。读图时，如果直线的投影中有一投影积聚成一点，则该直线一定是投影面垂直线，垂直于其投影积聚成一点的那个投影面。

（2）投影面平行线　平行于一个投影面而与另两个投影面倾斜的直线称为投影面平行线。平行于 H 面的直线称为水平线，平行于 V 面的直线称为正平线，平行于 W 面的直线称为侧平线。它们的投影特性见表 2-2。

表 2-2　投影面平行线的投影特性

名　称	水平线（$/\!/H$）	正平线（$/\!/V$）	侧平线（$/\!/W$）
立体图			

（续）

名　称	水平线（∥H）	正平线（∥V）	侧平线（∥W）
投影图			
投影特性	1）$ab = AB$ 2）$a'b' \parallel OX$、$a''b'' \parallel OY_W$ 3）ab 与 OX、OY_H 的夹角 β、γ 分别等于 AB 对 V、W 面倾角	1）$a'b' = AB$ 2）$ab \parallel OX$、$a''b'' \parallel OZ$ 3）$a'b'$ 与 OX、OZ 的夹角 α、γ 分别等于 AB 对 H、W 面倾角	1）$a''b'' = AB$ 2）$ab \parallel OY_H$、$a'b' \parallel OZ$ 3）$a''b''$ 与 OY_W、OZ 的夹角 α、β 分别等于 AB 对 H、V 面倾角
	小结：1）在所平行的投影面上的投影反映实长，它与投影轴的夹角等于直线对另外两个投影面的倾角 　　　2）另外两个投影平行于相应的投影轴，且小于实长		

对于投影面平行线，画图时，应先画反映实长的投影（与投影轴倾斜的斜线）。读图时，如果直线的投影中，有一个投影与投影轴倾斜，另两投影与相应投影轴平行，则该直线一定是投影面平行线，平行于其投影为倾斜线的那个投影面。

（3）一般位置直线　对三个投影面都倾斜的直线称为一般位置直线。其三面投影都与投影轴倾斜，它们与投影轴的夹角不反映该直线对投影面的倾角，三个投影的长度都小于实长，如图 2-18 中的直线 AB。

三、直线上的点

直线上点的投影必在该直线的同面投影上，且点分线段长度之比等于其投影长度之比。如图 2-19 中，直线 AB 上点 K 的投影 k、k'、k''，分别落在 ab、$a'b'$、$a''b''$ 上，且符合点的投影规律。同时 $AK:KB = ak:kb = a'k':k'b' = a''k'':k''b''$。

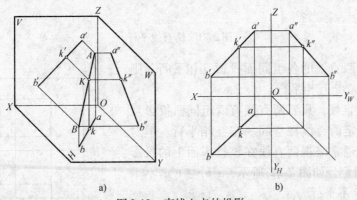

a)　　　　　　　　　　　　　　b)

图 2-19　直线上点的投影

又如图 2-20a 所示，已知侧平线 AB 上点 K 的正面投影 k'，求作其水平投影 k 时，可先求出直线 AB 的侧面投影后，再求点 K 的水平投影，但运用定比关系来解更为简便。图 2-20b 中，自 a 画一任意辅助线 ab_0，取 $ac_0 = a'k'$，$c_0b_0 = k'b'$，连 bb_0，作 $c_0k \parallel bb_0$ 交 ab

于 k，即为所求。

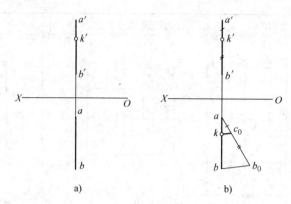

图 2-20　求直线上点的投影

四、两直线的相对位置

空间两直线的相对位置有平行、相交和交叉三种情况。

（1）两直线平行　空间两直线互相平行，其各组同面投影必然互相平行。如图 2-21 所示，$AB // CD$，则 $ab // cd$，$a'b' // c'd'$，$a''b'' // c''d''$。

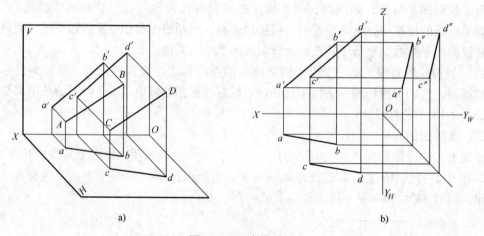

图 2-21　两直线平行

反之，如果两直线的各组同面投影互相平行，则此两直线在空间必定互相平行。

对一般位置直线，只要两直线有两组同面投影互相平行，即可确定两直线在空间一定互相平行。但对投影面平行线，通常需视两直线在该投影面上的投影是否平行才能确定，如图 2-22 所示，$a''b''$ 与 $c''d''$ 不平行，故 AB 与 CD 不平行。

（2）两直线相交　空间两直线相交，其各组同面投影一定相交，且交点的投影符合点的投影规律。如图 2-23 所示，AB 与 CD 相交于点 K，其三面投影 ab 和 cd 相交于 k，$a'b'$ 和 $c'd'$ 相交于 k'，$a''b''$ 和 $c''d''$ 相交于

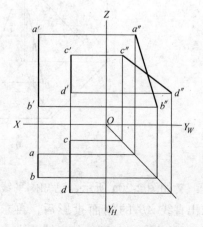

图 2-22　两直线不平行

k''，且 k、k' 连线垂直 X 轴，k'、k'' 连线垂直 Z 轴。

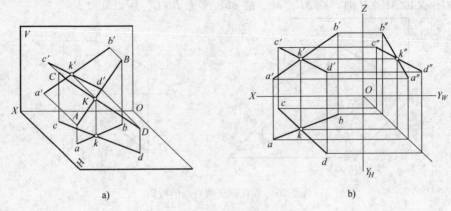

图 2-23　两直线相交

反之，如果两直线的各组同面投影都相交，其交点的投影符合点的投影规律，则该两直线在空间一定相交。

（3）两直线交叉　两直线既不平行又不相交，则两直线交叉（异面两直线）。

交叉两直线的同面投影，可能有一组或两组互相平行，但第三组不可能互相平行，如图 2-22 所示。交叉两直线的同面投影，有可能相交，但交点不符合点的投影规律，如图 2-24、图 2-25 所示。

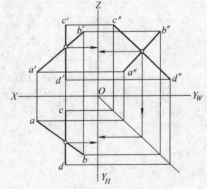

交叉两直线的投影可能相交，其交点是两直线上处于同一投射线上两个重影点的投影。图 2-25 中，ab 与 cd 的交点，实际上是 AB 上的点 I 与 CD 上的点 II 这一对重影点在 H 面上的重合投影。由于 $z_I > z_{II}$，故从上往下投射，点 I 可见，点 II 为不可见。同理 $a'b'$ 与 $c'd'$ 的交点 $4'(3')$，是 AB 上的点 III 和 CD 上点 IV 在 V 面上的重合投影，由于 $y_{III} < y_{IV}$，故从前往后投射，点 IV 可见，点 III 为不可见。

图 2-24　两直线交叉（一）

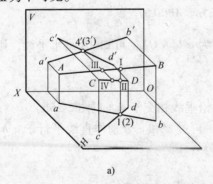

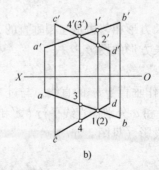

图 2-25　两直线交叉（二）

*（4）两直线垂直相交　两直线垂直相交，若其中有一条直线平行于某一投影面，则此两直线在该投影面上的投影仍互相垂直，此投影特性称为直角投影定理。

如图 2-26 所示，$AB \perp BC$，$AB /\!/ H$ 面，BC 倾斜于 H 面。因 $AB \perp BC$，$AB \perp Bb$，故 $AB \perp$ 平面 $BbcC$；又因 $AB /\!/ H$ 面，则 $AB /\!/ ab$，故 $ab \perp$ 平面 $BbcC$，所以 $ab \perp bc$。

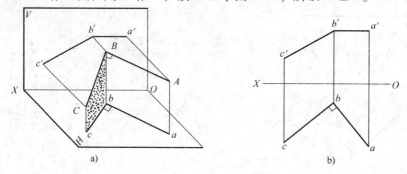

图 2-26 垂直相交两直线的投影

反之，若相交两直线在某一投影面上的投影互相垂直，且其中有一条直线平行于该投影面时，则此两直线在空间也一定互相垂直。

两直线交叉垂直，若其中有一条直线平行于某一投影面，其投影也具有上述特性。

例 2-6 如图 2-27a 所示，已知长方形 $ABCD$ 中 AB 边的正面投影 $a'b' /\!/ OX$，完成长方形的另两投影。

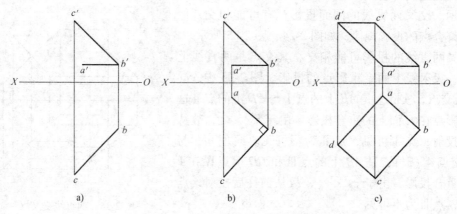

图 2-27 作长方形 $ABCD$ 的投影

分析 长方形相邻边是互相垂直的，因为 $a'b' /\!/ OX$，可知 AB 是水平线，则 $ab \perp bc$，据此即可完成长方形的投影。

作图：

1）由 b 作垂直于 bc 的直线，与过 a' 的铅垂线相交于 a（见图 2-26b）。

2）过 a' 和 a 分别作直线平行 $b'c'$ 和 bc，再过 c' 和 c 分别作直线平行于 $a'b'$ 和 ab，便得到长方形的投影（见图 2-26c）。

第五节　平面的投影

一、平面的投影表示法

（1）用几何元素表示平面　从几何学可知，由不在同一直线上的三点、一直线和直线外的一点、两平行直线、两相交直线或任意平面形（即平面的有限部分）均可以确定一个平面。在投影上，可以用它们中任何一种几何元素的投影来表示平面（见图 2-28）。

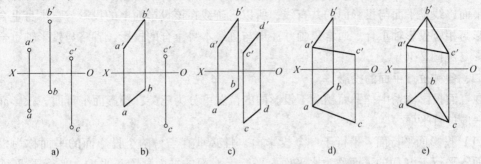

图 2-28 几何元素表示平面

平面形的投影一般仍为平面形，特殊时为直线段。作图时，先画出平面形各顶点（或曲线轮廓线上的主要点）的投影，然后将各点同面投影依次连线，即得平面形投影。如图 2-29 所示，先作出三棱锥侧面 △SAB 的三个顶点的三面投影，然后连接各顶点的同面投影，即得 △SAB 的三面投影。

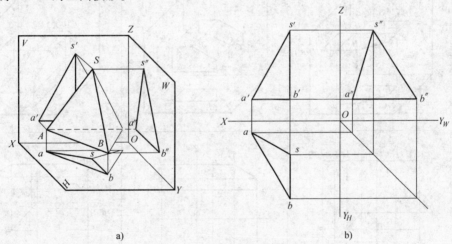

图 2-29 三棱锥侧面的投影

*（2）用迹线表示平面　平面和投影面的交线称为平面的迹线。如图 2-30 所示，P_H、

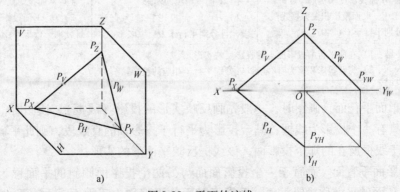

图 2-30 平面的迹线

P_V、P_W 分别表示平面 P 与 H、V、W 面的交线。P_X、P_Y、P_Z 分别表示平面 P 与 OX、OY、OZ 的交点。

平面迹线是平面与投影面的共有线，所以，迹线在该投影面上的投影与它本身重合，另两投影与相应投影轴重合。通常只画并注出与迹线本身重合的投影，省略与投影轴重合的迹线投影（见图 2-30b）。

二、各种位置平面的投影

在三面投影体系中，平面相对于投影面的位置可分为三类：投影面平行面、投影面垂直面和一般位置平面。

（1）投影面平行面　平行于一个投影面，且必垂直于另两个投影面的平面称为投影面平行面。平行于 H 面的平面称为水平面，平行于 V 面的平面称为正平面，平行于 W 面的平面称为侧平面。它们的投影特性见表 2-3。

表 2-3　投影面平行面的投影特性

名　称	水平面（//H）	正平面（//V）	侧平面（//W）
立体图			
投影图			
投影特性	1）H 面投影反映实形 2）V、W 面投影积聚为直线段，且分别平行于 OX、OY_W 轴	1）V 面投影反映实形 2）H、W 面投影积聚为直线段，且分别平行于 OX、OZ 轴	1）W 面投影反映实形 2）H、V 面投影积聚为直线段，且分别平行于 OY_H、OZ 轴
	小结：1）在所平行的投影面上的投影反映实形 　　　2）另两投影积聚为直线段，且分别平行于相应的投影轴		

对于投影面平行面，画图时，一般先画反映实形的投影（线框）。读图时，如果平面形的投影中，只有一个投影为线框，其余投影为平行于投影轴的直线段，则此平面为投影面平行面，平行于线框所在的那个投影面，该线框反映平面形的实形。

（2）投影面垂直面　垂直于一个投影面而与另两个投影面倾斜的平面称为投影面垂直面。垂直于 H 面的平面称为铅垂面，垂直于 V 面的平面称为正垂面，垂直于 W 面的平面称为侧垂面。它们的投影特性见表 2-4。

表 2-4　投影面垂直面的投影特性

名　　称	铅垂面（⊥H）	正垂面（⊥V）	侧垂面（⊥W）
立体图			
投影图			
投影特征	1）H 面投影积聚为一直线段，它与 OX、OY_H 的夹角为对 V、W 面的倾角 β、γ 2）V、W 面投影为类似形	1）V 面投影积聚为一直线段，它与 OX、OZ 的夹角为对 H、W 面的倾角 α、γ 2）H、W 面投影为类似形	1）W 面投影积聚为一直线段，它与 OZ、OY_W 轴的夹角为对 V、H 面的倾角 β、α 2）V、H 面投影为类似形
	小结：1）在所垂直的投影面上投影积聚为一倾斜的直线段，它与投影轴的夹角分别反映该平面与另两投影面的倾角 　　　　2）另外两个投影面上的投影为类似形		

对于投影面垂直面，画图时，一般先画积聚性投影（斜线）。读图时，如果平面形有一个投影积聚成一条倾斜投影轴的斜线，则此平面为投影面垂直面，垂直于斜线所在的那个投影面。

例 2-7　已知平行四边形 ABCD 垂直于 H 面，β = 30°，AB 与 AD 边的 V 面投影和 D 点的 H 面投影（见图 2-31a）。试完成该平面的三面投影。

分析　因 ABCD 为一平行四边形，对边互相平行，根据平行两直线的投影特性，可完成它的 V 面投影；又因 ABCD 为铅垂面，β = 30°，据此可作出四边形的 H 面投影（斜线），然后再根据 V、H 面投影求得 W 面投影。

作图：

1）自 b′作 b′c′∥a′d′，自 d′作 d′c′∥a′b′，交于 c′（见图 2-31b）。

2）过 d 作与 OX 成 30°的斜线（应有两个解，本例只求出一个解），自 a′、b′、c′作 OX 垂线，在斜线上求得 a、b、c（见图 2-31c）。

3）根据四边形的 V、H 面投影，求得 W 面投影 a″b″c″d″（见图 2-31d）。

（3）一般位置平面　对三个投影面都倾斜的平面称为一般位置平面。其三面投影都是

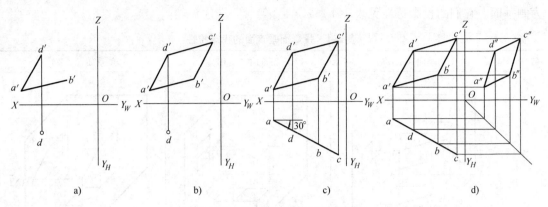

图 2-31　求四边形 ABCD 的投影

比原形小的类似形，也不反映该平面对投影面的倾角，如图 2-29 中的 △SAB。

三、平面上的直线和点

（1）平面上的直线　直线在平面上的几何条件是：直线通过平面上的两点或直线通过平面上的一点，且平行于平面上的任一直线。

如图 2-32a 所示，平面 P 是由相交两直线 AB 和 BC 所确定。在 AB 和 BC 上各取一点 D 和 E，则过 D、E 两点的直线一定在平面 P 上，其投影如图 2-32b 所示。再过 AB 上的点 D 作直线 DF 平行于 BC，则 DF 也在平面 P 上，其投影如图 2-32c 所示。

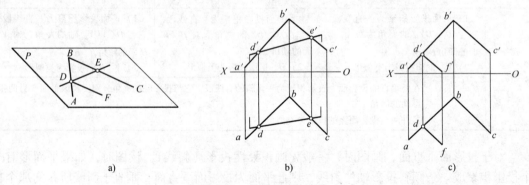

图 2-32　在平面上取直线

例 2-8　已知 △ABC 上的直线 EF 的正面投影 e′f′（见图 2-33a），求水平投影 ef。

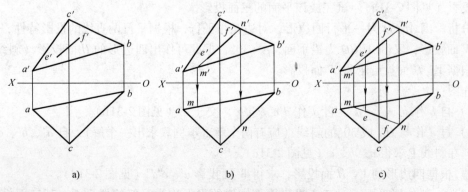

图 2-33　求平面上直线的另一投影

分析 因为直线 EF 在△ABC 平面内，延长 EF，可与△ABC 的边线交于 M、N，则直线 EF 是△ABC 上直线 MN 的一部分，它的投影必属于直线 MN 的同面投影。

作图：

1）延长 $e'f'$ 与 $a'b'$ 和 $b'c'$ 交于 m'、n'，由 m'、n' 求得 m、n（见图 2-33b）。

2）连 mn，由 $e'f'$ 在 mn 上求得 ef（见图 3-33c）。

（2）平面上的点 点在平面上的几何条件是：点在平面上的任一直线上，则点在此平面上。

在平面上取点，应先过点在平面上作一辅助线，然后在辅助线上取点。

例 2-9 已知△ABC 上的点 E 的水平投影 e（见图 2-34a），求点 E 的正面投影 e'。

分析 因为点 E 在△ABC 平面上，过点 E 在平面上引一辅助线 CD，则点 E 的投影必在 CD 的同面投影上。

作图：

1）过 e 作 cd，由 d 求得 d'（见图 2-34b）。

2）连 $c'd'$，由 e 求得 e'（见图 2-34c）。

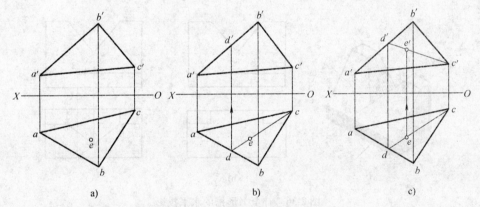

图 2-34 求平面上点的另一投影

例 2-10 已知五边形 $ABCDE$ 是一平面形（见图 2-35a），试完成其水平投影。

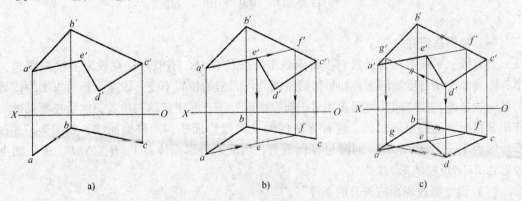

图 2-35 补全五边形的水平投影

分析 可在△ABC 所确定的平面上，应用在平面上取点的方法，求出 D、E 的水平投影，从而完成五边形的水平投影。

作图：

1）延长 $a'e'$ 交 $b'c'$ 于 f'，由 f' 求得 f，连 af（过 E 在 $\triangle ABC$ 上作辅助线 AF），由 e' 求得 e（见图 2-35b）。

2）过 d' 作 $d'g' /\!/ b'c'$ 得 g'，由 g' 求得 g；作 $dg /\!/ bc$（过 D 在 $\triangle ABC$ 上作辅助线 $DG /\!/ BC$），由 d' 求得 d（见图 2-35c）。

3）连 ae、ed 和 dc，即为所求。

例 2-11 图 2-36a 所示物体上开一 V 形槽，试确定斜面 P 上点 A 的水平投影，补全物体的水平投影。

分析 如图 2-36a 所示，欲确定点 A 在 P 面上的位置，可通过点 A 在平面 P 上引一直线，则点 A 的水平投影 a 一定在该直线的水平投影上。

作图（见图 2-36c）：

1）延长 $b'a'$ 与 P 面的正面投影的一边交于 d'，由 d' 求得 d。

2）连接 bd，由 a' 在 bd 上求得 a。

3）连 ab、ac，并过 a 作正垂线的水平投影，完成全图。

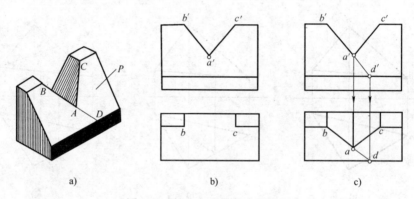

图 2-36　补全 V 形槽的水平投影

*第六节　换　面　法

一、换面法概述

当直线、平面等几何元素对投影面处于一般位置时，不能直接在投影上解决实长、实形、距离和夹角等度量问题。如果保持空间几何元素的位置不变，设立一新的投影面代替旧的某一投影面，使空间几何元素相对于新投影面处于有利于解题的位置，然后在新投影面上作出其投影，达到解题目的，这种方法叫做变换投影面法，简称换面法。如图 2-37 所示，新投影面 V_1 平行于 $\triangle ABC$，同时与 H 面垂直，构成新投影面体系 V_1/H，$\triangle ABC$ 在 V_1 面上的投影 $\triangle a_1'b_1'c_1'$ 反映实形。

（1）设立新投影面应符合的条件

1）新投影面对空间几何元素应处于有利于解题的位置。

2）新投影面必须垂直于一个原有的投影面。

（2）点的投影变换规律　如图 2-38a 所示，用新投影面 V_1 来取代 V 面，且使 $V_1 \perp H$，建

立新投影面体系 V_1/H，V_1 面与 H 面的交线 O_1X_1 称为新投影轴。在新投影面体系中，点 A 在 V_1 面上的投影为 a_1'，在 H 面上的投影 a 位置不变。由于点 A 到 H 面的距离不变，所以 $a_1'a_{X1} = a'a_X = Aa$。将 V_1 面绕 O_1X_1 旋转到与 H 面重合，得到新的两面投影，根据点的投影规律可知，$aa_1' \perp O_1X_1$，如图 2-38b 所示。

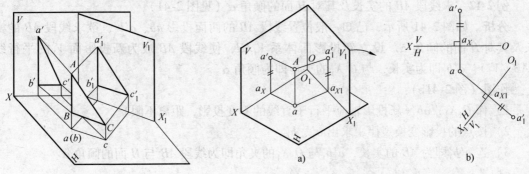

图 2-37 换面法

图 2-38 点的一次变换（变换 V 面）

图 2-39 为变换 H 面的情况。由点 A 的两面投影 a 和 a' 求 a_1 的作图过程，如图 2-39b 所示。图中 $a_1a' \perp O_1X_1$，$a_1a_{X1} = aa_X$。

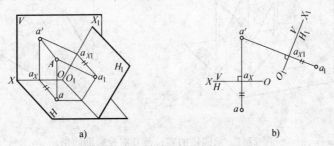

图 2-39 点的一次变换（换 H 面）

综上所述，可得点的投影变换规律如下：

1）点的新投影和不变投影的连线必垂直于新投影轴。

2）点的新投影到新投影轴的距离等于被变换的投影到原投影轴的距离。

为解决实际问题，有时需要进行两次或两次以上的投影变换。如图 2-40 所示，顺次变

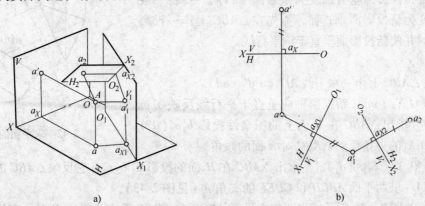

图 2-40 点的两次变换

换两次投影面求点的新投影的方法，其原理和作图方法与变换一次投影面时相同。但必须注意：要交替变换投影面，不能同时变换两个投影面，也不能两次变换同一投影面，否则不能按点的投影规律求出新投影。

二、换面法解题举例

例 2-12 求线段 AB 的实长及其对 H 面的倾角 α（见图 2-41）。

分析 如图 2-41 所示，已知一般位置线段 AB 的两面投影 ab、$a'b'$，欲求线段 AB 的实长及其对 H 面的倾角 α。设立新投影面体系 V_1/H，使线段 AB 成为新投影面 V_1 的平行线（$AB /\!/ V_1$），$a_1'b_1'$ 即为实长，与 O_1X_1 的夹角即为倾角 α。

作图（图 2-41b）：

1）作 $O_1X_1 /\!/ ab$（新投影轴应平行于直线的不变投影，距离不限）。

2）按点的投影变换规律，求出 a_1'、b_1'。

3）连 $a_1'b_1'$ 即为 AB 的实长，$a_1'b_1'$ 与 O_1X_1 的夹角即为线段 AB 与 H 面的倾角 α。

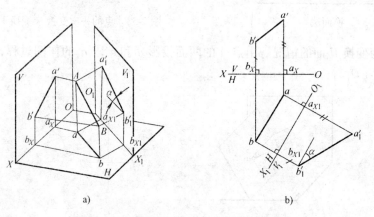

a)   b)

图 2-41 求线段的实长及其对投影面倾角

例 2-13 求平面 $\triangle ABC$ 的实形（见图 2-42）。

分析 如图 2-42 所示，一般位置平面 $\triangle ABC$，与原有的两个投影面不平行也不垂直，要变换成新投影面平行面，需要经过两次变换，先将一般位置平面变为新投影面垂直面，再将投影面垂直面变为投影面平行面。要将一般位置平面变为新投影面垂直面，需先在 $\triangle ABC$ 上作一投影面平行线，并使新投影面垂直于该平行线。

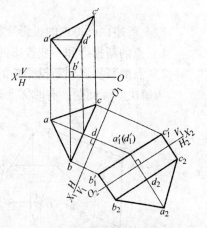

图 2-42 求平面的实形

作图：

1）在 $\triangle ABC$ 上作一水平线 AD（$a'd'$、ad）。

2）作 $O_1X_1 \perp ad$（新投影轴应垂直于平行线反映实长的投影），并求出 $\triangle ABC$ 在 V_1 面上的积聚性投影 $b_1'a_1'(d_1')$ c_1'。它与 O_1X_1 的夹角反映 $\triangle ABC$ 对 H 面的倾角。

3）作 $O_2X_2 /\!/ b_1'a_1'(d_1') c_1'$，求出 $\triangle ABC$ 在 H_2 面的投影 $a_2 b_2 c_2$，它反映 $\triangle ABC$ 的实形。

例 2-14 求两平面 $ABCD$ 和 $CDEF$ 的夹角 θ（见图 2-43）。

分析 如图 2-43a 所示，当两相交平面 $ABCD$ 和 $CDEF$ 垂直于平面 P 时，交线 CD 必垂

直于平面 P，两平面在 P 面上的投影积聚成两条直线，它们之间的夹角 θ 即为所求。这需经过两次变换，将交线 CD 变换为新投影面垂直线即可。

作图（见图 2-43b）：

1）作 $O_1X_1 /\!/ cd$，求出 c_1'、d_1'、a_1'、e_1'（$c_1'd_1'$ 为 CD 的 V_1 面投影）。

2）作 $O_2X_2 \perp c_1'd_1'$，求出 c_2、d_2、e_2〔$c_2(d_2)$ 为 CD 的 H_2 面投影〕，两直线 a_2c_2、e_2c_2 之间的夹角 θ 即为所求。

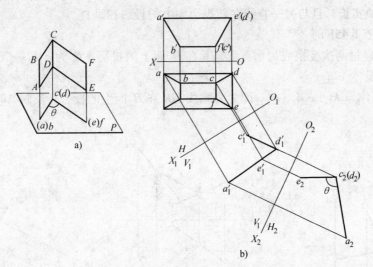

图 2-43 求两平面夹角

例 2-15　求点 A 到直线 BC 的距离（见图 2-44a）。

分析　如图 2-44 所示，将一般位置直线 BC，经过两次变换，变换为新投影面（H_2 面）的垂直线，再将点的投影与直线的积聚性投影相连，即为点到直线距离的实长。

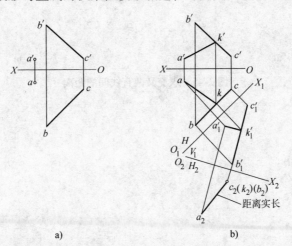

图 2-44 求点到直线的距离

作图（见图 2-44b）：

1）作 $O_1X_1 /\!/ bc$，按点的投影变换规律，求出 a_1' 及 b_1'、c_1'。

2）作 $O_2X_2 \perp b'_1c'_1$，求出 a_2 及 b_2、c_2。

3）K 为垂足，k_2 与 b_2、c_2 重影，a_2k_2 就是点 A 到 BC 距离的实长。BC 为 H_2 面的垂直线，AK 为 H_2 面的平行线，因此，$a'_1k'_1 /\!/ O_2X_2$，求出 AK 各投影，即为所求。

例 2-16 求两交叉直线 AB 与 CD 间的距离（见图 2-45）。

分析 两交叉直线间的距离就是它们之间公垂线的长度。如图 2-45a 所示，若将交叉两直线之一（如 AB）变换为新投影面垂直线，则公垂线 KM 必平行于新投影面，在该投影面上的投影能反映实长，且与另一直线在新投影面上的投影相垂直。

作图（见图 2-45b）：

1）将 AB 经过两次变换成为垂直线，其在 H_2 面上的投影重影为 a_2b_2。CD 也随之变换，在 H_2 面上的投影为 c_2d_2。

2）从 a_2b_2 作 $m_2k_2 \perp c_2d_2$，m_2k_2 即为公垂线 MK 在 H_2 面上的投影，反映 AB 与 CD 间的距离实长。

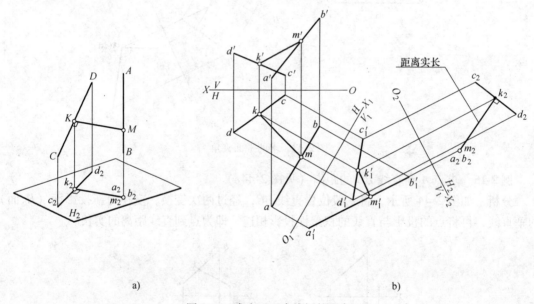

a)　　　　　　　　　　　　　　b)

图 2-45　求交叉两直线间的距离

第三章 基 本 立 体

立体有形状简单的立体和形状复杂的立体。许多机件可以看成是由若干形状简单的基本立体组合而成，如图 3-1 所示。本章研究几种常见基本立体的投影、表面上取点和尺寸注法，为表达复杂立体打下基础。

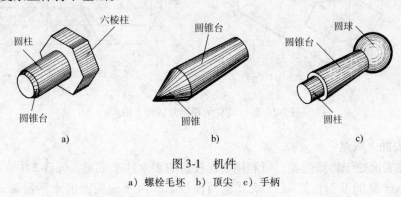

图 3-1　机件

a）螺栓毛坯　b）顶尖　c）手柄

第一节　平 面 立 体

表面都是由多边形的平面围成的立体称为平面立体，常见的有棱柱和棱锥两种。绘制平面立体的视图，就是绘制其各多边形平面的投影，即绘制这些多边形的顶点和边的投影。

一、棱柱

棱柱可以看成由一平面多边形沿某一与其垂直的直线移动（又称拉伸）而成。棱柱顶面和底面是两个形状相同且互相平行的多边形平面，这两个起着确定棱柱形状特征主要作用的顶面和底面称为特征面，其他表面为矩形，垂直于特征面，如图 3-2a 所示。

1. 棱柱的投影

图 3-2 中，正六棱柱的上、下底面为水平面，其水平投影为正六边形，反映实形，它们的正面和侧面投影均积聚为一直线段。前、后侧面为正平面，其余四个侧面为铅垂面，六个侧面和六条侧棱的水平投影分别积聚在六边形的六条边和六个顶点上。前、后侧面的正面投影反映实形，侧面投影积聚为直线段。其余四个侧面的正面和侧面投影均为矩形的类似形。各侧棱的正面和侧面投影分别与矩形的边重合。

棱柱的投影特点：在特征面平行的投影面上的投影为多边形，反映特征面实形（称之为特征视图），另两投影面上的投影均为一个或多个、可见与不可见矩形的组合。

画棱柱三视图时，宜先画特征视图（多边形），后画另两视图（矩形）。当物体在某方向对称时，首先要用对称线（点画线）表示出对称平面的积聚性投影。图 3-2b 中，应先画俯视图，再画主、左视图，而且画图时，要先画对称线。

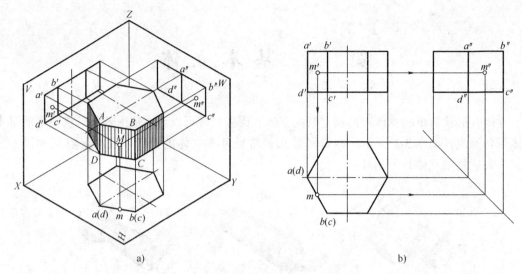

图 3-2　正六棱柱的投影及表面上取点

2. 棱柱表面上取点

由于棱柱表面处于特殊位置，可利用表面投影的积聚性来求点。图 3-2 中，已知六棱柱侧面 *ABCD* 上点 *M* 的 *V* 面投影 *m′*，求其他两面投影。由于该侧面的水平投影 *abcd* 有积聚性，因此点 *M* 的水平投影 *m* 必在 *abcd* 上，求出 *m* 后，再根据 *m′*、*m* 求得 *m″*。由于 *ABCD* 面的 *W* 面投影可见，所以 *m″* 也可见。

二、棱锥

棱锥的底面为多边形，各侧面均为过锥顶的三角形，如图 3-3a 所示。

1. 棱锥的投影

图 3-3 中，正三棱锥的底面 △*ABC* 为水平面，其水平投影 △*abc* 为等边三角形，反映实形，正面和侧面投影都积聚为一水平线段。棱面 △*SAC* 是侧垂面，侧面投影积聚为一直线段，水平和正面投影都是类似形。棱面 △*SAB* 和 △*SBC* 是一般位置平面，三面投影均为类似形，如图 3-3b 所示。

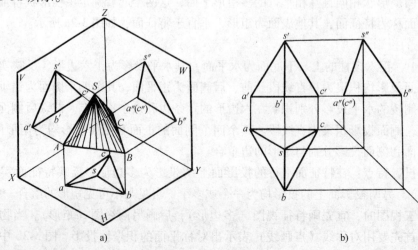

图 3-3　正三棱锥的投影

棱线的投影，可按同样方法进行分析。

画棱锥三视图时，一般先画底面各投影（先画反映底面实形的投影，后画底面积聚性投影），再画出锥顶点各投影，然后连接各棱线并区分可见性。

2. 棱锥表面上取点

处于棱锥特殊位置表面上的点，可利用表面投影的积聚性直接求得。图 3-4 中，已知点 M 的 H 面投影 m，求其他两面投影。利用棱面 $\triangle SAC$ 投影的积聚性，先求出 m''，然后再求得 m'。由于 $\triangle SAC$ 的 V 面投影不可见，所以 m' 亦不可见。

处于棱锥一般位置表面上的点，须通过作辅助线的方法求得。图 3-4 中，已知点 N 的 V 面投影 n'，要求作 n、n''。通过点 N 作辅助线 SD，求出 SD 的水平投影 sd，在 sd 上求得 n，最后由 n'、n 求得 n''。由于点 N 所属锥面 $\triangle SAB$ 在 H 面和 W 面上的投影都是可见的，所以 n 和 n'' 也是可见的。

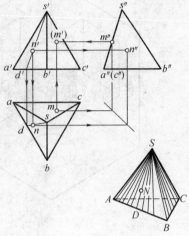

图 3-4　三棱锥表面上取点

第二节　回　转　体

由一母线（直线或曲线）绕轴线回转而成的曲面称为回转面，由回转面或回转面与平面所围成的立体称为回转体。常见的回转体有圆柱、圆锥、球和圆环等。由于回转体的侧面是光滑曲面，所以绘制回转体视图时，仅需画出曲面对相应投影面可见与不可见部分的分界线（转向线）的投影即可。

一、圆柱

圆柱体的表面是圆柱面和上、下底平面。圆柱面可看成是由一条直线绕与它平行的轴线回转而成。如图 3-5 所示，OO_1 称为轴线，直线 AA_1 称为母线，母线的任一位置称为素线。

1. 圆柱的投影

图 3-6 中，圆柱上、下底面为水平面，其水平投影反映实形，正面和侧面投影分别积聚成一直线段。由于圆柱轴线垂直于水平投影面，所以圆柱面的水平投影积聚为一个圆（重合在上下底面圆的实形投影上），其正面和侧面投影用决定其投影范围的转向线投影表示，这样主、左视图都是矩形。

图 3-5　圆柱面的形成

正面投影中，矩形左右两边 $a'a_1'$ 和 $b'b_1'$ 分别是圆柱面最左最右素线的投影，也是前半个圆柱面与后半个圆柱面上可见与不可见的分界线的投影，它们的水平投影积聚为 $a(a_1)$、$b(b_1)$，侧面投影与圆柱轴线投影重合（因圆柱面是光滑曲面，图中不画出其投影）。

侧面投影，读者可自行分析。

还应注意，回转体的轴线投影应用点画线清晰地表示出来。

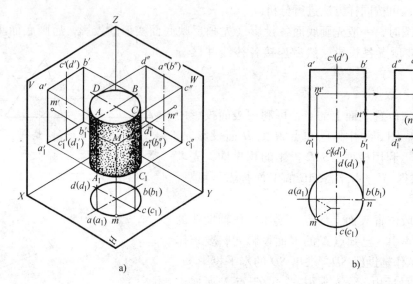

图 3-6　圆柱的投影及表面上取点

画圆柱的视图时，应先画轴线和圆的中心线的投影，接着画投影为圆的视图，然后画另两个投影为矩形的视图。

2. 圆柱表面上取点

可利用圆柱面投影的积聚性求得。在图 3-6 中，已知圆柱表面上点 M 的 V 面投影 m'，求其他两面投影。由于圆柱表面的水平投影有积聚性，所以点 M 的水平投影应在圆柱面水平投影的圆周上，据此先求出 m，再根据 m'、m 求出 m''。由于点 M 在圆柱面的左前部，故其侧面投影可见。

由点 N 的 V 面投影，求另两面投影的方法，读者可自行分析。

二、圆锥

圆锥体的表面是圆锥面和底平面。圆锥面可看成由一条直母线绕与它相交的轴线回转而成，如图 3-7 所示。

1. 圆锥的投影

图 3-8 中，圆锥轴线垂直于水平面，底面为水平面，其水平投影反映实形（圆），正面和侧面投影分别积聚成一直线段。圆锥面的三面投影都没有积聚性，水平投影与底面圆的水平投影重合，正面和侧面投影用决定其投影范围的转向线投影表示，这样主、左视图都是形状大小相同的等腰三角形。

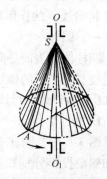

图 3-7　圆锥面的形成

正面投影中，左右两边 $s'a'$、$s'b'$ 分别是圆锥面最左最右素线的投影，也是前半个圆锥面与后半个圆锥面对 V 面的转向线的投影，它们的水平投影与横向对称中心线重合，侧面投影与圆锥轴线投影重合（图中不需表示出其投影，仍画点画线）。

侧面投影，读者可自行分析。

画圆锥三视图时，应先画轴线和圆的中心线的投影，然后画底面圆的各投影（先画圆的实形投影，后画圆的另两积聚性投影），接着画出锥顶各投影，最后画各转向线的投影。

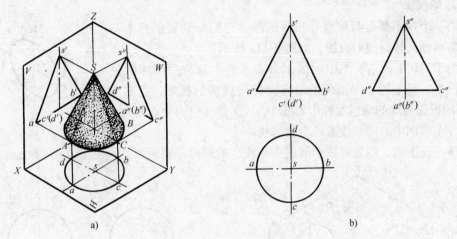

图 3-8　圆锥的投影

2. 圆锥表面上取点

如图 3-9 所示，已知圆锥面上点 M 的正面投影 m'，求 m、m''。由于圆锥面的三面投影都没有积聚性，为了求点 M 的另两投影，必须在圆锥面上先过点 M 作辅助线，然后在辅助线的投影上确定点 M 的投影。作图方法有两种：

（1）辅助素线法　如图 3-9a 所示，过锥顶 S 和点 M 引辅助素线 SA，先作出 SA 的三面投影，然后用在线上求点的方法，在 sa 上求出 m，在 $s''a''$ 上求出 m''。

（2）辅助圆法　如图 3-9b 所示，过已知点 M，在圆锥面上作垂直于锥轴的辅助圆，该圆的正面投影积聚成一条水平线 $e'f'$，水平投影为一直径等于 $e'f'$ 的圆，点 M 的投影应在辅助圆的同面投影上，即可由 m' 求得 m，再由 m' 和 m，求得 m''。由于点 M 在圆锥面的左前部，所以 m、m'' 均可见。

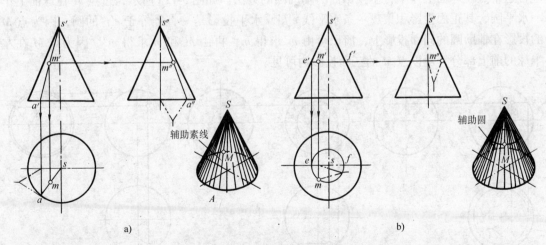

图 3-9　圆锥表面上取点

三、球

球面可看成一条圆母线绕其直径回转而成，如图 3-10 所示。

1. 球的投影

球的三个视图都是与球直径相等的圆，它们分别表示三个不同方向的球面的转向线的投影，如图 3-11a 所示。

在图 3-11b 中，主视图中的圆 1′，表示前半球与后半球的分界线的投影，是平行于 V 面的前后方向转向线圆的投影，它在 H 和 W 面的投影与球的前后对称中心线 1、1″重合（仍画中心线）。

俯、左视图中的圆，读者可自行分析。

画球三视图时，应先画三个圆的中心线，然后再分别画圆。

图 3-10　球面的形成

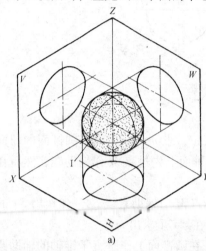

a)

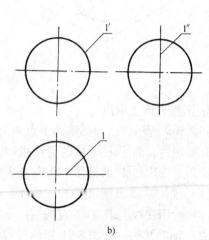

b)

图 3-11　球的投影

2. 球面上取点

图 3-12 中，已知球面上点 M 的正面投影 m′，求作 m 和 m″。要在球面上取点，应采取包含这个点在球面上作平行于投影面的辅助圆的方法。如图 3-12a 所示，过点 M 在球面上作一水平圆，其正面投影积聚成一条水平线 e′f′，水平投影是一直径等于 e′f′ 的圆，因为点 M 的投影在辅助圆的同面投影上，所以可由 m′ 求得 m，再由 m′ 和 m 求得 m″。因为点 M 在左半球的前上部分，所以点 M 的三面投影均可见。

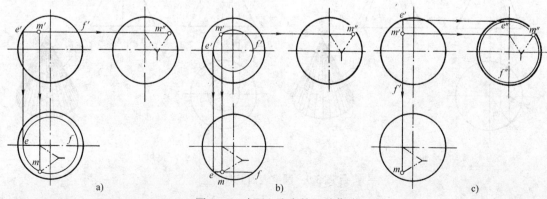

a)　　　　　　　　b)　　　　　　　　c)

图 3-12　球面上取点的三种作法

在球面上作辅助圆时，既可作平行于水平面的圆，也可作平行于 V 面（见图 3-12b）和 W 面（见图 3-12c）的圆，其结果是一样的。

四、圆环

圆环面可看成一圆母线绕与圆平面共面但不在圆内的轴线回转而成，如图 3-13a 所示。

1. 圆环的投影

图 3-13b 中，俯视图中的两个同心圆，分别是圆环上最大和最小的两个纬圆的水平投影，也是上半个圆环面与下半个圆环面的可见与不可见的分界线投影；点画线圆是母线圆心轨迹的投影。主视图中的两个小圆，是平行于 V 面的最左、最右两素线圆的投影（位于内环面的半圆不可见，画虚线），也是前半个圆环面与后半个圆环面的分界线投影；主视图中上、下两条水平直线是外环面与内环面分界处对 V 面转向线的投影。左视图的情况与主视图类似，读者可自行分析。

画圆环的三视图时，可先画出各视图中的轴线和中心线，再画中心圆并确定素线圆的中心，然后绘出圆环各投影。

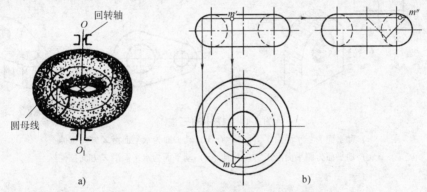

图 3-13 圆环的形成、投影及表面上取点

2. 圆环表面上取点

图 3-13b 中，已知圆环表面上点 M 的正面投影 m'（可见），求其他两面投影。在圆环表面上取点，需在圆环面上过该点作一垂直于轴线的辅助圆来完成。如图 3-13b 所示，过点 M 在环面上作与水平面平行的辅助圆，然后根据点 M 在圆上，即可按线上点的原理求出 m、m''。根据 m' 的位置和可见性，可判定点 M 在外环面的左、前、上方，所以 m、m'' 均可见。

*第三节　柱　体

棱柱、圆柱以及由棱柱、圆柱等的单向叠加、挖切而成的等厚立体，广义上统称为柱体。它是组成机件的最常见基本立体。

柱体可以认为由任一有界平面（称为动平面）沿某一与其垂直的直线平移（又称拉伸）一定距离而成，所以柱体又称为拉伸体。图 3-14 是四种常见的柱体，从图中可以看出，每个柱体都有两个起着确定其形状特征主要作用的平行且相等的平面（称之为特征面），其他表面均垂直于特征面。

一、柱体的投影

从图 3-14 可以看出，柱体三视图有共同的特点：一个视图反映特征面实形（称为特征视图），另两视图为一个或多个、可见与不可见矩形的组合。

画柱体的视图时，要先确定柱体的空间位置，分析各表面的形状、位置、投影特性，然后按先画特征视图，后画另两视图（矩形的组合）的步骤进行，如图 3-15 所示。

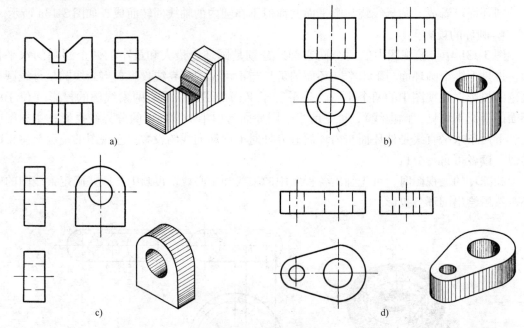

图 3-14　柱体的三视图

a）动平面为正平面沿 Y 方向拉伸　b）动平面为水平面沿 Z 方向拉伸
c）动平面为侧平面沿 X 方向拉伸　d）动平面为水平面沿 Z 方向拉伸

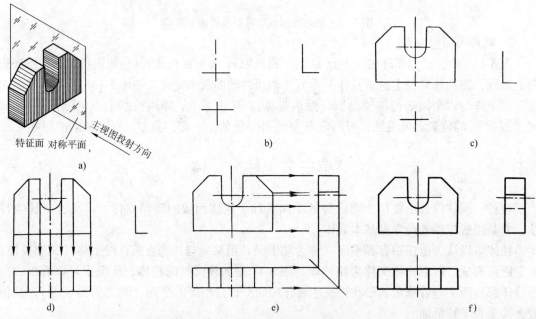

图 3-15　柱体三视图的画图步骤

a）明确物体的空间位置、投射方向，进行投影分析　b）画作图基准线。常采用对称平面、大的端面、底面、
轴线为作图基准　c）画特征视图，尺寸从实物或轴测图中获得　d）画第二个视图（矩形线框），
厚度尺寸从实物或轴测图中获得，其余尺寸按投影关系获得　e）按"长对正、高平齐、
宽相等"画第三个视图（矩形线框）　f）检查，擦去多余图线，加深，完成全图

二、柱体表面上取点

在柱体表面上取点，与在棱柱或圆柱表面上取点的方法一样，利用表面投影的积聚性求得。图 3-16 所示为由点 M 的水平投影，求另两投影的作图方法。

三、柱体视图的识读

根据柱体的形体特征和视图特点，可以采用视图归位平移（拉伸）的思维方法来读图，即设想 V 面（主视图）不动，把 H 面（俯视图）和 W 面（左视图）旋转归位到三投影面体系未被展开前的位置，然后找出特征视图，沿着其投射方向的反方向，设想均匀地平移（拉伸）柱体厚度，依据特征面运动的轨迹，想象出柱体的立体形状。如图 3-17a 所示，把 H、W 面旋转归位到展开前位置，找出特征视图——俯视图，将它沿着投射方向的反方向向上平移（拉伸）柱体的厚度（高度），依据特征面运动的轨迹，就可想象出如图 3-17b 所示的柱体形状。

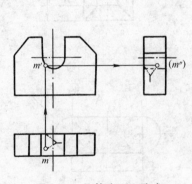

图 3-16　柱体表面上取点

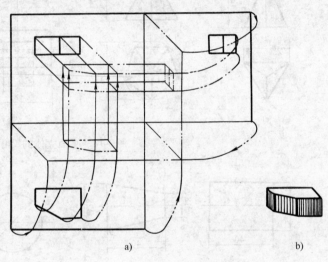

a)　　　　　　　　　　　　　b)

图 3-17　柱体的读图思维方法

第四节　基本立体的尺寸注法

一、平面立体的尺寸注法

平面立体一般应标注长、宽、高三个方向的尺寸。棱柱、棱锥及棱台，除了标注顶面和底面形状大小的尺寸外，还要标注高度尺寸。为了便于看图，确定顶面和底面形状大小的尺寸，宜标注在反映其实形的视图上，如图 3-18 所示。

标注正方形尺寸时，常采用在正方形边长尺寸数字前加注符号"□"的形式注出（见图 3-18h）。

二、回转体的尺寸注法

圆柱、圆锥和圆锥台，应标注底圆直径和高度尺寸，直径尺寸一般标注在非圆视图上，并在尺寸数字前加注符号"ϕ"，如图 3-19a、b 所示。标注球的尺寸时，需在直径数字前加注符号"$S\phi$"，如图 3-19c 所示。圆环的尺寸注法，如图 3-19d 所示。当把尺寸集中标注在一个非圆视图上时，这个视图即可表示清楚回转体的形状和大小。

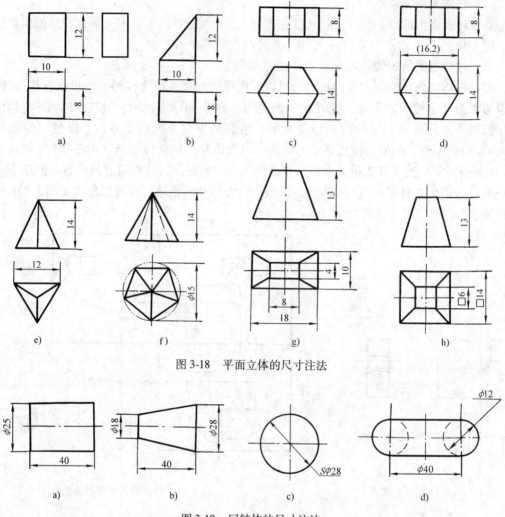

图 3-18　平面立体的尺寸注法

图 3-19　回转体的尺寸注法

*三、柱体的尺寸注法

柱体应标注特征面形状大小和厚度（宽度）尺寸。决定特征面形状大小的尺寸，宜标注在反映其实形的特征视图上，另两矩形视图上只标注一个厚度（宽度）尺寸，如图 3-20 所示。

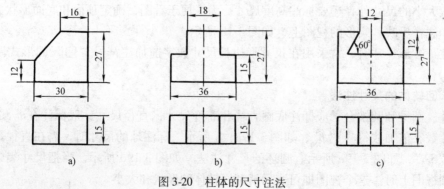

图 3-20　柱体的尺寸注法

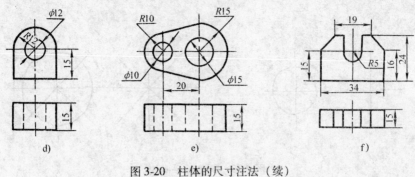

图 3-20　柱体的尺寸注法（续）

第五节　草图画法

以目测估计图形与实物的比例，按一定画法要求徒手（或部分使用绘图仪器）绘制的图，称为草图。

在设计、维修、仿造、计算机绘图等场合，经常需要借助草图来记录或表达技术思想。因此，绘制草图也是工程技术人员必备的一种基本技能。

徒手画草图一般用 HB 或 B 铅笔。为了能随时转动图纸方便画图，提高徒手绘图速度，草图图纸一般不固定。

一、图线的徒手画法

（1）直线的画法　小手指靠着纸面，画短线以手腕运笔，画长线以手臂动作，眼睛注视着线段终点，以眼睛的余光控制运笔方向，移动手腕使笔尖沿要画线的方向作直线运动。为使欲画的直线成顺手方向，可将图纸斜放，或侧转身体，其运笔方向如图 3-21 所示。

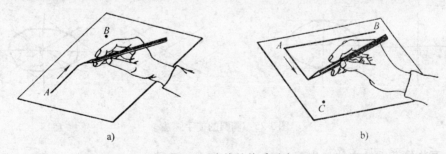

图 3-21　直线的徒手画法

（2）常用角度的画法　画 30°、45°、60°等常用角度时，如图 3-22 所示，可按两直角边的近似比例关系，定出两端点后，连成直线。

（3）圆的画法　画较小圆时，先在中心线上按半径目测定出四点，然后徒手将各点连接成圆（见图 3-23a）。画较大圆时，通过圆心加画两条约 45°斜线，按半径目测定出 8 个点，连接成圆（见

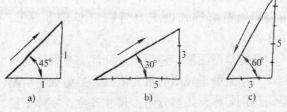

图 3-22　30°、45°、60°斜线的徒手画法

图 3-23b）。

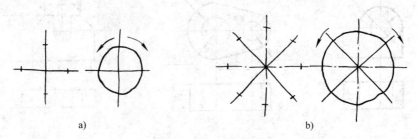

图 3-23　圆的徒手画法

（4）圆角和圆弧连接的画法　根据圆角半径大小，在分角线上定出圆心位置，从圆心向分角两边引垂线，定出圆弧的两连接点，并在分角线上定出圆弧上的点，然后过这三点作圆弧（见图 3-24a），也可以利用其与正方形相切的特点画出（见图 3-24b）。

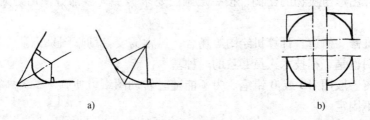

图 3-24　圆角和圆弧连接的徒手画法

（5）椭圆的画法　先画椭圆长短轴，定出长短轴顶点，过四个顶点画矩形，然后作椭圆与矩形相切（见图 3-25a），或者利用其与菱形相切的特点画椭圆（见图 3-25b）。

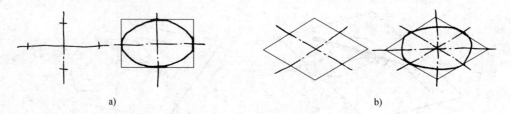

图 3-25　椭圆的徒手画法

二、画物体草图的方法与步骤

物体草图的绘制步骤与仪器绘图的步骤相同。

草图图形的大小是根据目测估计画出的，没有确切比例，但图形上所显示的物体各部分大小比例应大体符合实际，这样才能不失物体的真实形状，所以目测尺寸比例要准确。目测可以借助铅笔等辅助工具进行（见图 3-26）。初学徒手绘图，可在方格纸上进行（见图 3-27）。

画完草图图形，还应测量标注完整物体的尺寸。

草图是画正规图的重要依据，虽为徒手绘制，但不能潦草马虎，要求原理正确，内容完整，比例匀称，线型分明，尺寸齐全，字体工整，图面整洁。

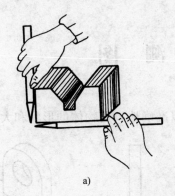
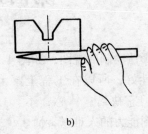

a)   b)

图 3-26　用铅笔帮助目测

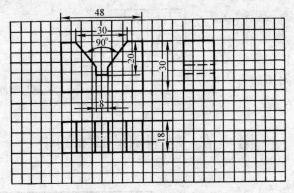

图 3-27　物体视图的草图

第四章 轴 测 图

用正投影法绘制的视图，如图 4-1a 所示，可以准确地表达物体的形状和大小，且作图方便，度量性好，所以在工程上广泛采用，但它缺乏立体感，不具备一定看图能力的人难以看懂。图 4-1b 所示的轴测图，能在一个投影上同时反映物体长、宽、高三个方向的形状，具有较强的立体感，但度量性差，作图麻烦，故在工程上一般用它作为辅助图样。本章简要介绍轴测图的基本知识和画法。

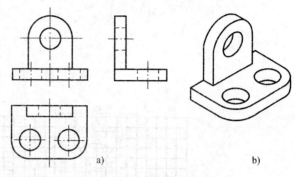

图 4-1 三视图与轴测图

第一节 轴测图的基本知识

一、轴测图的形成

将物体连同其直角坐标系，沿不平行于任一坐标平面的方向，用平行投影法将其投射在单一投影面上所得到的图形，称为轴测投影（轴测图），如图 4-2 所示。

二、轴间角和轴向伸缩系数

直角坐标轴 O_0X_0、O_0Y_0、O_0Z_0 在轴测投影面上的投影 OX、OY、OZ 称为轴测轴。轴测轴之间的夹角（见图 4-2 中 $\angle XOY$，$\angle XOZ$，$\angle YOZ$）称为轴间角。

直角坐标轴的轴测投影的单位

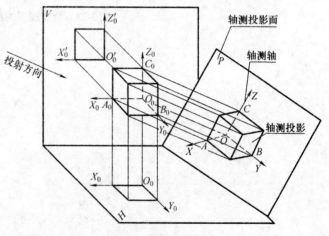

图 4-2 轴测图的形成

长度与相应直角坐标轴上单位长度的比值，称为轴向伸缩系数。O_0X_0、O_0Y_0、O_0Z_0 轴上的轴向伸缩系数分别用 p_1、q_1 和 r_1 表示，如图 4-2 所示，$p_1 = OA/O_0A_0$，$q_1 = OB/O_0B_0$，$r_1 = OC/O_0C_0$。简化后的轴向伸缩系数分别用 p、q 和 r 表示。

三、轴测投影的特性

（1）平行性 物体上互相平行的线段，其轴测投影也互相平行。

（2）定比性 物体上，同一线段上各段长度之比，在轴测投影中保持不变。与坐标轴平行的线段，其轴测投影长度等于原长乘以该轴的轴向伸缩系数。

由此可见，物体上与坐标轴平行的线段，其轴测投影必与相应的轴测轴平行，且只能沿轴测轴方向，按相应轴向伸缩系数度量，这就是"轴测"的含义。

四、轴测图的分类

按轴测投射方向对轴测投影面的相对位置不同，轴测图可分为两类：投射方向垂直于轴测投影面的轴测图，称为正轴测图；投射方向倾斜于轴测投影面的轴测图，称为斜轴测图。

根据轴向伸缩系数，这两类轴测图又各分为三种。工程上常用的是正等轴测图和斜二轴测图。

第二节　正等轴测图

三个轴向伸缩系数均相等的正轴测投影，称为正等轴测投影（正等轴测图）。

图4-3a 所示四棱柱的正面平行于投影面 P，投影是长方形，无立体感。将四棱柱连同其直角坐标系绕 O_0Z_0 轴旋转 $45°$（见图4-3b），再绕 O_0X_0 轴向前旋转约 $35°$，变成图4-3c所示位置，然后向轴测投影面 P 进行正投影，得到四棱柱的正等轴测图。

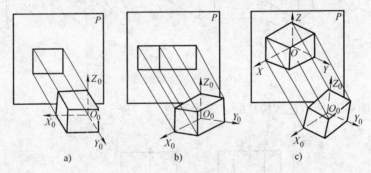

a)　　　　　　　　b)　　　　　　　　c)

图4-3　正等轴测图的形成

一、轴间角和轴向伸缩系数

正等轴测图的三个轴间角相等，均为 $120°$。一般使 OZ 轴处于铅垂位置，OX、OY 分别与水平线成 $30°$ 角，如图4-4所示。

正等轴测图的三个轴向伸缩系数均为 0.82（即 $p_1 = q_1 = r_1 = 0.82$），如图4-4所示。为使作图方便，常将轴向伸缩系数简化为 1，即凡与坐标轴平行的线段，作图时可按实际长度量取，这样绘出的轴测图，比实物放大了 1.22 倍（$\approx 1/0.82$），但形状不变，如图4-5所示。

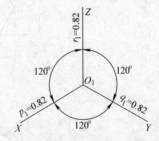

图4-4　正等轴测图的轴间角和轴向伸缩系数

画物体轴测图时，先要确定轴测轴的位置，轴测轴应选择在物体上最有利于画图的位置，如物体的主要棱线、对称中心、轴线等，如图4-6所示。

二、平面立体的正等轴测图画法

1. 坐标法

根据立体表面各顶点的坐标，分别画出它们的轴测投影，然后依次连接各顶点，完成立体的轴测图。这是画轴测图的最基本方法。

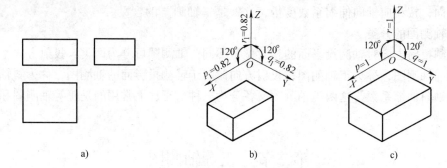

图 4-5 不同轴向伸缩系数的正等轴测图

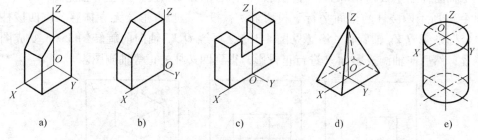

图 4-6 轴测轴位置的选择

例 4-1 画图 4-7a 所示正六棱柱的正等轴测图。

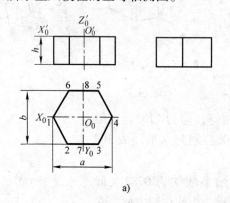

a)

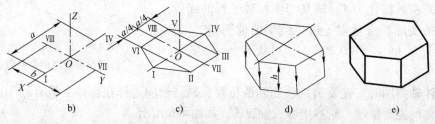

图 4-7 正六棱柱正等轴测图画法

a) 设置坐标轴，六棱柱前、后、左、右对称，故坐标原点取顶面的中心

b) 画轴测轴，定出点 I、IV 和 VII、VIII c) 过点 VII、VIII 作 X 轴平行线，在所作两直线上各取 a/4，并连接各顶点

d) 过各顶点分别沿 Z 轴向下画可见侧棱，量取高度 h，画底面可见各边 e) 擦去多余图线，加深，完成全图

由于正六棱柱前后、左右对称，为了少画不必要的作图线，选取棱柱顶面的对称中心为坐标原点，先从顶面开始作图。作图步骤，如图4-7所示。

例4-2 画图4-8a所示六棱台的正等轴测图。

作图方法和步骤，与例4-1相同，如图4-8所示。

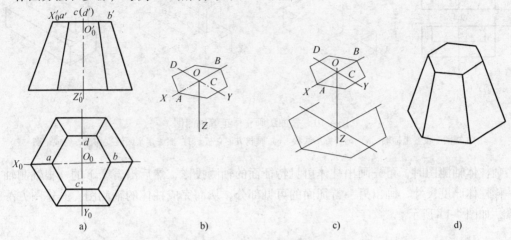

图4-8 正六棱台正等轴测图画法

a）在视图上设置坐标轴，坐标原点取顶面中心 b）按坐标关系画出顶面正六边形

c）量取棱台高，画底面正六边形 d）连接可见线段，擦去多余图线，加深，完成全图

2. 切割或叠加法

对于由长方体切割或叠加而成的立体，可先画出未被切割前完整长方体的轴测图，然后用切割或叠加方法，逐一画出切去或叠加部分，从而完成立体的轴测图。这种方法俗称为方箱法。

例4-3 画图4-9a所示物体的正等轴测图。

该立体可看成是在长方体的基础上，上方中部切去了四棱柱槽。采用切割法作图的方法和步骤，如图4-9所示。

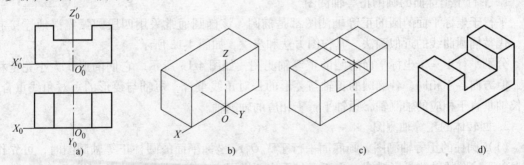

图4-9 切割法画凹块的正等轴测图

a）在视图上设置坐标轴 b）作轴测轴，按长、宽、高画长方体轴测图

c）画上部的凹槽 d）擦去多余图线，加深，完成全图

例4-4 画图4-10a所示物体的正等轴测图。

该物体可认为是在长方形底板的基础上，上方中部又叠加一个长方形立板而成。用叠加法作图的方法和步骤，如图 4-10 所示。

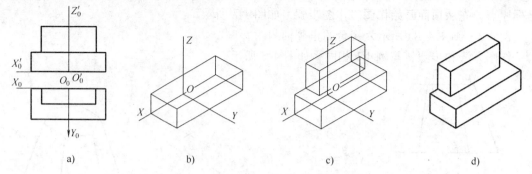

图 4-10　叠加法画立体正等轴测图

a）在视图上设置坐标轴　b）画长方形底板　c）画长方形立板　d）擦去多余图线，加深，完成全图

画柱体轴测图时，可先画出柱体可见特征面的轴测投影，然后沿着余下的一根轴测轴方向平移柱体厚度尺寸，画出另一特征面的可见部分，从而完成柱体的轴测图。其作图方法和步骤，如图 4-11 所示。

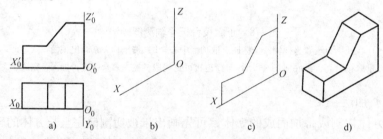

图 4-11　柱体正等轴测图画法

a）在视图上设置坐标轴　b）画可见特征面轴测轴　c）画可见特征面轴测图

d）画另一特征面的可见部分，完成柱体轴测图

三、回转体的正等轴测图画法

1. 平行于坐标面的圆的正等轴测图

平行于坐标平面的圆的正等轴测图都是椭圆，该椭圆通常采用四段圆弧光滑地连接起来，代替椭圆曲线的近似画法。其作图方法和步骤，如图 4-12 所示。

分别平行于三个坐标平面的圆的正等轴测图，如图 4-13 所示。它们的形状大小完全相同，但方向各不相同，各椭圆的长轴与菱形的长对角线重合，短轴与菱形的短对角线重合，即长轴垂直于相应的轴测轴，短轴平行于相应的轴测轴。

2. 回转体的正等轴测图

（1）圆柱的正等轴测图　画底面平行于 $X_0O_0Y_0$ 坐标平面的圆柱正等轴测图时，可先作出上、下底圆的轴测投影椭圆。由于上、下底两椭圆大小完全相同，为简便作图，在画完上底椭圆后，用移心法沿 Z 轴方向下移圆柱的高度 h，求出下底椭圆的三段可见圆弧的圆心、切点，即可画出下底椭圆，最后作两椭圆的外公切线。其作图方法和步骤，如图 4-14 所示。

（2）圆锥台的正等轴测图　画底面平行于 $Y_0O_0Z_0$ 坐标平面的圆锥台的正等轴测图，可先画出左、右两底圆的轴测投影椭圆，然后再作两椭圆的外公切线。其作图方法和步骤，如图 4-15 所示。

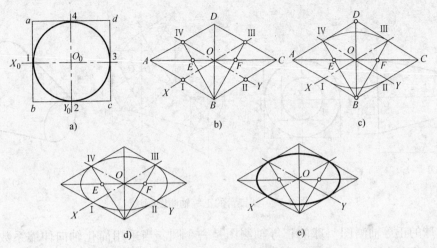

图 4-12 平行坐标面的圆的正等轴测图画法

a) 作圆的外切正方形，并确定坐标轴　b) 画轴测轴 X、Y，确定四点 Ⅰ、Ⅱ、Ⅲ、Ⅳ，过这四点分别作 X、Y 的平行线，
得辅助菱形 $ABCD$，并连接 BⅣ 和 BⅢ，分别交 AC 于 E、F　c) 分别以 B、D 为圆心，BⅢ 为半径画弧 Ⅲ Ⅳ 和 Ⅰ Ⅱ

d) 分别以 E、F 为圆心，EⅣ 为半径画弧 Ⅰ Ⅳ 和 Ⅱ Ⅲ　e) 加深四段圆弧即得近似椭圆

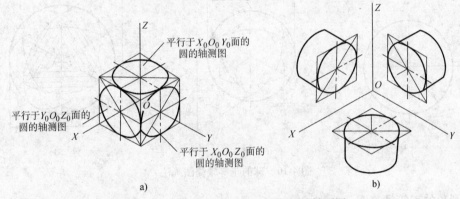

图 4-13 平行于各坐标面的圆的正等轴测图

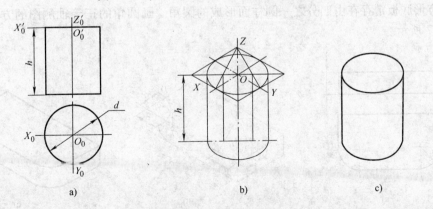

图 4-14 圆柱的正等轴测图画法

a) 在圆柱视图上确定坐标轴　b) 用近似画法画出顶面椭圆，然后用移心法作出底面椭圆的可见部分，
最后作上、下两椭圆的外公切线　c) 擦去多余图线，加深，完成全图

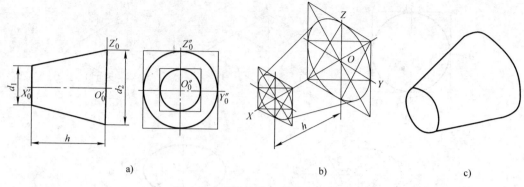

图 4-15　圆锥台的正等轴测图画法

（3）球的正等轴测图　球的正等轴测图是一个圆。当采用简化轴向伸缩系数画图时，这个圆的直径为球的直径的 1.22 倍。为了加强立体感，可在圆内通过圆心画出三个与坐标平面平行的椭圆，并采用假想切去 1/8 的方法来表示。其作图方法和步骤，如图 4-16 所示。

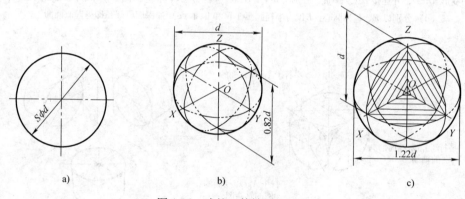

图 4-16　球的正等轴测图画法

3. 圆角的正等轴测图

长方形底板常存在由四分之一圆柱面形成的圆角。画圆角的正等轴测图的方法和步骤，如图 4-17 所示。

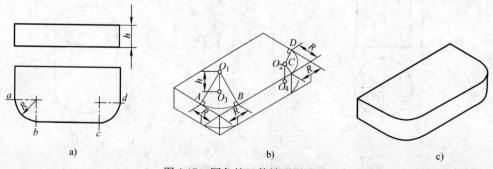

图 4-17　圆角的正等轴测图画法

a）在底板视图上定出圆弧半径 R 和切点　b）先画出底板长方体正等轴测图，作底板上面圆角的两圆心 O_1、O_2，
用移心法，得底板下面圆角的两圆心 O_3、O_4，分别以 O_1、O_2、O_3、O_4 为圆心画出对应圆弧

c）作外公切线，擦去多余图线，加深，完成全图

第三节　斜二轴测图简介

轴测投影面平行于一个坐标平面，且平行于坐标平面的那两个轴的轴向伸缩系数相等的斜轴测投影称为斜二轴测投影（斜二轴测图），如图 4-18 所示。

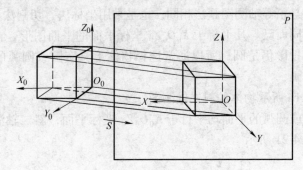

图 4-18　斜二轴测图的形成

一、轴间角和轴向伸缩系数

斜二轴测图的轴间角 $\angle XOZ = 90°$，$\angle XOY = \angle YOZ = 135°$。轴向伸缩系数 $p_1 = r_1 = 1$，$q_1 = 0.5$，如图 4-19 所示。

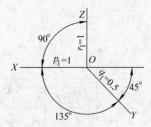

图 4-19　斜二轴测图的轴间角和轴向伸缩系数

二、斜二轴测图画法

1. 平行于坐标平面的圆的斜二轴测图

凡与正面平行的圆，其斜二轴测投影仍是圆。与侧面和水平面平行的圆，其斜二轴测投影为椭圆（见图 4-20）。水平面上椭圆的长轴对 X 轴偏转约 $7°$；侧面上椭圆的长轴对 Z 轴偏转约 $7°$。椭圆的长轴 $\approx 1.06d$，短轴 $\approx 0.33d$。

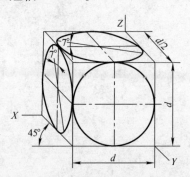

图 4-20　三个坐标面上圆的斜二轴测图

由于侧面和水平面上的椭圆画法麻烦，所以不推荐用圆弧代替的近似画法，如有需要可以通过作出圆上一系列点的轴测投影，然后用曲线板光滑连接成椭圆。由于这个原因，当物体的三个或两个坐标面上有圆时，应尽量不选用斜二轴测图，而当物体只有一个坐标面上有圆时，采用斜二轴测图，作图简便。

2. 物体的斜二轴测图

斜二轴测图画法与正等轴测图画法相同，也是采用坐标法、切割法和叠加法，只是轴间角和轴向伸缩系数不同而已。凡平行于 $X_0O_0Z_0$ 坐标平面的平面图形，在斜二轴测投影中均反映实形，圆的轴测投影仍是圆，所以通常选择物体上具有圆或圆弧的平面平行于该坐标面，使轴测图简便易画。

例 4-5 画图 4-21a 所示物体的斜二轴测图。

该物体上具有圆或圆弧的平面均平行于 $X_0O_0Z_0$ 坐标平面，斜二轴测图简单易画。其作图方法和步骤，如图 4-21 所示。

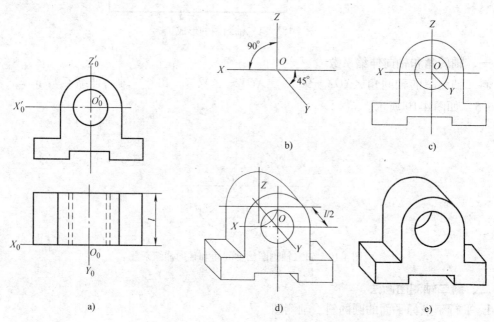

图 4-21 斜二轴测图的画法

a）在视图上确定坐标轴　b）画轴测轴　c）作前表面轴测图

d）将圆心后移 $0.5l$，作出后表面的可见部分　e）擦去多余图线，加深，完成全图

第五章　常见的立体表面交线

机器零件大多数是由一些基本立体根据不同的要求叠加或切割而成的，因此，在立体的表面上就会出现一些交线。平面与立体表面相交的交线称为截交线，平面称为截平面，被平面截切后的立体称为截断体，如图 5-1a 所示。两个立体表面相交的交线称为相贯线，两个相交的立体称为相贯体，如图 5-1b 所示。本章讨论常见的截交线和相贯线的投影画法。

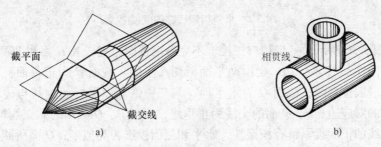

图 5-1　机件表面的截交线和相贯线

第一节　截　交　线

立体被平面截切时，立体形状和截平面相对立体的位置不同，所形成截交线的形状也不同。但任何截交线都具有以下性质：

1) 截交线是截平面和立体表面的共有线。

2) 截交线一般是封闭的平面图形。

由于截交线是截平面与立体表面的共有线，截交线上的点必定是截平面与立体表面的共有点。因此，求截交线的实质，就是求截平面与立体表面的共有点的集合。

一、平面立体的截交线

平面立体的截交线是一个封闭的平面多边形。多边形顶点是截平面与立体相应棱线的交点，多边形各边是截平面与立体相应棱面的交线。因此求截交线，就是求各棱线与截平面的交点，或求各棱面与截平面的交线。

例 5-1　如图 5-2a、b 所示，已知一正四棱柱被正垂面 P 截切，求作其第三面投影。

分析　截平面 P 与四棱柱的四个侧面及上底共五个面相交，故截交线为平面五边形 AB-CDE，其五个顶点分别是五条棱线与截平面的交点。因平面 P 为正垂面，所以截交线的 V 面投影积聚为直线，H 面和 W 面投影为类似的五边形。

作图（见图 5-2c）：

1) 画出被截切前四棱柱的侧面投影。

2) 利用截平面正面投影积聚性，先求出截交线五边形各顶点的正面投影，据此求出五边形各顶点的另两投影，依次连接各点同面投影，完成 W 面投影。

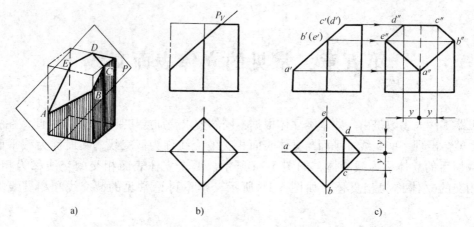

图 5-2　求斜切四棱柱的 W 面投影

例 5-2　图 5-3b 所示为一带切口三棱锥不完整三视图，完成其 H 面和 W 面投影。

分析　如图 5-3a 所示，切口是由两平面截切产生的。截面 P 为正垂面，与三棱锥前后棱面的交线为一般位置线；截面 Q 为水平面，与三棱锥底面平行，故其与棱面的交线平行于三棱锥底面的对应边；P、Q 面的交线为正垂线，所以 P、Q 截出的截交线均为三边形。P 面所截的截交线的正面投影具有积聚性，水平和侧面投影为类似形；Q 面所截的截交线的正面和侧面投影也有积聚性，水平投影反映实形。

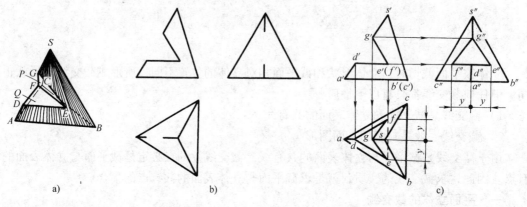

图 5-3　求切口三棱锥的 H、W 面投影

作图（见图 5-3c）：

1）根据 d'、g' 求出 d、d''、g、g''。

2）过 d 作 $de /\!/ ab$、$df /\!/ ac$。

3）由 $e'(f')$ 确定 e、f，再根据 e'、e 和 f'、f 求出 e''、f''。

4）依次连接各点的同面投影，区分可见性，完成 H、W 面投影。

二、回转体的截交线

回转体的截交线一般是封闭的平面曲线，或是由平面曲线和直线所围成的平面图形。求非圆平面曲线的投影时，一般先求出曲线上一系列点的投影，然后用曲线依次光滑连接。

1. 圆柱的截交线

根据截平面与圆柱轴线的相对位置不同，截交线有三种形状，见表 5-1。

表 5-1 圆柱的截交线

截平面位置	与轴线平行	与轴线垂直	与轴线倾斜
截交线形状	矩形	圆	椭圆
立体图			
投影图			

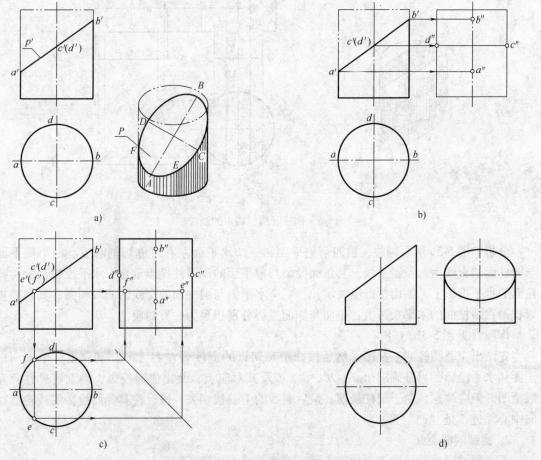

例 5-3 根据图 5-4a 所示斜切圆柱的主、俯视图，求作左视图。

图 5-4 求斜切圆柱的 W 面投影

分析 圆柱被正垂面斜切，截交线为椭圆，其正面投影积聚为一直线，水平投影与圆柱面的水平投影重合为一圆，侧面投影为椭圆。

作图：

先画出完整圆柱的左视图，再按下列步骤求截交线的投影。

1）求特殊点。特殊点一般指最高、最低、最左、最右、最前、最后等极限点，以及可见性分界点的投影。从图中可知，截交线上的最低点 A 和最高点 B，分别是最左素线和最右素线与截平面的交点（也是截交线上最左点和最右点）。截交线上的最前点 C 和最后点 D 分别是最前素线和最后素线与截平面的交点。由此作出它们的正面投影 a'、b'、c'、(d') 和水平投影 a、b、c、d，再根据 a'、b'、c'、(d') 和 a、b、c、d，求出 a''、b''、c''、d''（见图 5-4b）。

2）求一般点。为使作图准确，还须求出一定数量的一般点。图 5-4c 中，先在正面投影上定出 $e'(f')$，而后求得 e、f，最后根据点的投影规律，求出 e''、f''。用同样方法再作出一些一般点，此处不再重复。

3）依次光滑连接各点的侧面投影，完成全图（见图 5-4d）。

例 5-4 求作图 5-5a 所示上部开槽、下部切口圆柱的三视图。

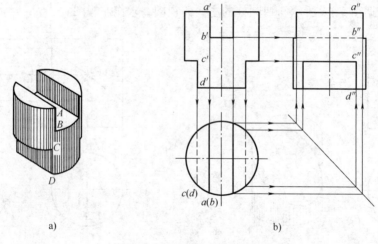

图 5-5 圆柱开槽、切口的画法

分析 图 5-5a 所示圆柱，被四个侧平面和三个水平面左右对称切割而成。四个侧平面与圆柱面的交线为八条铅垂线，其正面投影与截平面的积聚性投影重合，水平投影积聚在圆柱面的水平投影上，侧面投影反映实长；三个水平面与圆柱面的交线为四段圆弧，其水平投影积聚在圆柱面的水平投影上，正面和侧面投影分别积聚为一直线段。

作图（见图 5-5b）：

先画出完整圆柱的三视图，然后按凹槽和切口的宽度（左右方向）和深度，依次画出正面和水平投影，再准确求出 a''、b''、c''、d'' 及其对应点，画出侧面投影，判别可见性，完成全图。但应注意，由于圆柱最前、最后素线的上端被切去一段，使其侧面投影的外轮廓线向中心缩进，呈"凸"形。

2. 圆锥的截交线

截平面与圆锥轴线的相对位置不同，其截交线有五种不同形状，见表 5-2。

表 5-2　圆锥的截交线

截平面的位置	过锥顶	与轴线垂直 $\theta = 90°$	与轴线倾斜 $\theta > \alpha$	平行于一条素线 $\theta = \alpha$	与轴线平行或 $\theta < \alpha$
截交线的形状	等腰三角形	圆	椭圆	抛物线和直线段	双曲线和直线段
立体图					
投影图					

圆锥的五种不同形状截交线中，截交线为椭圆、双曲线和抛物线时，都需要用求点的方法作图。

例 5-5　求图 5-6a 所示正平面截切圆锥后的截交线投影。

分析　如图 5-6a 所示，因截平面 P 与圆锥轴线平行，所以截交线为双曲线和直线段，双曲线的正面投影反映实形，水平和侧面投影分别积聚成直线。

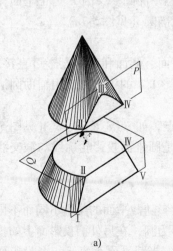

a)

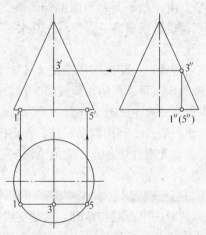

b)

图 5-6　求圆锥的截交线投影（一）

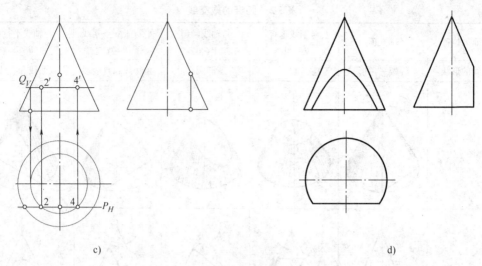

c)   d)

图 5-6　求圆锥的截交线投影（一）（续）

作图：

先画出完整圆锥的三面投影和截平面的积聚性投影，再按下列步骤求双曲线正面投影。

1）求特殊点。双曲线上的Ⅰ、Ⅴ点是截平面与圆锥底圆的交点，Ⅲ是截平面与圆锥最前轮廓素线的交点，故可作出Ⅰ、Ⅴ、Ⅲ的正面投影 1′、5′、3′（见图 5-6b）。

2）求一般点。作水平的辅助平面 Q 与圆锥相交，交线是圆，该圆的水平投影与截平面的水平投影相交于 2、4，再由 2、4 求得 2′、4′（见图 5-6c）。用同样方法，可再求出一些一般点，此处不重复。

3）依次光滑连接 1′、2′、3′、4′、5′，即得截交线的正面投影，完成全图（见图 5-6d）。

*例 5-6　如图 5-7a 所示，圆锥被正垂面 P 所截，完成其水平和侧面投影。

分析　由于截平面 P 与圆锥轴线斜交，所以截交线为一椭圆。又因 P 是正垂面，故截交线的正面投影积聚为一直线段，其水平和侧面投影均为椭圆（见图 5-7a）。

作图：

1）求特殊点。轮廓素线上的点Ⅰ、Ⅱ、Ⅴ、Ⅵ的正面、侧面和水平投影可直接求出。椭圆短轴的端点Ⅲ、Ⅳ的正面投影 3′(4′) 在长轴正面投影 1′2′ 的中点处，用辅助圆法可求出 3、4 和 3″、4″（见图 5-7b）。

2）求一般点。利用辅助圆法，作出椭圆上若干一般点，如 7、8 及 7″、8″（见图 5-7c）。

3）依次光滑连接各点，完成全图（注意：点 5″、6″是圆锥面投影轮廓线与截交线投影椭圆的切点）。

3. 球的截交线

任何位置的平面截切球时，其截交线都是圆，但其投影随截平面的位置不同而不同。当截平面平行于某一投影面时，截交线在该投影面上的投影为圆，在另外两投影面上的投影积聚为直线段，线段长度等于截交线圆的直径（见图 5-8）；当截平面垂直于一个投影面而倾斜于另两个投影面时，截交线在该投影面上的投影积聚为一直线段，另两投影为椭圆（见图 5-9）。

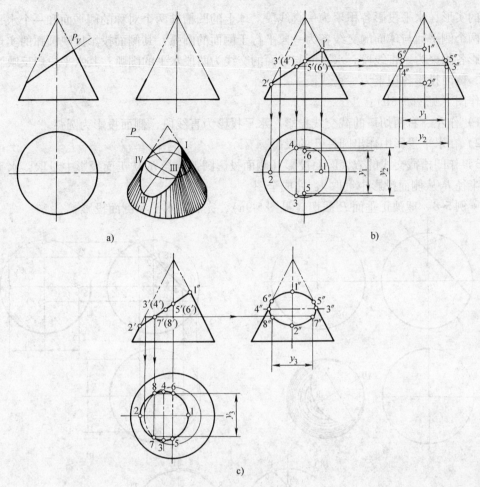

图 5-7 求圆锥的截交线投影（二）

例 5-7 已知一带切口和圆柱孔的球的正面投影（见图 5-8a），完成其水平和侧面投影。

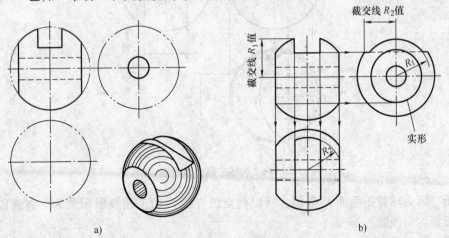

图 5-8 求球的水平和侧面投影

分析 如图 5-8a 所示，球的左、右被两个对称的侧平面切割，其截交线的侧面投影反映圆的实形，水平投影各积聚为一直线段。球上的凹槽被两个对称的侧平面和一个水平面截切，两个侧平面与球面的交线各为一段平行于侧面的圆弧，其侧面投影反映圆弧的实形，水平投影各积聚为一直线段。水平面与球面的交线为两段水平的圆弧，其水平投影反映圆弧的实形，侧面投影各积聚为一直线段。

作图（见图 5-8b）：

1）作左、右两切口的截交线投影。水平投影为直线段，侧面投影为圆弧。

2）在水平投影中作出圆柱孔的投影。

3）作凹槽截交线的 H、W 面投影（侧面投影圆弧半径 R_1 从正面投影中量取，水平投影圆弧半径 R_2 从侧面投影中量取），完成全图。

* 例 5-8　球被正垂面 P 截切（见图 5-9a），完成其水平和侧面投影。

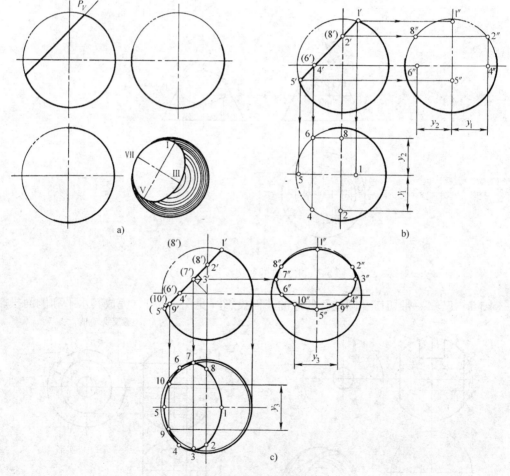

图 5-9　求球的截交线投影

分析　因为球被正垂面 P 截切，所以截交线（圆）的正面投影积聚为一直线段，水平和侧面投影均为椭圆。

作图：

1）求特殊点。先求轮廓线上的点，转向轮廓线上的点 Ⅰ、Ⅱ、Ⅳ、Ⅴ、Ⅵ、Ⅷ 的正面投影积聚在直线段 1'5' 上，它们的水平和侧面投影可直接求得（见图 5-9b）。

求椭圆长短轴端点　Ⅳ是正平线，其水平投影 15 和侧面投影 1″5″分别是两个椭圆的短轴；长轴是和短轴垂直平分的正垂线 Ⅲ Ⅶ，其正面投影 3′(7′) 积聚在 1′5′的中点上，水平投影 3 7 和侧面投影 3″7″均等于截交线圆的直径，即 3 7 = 3″7″ = 1′5′，根据 3′(7′) 即可确定长轴的水平投影 3 7 和侧面投影 3″7″（见图 5-9c）。

2）求一般点。根据需要，再求出若干一般点。图 5-9c 中，作水平的辅助圆，求出点 Ⅸ、Ⅹ的水平和侧面投影。

3）依次光滑连接各点，完成全图（见图 5-9c）。

4. 同轴组合回转体的截交线

求同轴组合回转体的截交线，必须分析该形体是由哪些回转体组合而成，截平面与被截切的各个回转体的相对位置，截交线的形状及其投影特性，然后逐个画出各回转体的截交线，再依次将其连接起来。

例 5-9　求作图 5-10 所示顶尖的水平投影。

分析　该顶尖头部是由同轴的圆锥和圆柱组合后，被水平面 P 和正垂面 Q 截切而成的。水平面 P 与圆锥面的交线是双曲线，与圆柱面交线是两条直线，正垂面 Q 与圆柱面的交线是一段椭圆弧。它们的正面和侧面投影均有积聚性，需求其水平投影。

作图（见图 5-10b）：

1）作出该立体截切前的水平投影。

2）求左端双曲线的水平投影（用辅助圆法求一般点的水平投影 2、10）。

3）求中部两平行直线的水平投影。

4）求右端椭圆弧的水平投影（利用投影关系求一般点的水平投影 5、7）。

5）擦去多余图线，加深，完成全图。注意，不要漏画两截平面交线的水平投影和圆锥与圆柱交线的水平投影（3、9 之间的虚线）。

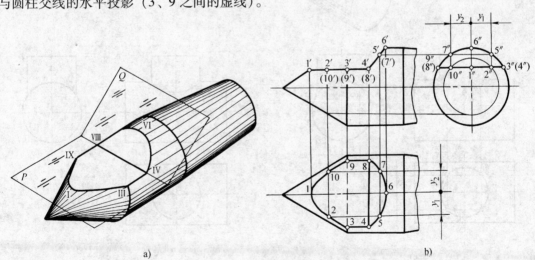

图 5-10　求顶尖的截交线投影

第二节　回转体相贯线

两立体相交，有两平面立体相交、平面立体与曲面立体相交和两曲面立体相交等情况。

本节只讨论常见的两回转体相贯线。

相贯线随相贯两形体的形状、大小和相对位置不同而不同，但所有相贯线都有以下共同的性质：

1）相贯线是两个立体表面的共有线，是一系列共有点的集合。

2）相贯线一般为封闭的空间曲线，特殊情况下是平面曲线或直线。

根据相贯线的性质，求相贯线的投影，实质上就是求两相贯体表面上一系列共有点的投影，然后依次将各点同面投影连接成光滑曲线即可。

一、利用积聚性求相贯线

两圆柱相交求相贯线的投影时，如果圆柱轴线垂直于投影面，可利用圆柱面投影的积聚性，运用表面求点法来求得。

例 5-10　求图 5-11a 所示正交两圆柱相贯线的投影。

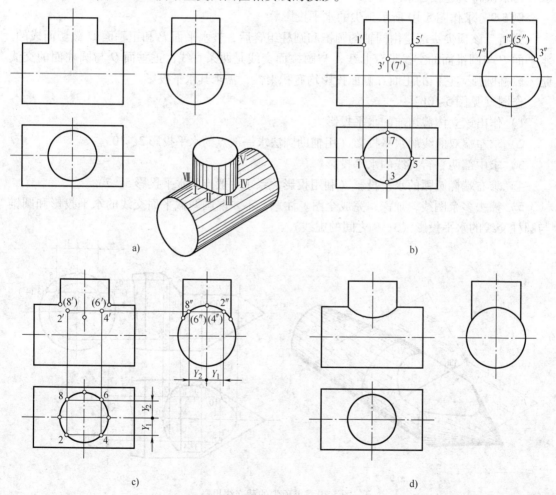

图 5-11　求正交两圆柱的相贯线投影

分析　两圆柱正交，大、小圆柱的轴线分别垂直于侧面投影面和水平投影面，所以相贯线的水平投影与小圆柱的水平投影重合为一个圆，相贯线的侧面投影与大圆柱的侧面投影重合为一段圆弧，需求相贯线的正面投影。因相贯线前后对称，所以相贯线前后部分的正面投影重合（见图 5-11a）。

作图：

1）求特殊点。相贯线上的特殊点位于圆柱的轮廓素线上，故最高点 I、V（也是相贯线的最左点和最右点）的正面投影 1′、5′可直接定出，最低点 III、VII（也是最前点和最后点）的正面投影 3′、7′，可由侧面投影 3″、7″作出（见图 5-11b）。

2）求一般点。在水平投影中确定出 2、4、6、8，并作出其侧面投影 2″、（4″）、6″、（8″），再按点的投影规律作出正面投影 2′、4′、（6′）、（8′）（见图 5-11c）。

3）依次光滑连接各点的正面投影，即为相贯线正面投影（见图 5-11d）。

正交两圆柱的相贯线，随着两圆柱直径大小的相对变化，其相贯线的形状、弯曲方向也起变化。如图 5-12 所示，当两个直径不等的圆柱相交时，相贯线在非积聚性投影中，其弯曲趋势总是弓向大圆柱的轴线。当两个圆柱直径相等时，相贯线从两条空间曲线变为两条平面曲线（椭圆），其正面投影成为两相交直线。

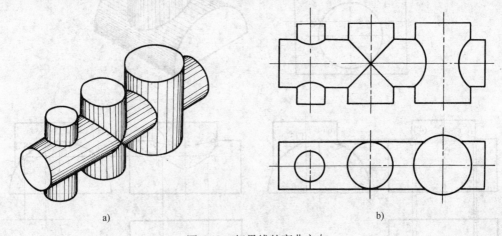

a)   b)

图 5-12　相贯线的弯曲方向

两圆柱相交，除了两外表面相交之外（见图 5-13a），还有外表面与内表面相交（见

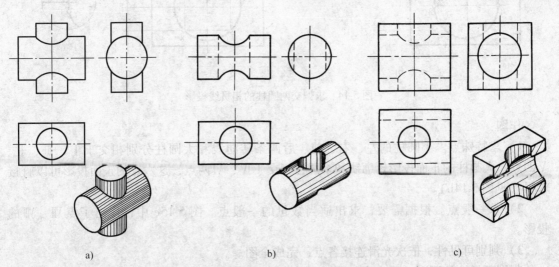

a)   b)   c)

图 5-13　两圆柱相交的三种形式

图 5-13b）和两内表面相交（见图 5-13c），它们的交线形状和作图方法是相同的。

　　*例 5-11　求作图 5-14a 所示偏交两圆柱相贯线的投影。

　　分析：如图 5-14a 所示，由于大、小圆柱的轴线垂直交叉，并分别垂直于侧面投影面和水平投影面，所以相贯线为左右对称的封闭空间曲线，其侧面投影与大圆柱的侧面投影重合为一段圆弧，水平投影与小圆柱的水平投影重合为一个圆，需求相贯线的正面投影。

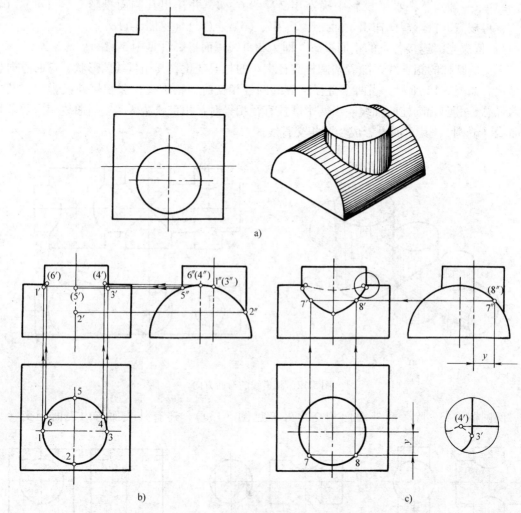

图 5-14　求偏交两圆柱的相贯线投影

　　作图：

　　1）求特殊点。小圆柱的左、右、前、后四条转向线和大圆柱分别相交于Ⅰ、Ⅲ、Ⅱ、Ⅴ四点；大圆柱的正面投影轮廓线和小圆柱相交于Ⅳ、Ⅵ两点，这六点的正面投影可以直接求得（见图 5-14b）。

　　2）求一般点。根据需要，求出适当数量的一般点。图 5-15c 中，作出了点Ⅶ、Ⅷ的投影。

　　3）判别可见性，依次光滑连接各点，完成全图。

　　判别可见性的原则：只有当相贯线同时位于两个立体的可见表面时，其投影才是可见的。1′、3′是相贯线正面投影可见与不可见部分的分界点，曲线段3′4′5′6′1′位于小圆柱的后半部，不可见，画虚线。

具有相贯线上特殊点的轮廓线，其投影一定要画到该点的投影处，参见图5-14c中的局部放大图。

二、辅助平面法求相贯线

无法利用积聚性求相贯线的投影时，可利用辅助平面法求得。

如图5-15a所示，圆柱与圆锥台正交，作一辅助平面（图示为水平面 P）同时截切两立体，辅助平面与圆锥面的截交线（圆）及与圆柱面的截交线（两平行直线）相交，交点（Ⅱ、Ⅳ、Ⅵ、Ⅷ）是三个面（圆柱面、圆锥面、辅助平面）的共有点，也就是相贯线上的点。

为使作图简便，应使辅助平面与两立体表面的截交线的投影为简单易画的图形（如直线或圆）。所以通常选用投影面平行面为辅助平面。

例5-12 圆柱与圆锥台正交，求作相贯线的投影（见图5-15a、b）。

分析 如图5-15a、b所示，圆柱与圆锥台正交，相贯线为前后对称的空间曲线。圆柱轴线垂直于侧面投影面，相贯线的侧面投影为圆弧（与圆柱面的投影重合），所以需求出相贯线的正面和水平投影。由于圆锥台轴线是铅垂线，所以应选水平面作为辅助平面。

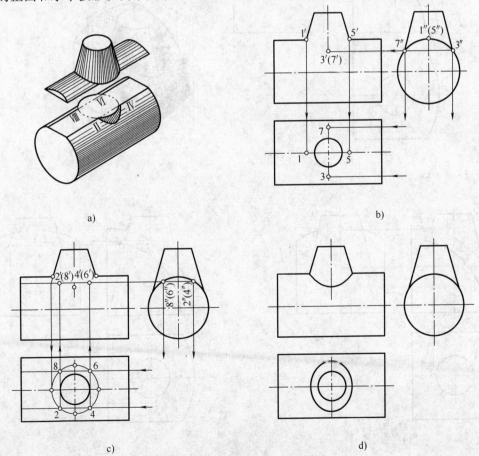

图 5-15　求圆柱与圆锥台正交的相贯线投影

作图：

1）求特殊点。根据相贯线最高点（也是最左点和最右点）和最低点（也是最前点和最后点）的侧面投影 1″、(5″)、3″、7″可求出其正面投影 1′、5′、3′、(7′) 及水平投影 1、5、3、7（见图 5-15b）。

2）求一般点。在最高点和最低点之间作一辅助水平面，截切圆锥台截交线的水平投影为圆，截切圆柱截交线的水平投影为两条平行直线，其交点 2、4、6、8 即为相贯线上点的水平投影。再根据水平投影作出正面投影 2′、4′、(6′)、(8′)（见图 5-15c）。

3）判别可见性，依次光滑连接各点的同面投影，完成全图（见图 5-15d）。

* 例 5-13 求圆锥台与部分球相交的相贯线投影（见图 5-16a）

分析 如图 5-16a 所示，两立体前后对称相交，圆锥台的轴线为不通过球心的铅垂线，相贯线是一条前后对称的空间曲线。由于球面和圆锥面的三个投影都没有积聚性，所以相贯线的三个投影都需要求作。

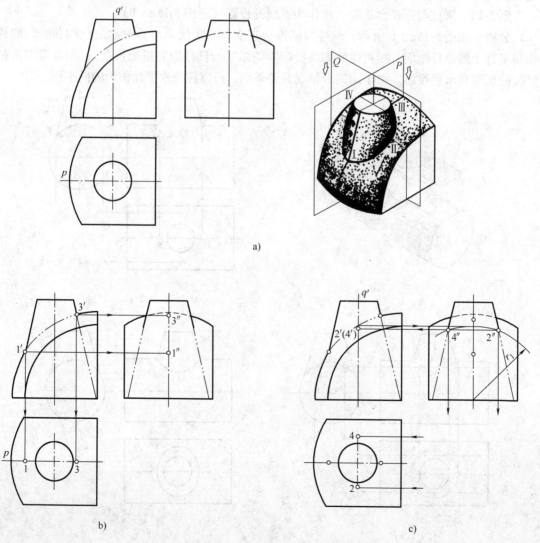

图 5-16　求圆锥台与部分球相交的相贯线投影

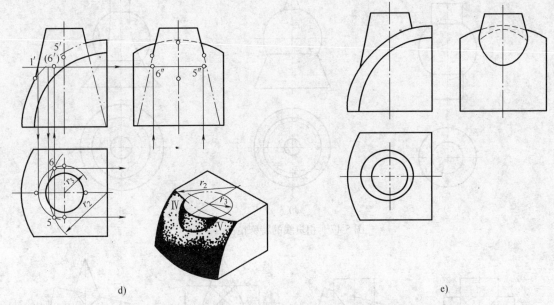

图 5-16　求圆锥台与部分球相交的相贯线投影（续）

作图：

1）求特殊点。如图 5-16a、b 所示，以过圆锥台轴线的正平面 P 为辅助平面，它与圆锥台的交线为正面投影转向轮廓线（两条直线），与球的交线为该球的正面投影转向轮廓线（圆弧）。它们的交点 Ⅰ、Ⅲ 就是所求相贯线上的点，也是相贯线的最低、最高点和最左、最右点。

如图 5-16a、c 所示，过圆锥台轴线作侧平面 Q，它与圆锥台的交线为侧面投影转向轮廓线，与球的交线为一段圆弧。它们交点的侧面投影相交于 2″、4″，Ⅱ、Ⅳ 即为圆锥台侧面投影转向轮廓线上的点，也是相贯线侧面投影可见与不可见的分界点。

2）求一般点。如图 5-16d 所示，在点 Ⅰ、Ⅲ 之间，选取水平面为辅助平面，辅助平面与圆锥台和球的截交线分别为圆和圆弧，它们的交点 Ⅴ、Ⅵ 就是相贯线上的点。先求出 5、6，然后作出 5′、6′ 和 5″、6″。同理，还可根据需要改变辅助平面的上下位置，再求出一些一般点。

3）判别可见性，依次光滑连接各点的同面投影，完成全图（见图 5-16e）。

由于相贯线前后对称，正面投影前后重合；相贯线在球的上半部和圆锥台的锥面上，水平投影全部可见；侧面投影中，2″、4″ 为可见性分界点，2″(3″) 4″ 应画虚线；球的外形轮廓线被遮住部分也应画虚线。

三、相贯线的特殊情况

当两回转体具有公共轴线时，其相贯线为垂直于轴线的圆，该圆在与轴线平行的投影面上的投影为一直线段，如图 5-17 所示。

当圆柱与圆柱、圆柱与圆锥相交，并公切于一个球时，则相贯线为椭圆，它在与两轴线平行的投影面上的投影积聚为直线段，如图 5-18 所示。

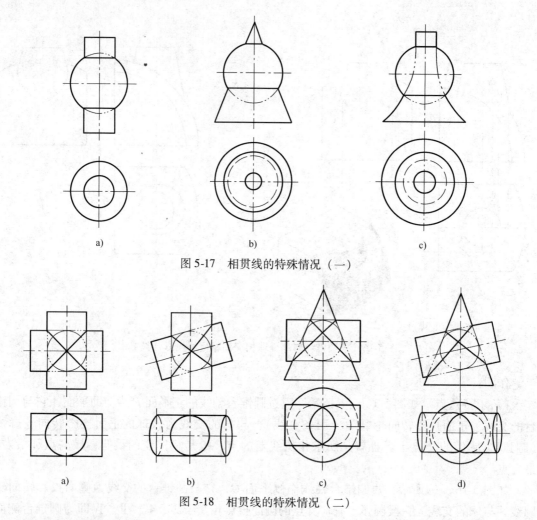

图 5-17　相贯线的特殊情况（一）

图 5-18　相贯线的特殊情况（二）

四、相贯线的近似画法

在实际画图中，若对相贯线的准确度要求不高时，两正交圆柱的相贯线的投影可采用圆弧代替的近似画法，如图 5-19 所示。作图时，以大圆柱半径为圆弧半径，其圆心在小圆柱轴线上，相贯线弓向大圆柱的轴线。

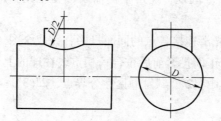

图 5-19　相贯线的近似画法

第三节　截断体和相贯体的尺寸注法

标注截断体尺寸时，除了应标注出基本形体的尺寸外，还应标注出截平面的定位尺寸。

当基本形体的形状和大小、截平面的相对位置被确定后，截交线的形状、大小及位置也就自然确定了，因此截交线上不应标注尺寸。图5-20中有"×"的尺寸不应标注出。

标注相贯体的尺寸时，除了标注出相交两基本形体的尺寸外，还要标注出相交两基本形体的相对位置尺寸。当相交两基本形体的形状、大小和相对位置确定之后，相贯线的形状、大小和位置已自然确定，因此相贯线上不应标注尺寸。图5-21中有"×"的尺寸不应标注出。

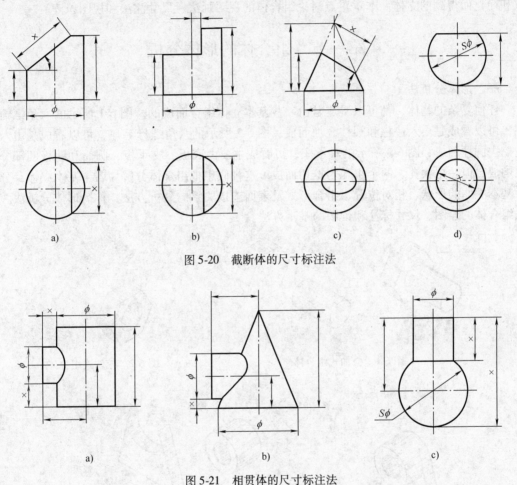

图 5-20　截断体的尺寸标注法

图 5-21　相贯体的尺寸标注法

第六章 组 合 体

由基本立体按一定形式组合而成的物体，称为组合体。组合体可看作由机器零件经过抽象和简化而得到的立体。本章重点讨论组合体的视图画法、尺寸注法和视图识读。

第一节 组合体的形体分析

一、形体分析法

任何复杂的物体，都可以看成是由一些基本立体组合而成的。图 6-1 所示的六角螺栓毛坯，可以看成是由六棱柱和圆柱叠加而成；图 6-2 所示的六角螺母毛坯，可以看成是由六棱柱挖去圆柱而成；图 6-3 所示的轴承座，可看成主要由底板、支承板、圆筒和肋板四部分叠加构成，但一个大孔、两个小孔为挖切而成。这种假想把组合体分解为若干基本立体，分析各基本立体的形状、相对位置、组合形式及表面连接关系的分析方法，称为形体分析法。它是组合体的绘图、尺寸标注和读图的基本方法。

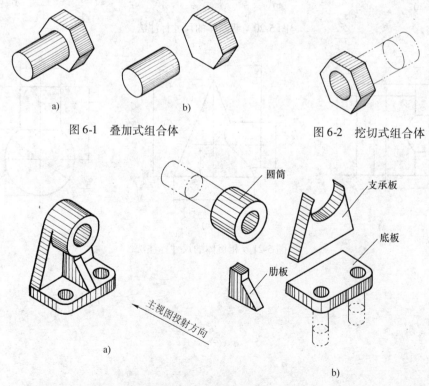

图 6-1 叠加式组合体

图 6-2 挖切式组合体

图 6-3 轴承座的形体分析

二、组合体的组合形式及相邻表面连接关系

组合体的组合形式有叠加（见图 6-1）和挖切（见图 6-2）两种基本形式，而常见的是

这两种形式的综合（见图6-3）。

基本立体组合在一起，按其相邻表面相对位置不同，连接关系可分为共面、相交、相切等情况。连接关系不同，连接处投影的画法也不同。

（1）共面　当两形体的表面平齐且共面时，共面处没有分界线，该处投影不应画线，如图6-4所示。

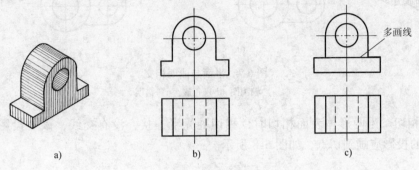

图6-4　两平面共面
a）轴测图　b）正确　c）错误

当两形体的表面不平齐而不共面时，两形体之间存在分界面，应画出分界面的投影，如图6-5所示。

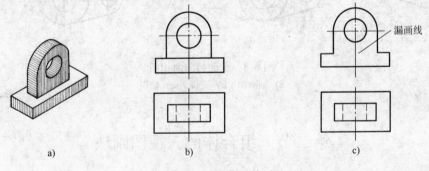

图6-5　两平面不共面
a）轴测图　b）正确　c）错误

（2）相交　当两形体表面相交时，两表面交界处有交线，应画出交线的投影，如图6-6、图6-7所示。

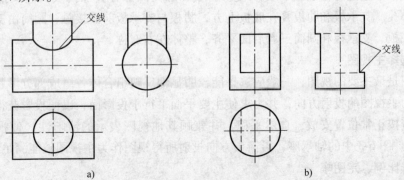

图6-6　两表面相交

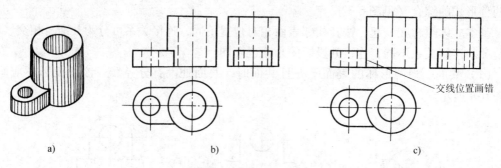

图 6-7　平面与曲面相交

a）轴测图　b）正确　c）错误

（3）相切　当两形体表面相切时，相切处光滑连接，没有交线，该处投影不应画线，相邻平面的投影应画到切点，如图 6-8 所示。

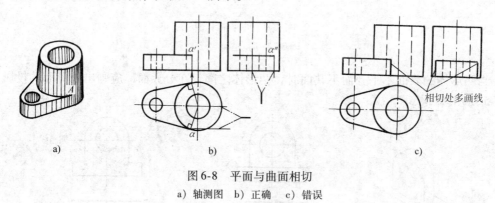

图 6-8　平面与曲面相切

a）轴测图　b）正确　c）错误

第二节　组合体的三视图画法

现以图 6-3 所示轴承座为例，说明画组合体三视图的方法与步骤。

一、形体分析

画图前，要对组合体进行形体分析，弄清各部分形状、相对位置、组合形式及表面连接关系等。该轴承座主要由底板、支承板、肋板和圆筒四部分叠加构成，但又挖切了一个大孔、两个小孔。支承板和肋板叠在底板上方，肋板与支承板前面接触；圆筒由支承板和肋板支撑着；底板、支承板和圆筒三者后面平齐，整体左右对称。

二、选择主视图

主视图是最主要的视图，一般应选择能较明显地反映组合体各组成部分形状和相对位置的方向作为主视图的投射方向，并力求使主要平面平行于投影面，以便投影获得实形，同时考虑物体应按正常位置安放，自然平稳，并兼顾其他视图表示的清晰性（使视图中尽量少出现虚线）。图 6-3 中的轴承座，沿箭头方向投射所得视图作为主视图较能满足上述要求。

三、选比例、定图幅

要根据实物大小和复杂程度，按标准规定选择作图比例和图幅。一般情况下，尽可能选用1：1。确定图幅大小时，除考虑绘图所需面积外，还要留够标注尺寸和画标题栏的位置。

四、布置视图

应根据各个视图的大小，视图间有足够的标注尺寸的空间以及画标题栏的位置等，画出各视图作图基准线，将视图匀称地布置在幅面上。一般以对称平面、较大的平面（底面、端面）和轴线的投影作为基准线。

五、画底稿（见图6-9a～e）

为了正确而迅速地画出组合体三视图，画底稿时应注意：

1）画图时，不应画完组合体的一个完整视图后，再画另一视图，应用形体分析法，逐个形体绘制，按照先主后次、先叠加后切割、先大后小的顺序绘图。

2）画每一形体时，应先画特征视图，后画另两视图；先画可见部分，后画不可见部分，三个视图配合同时进行，以提高速度，少出差错。

3）图线要细、轻、准。

六、检查加深（见图6-9f）

画完全图底稿后，要仔细校核，改正错误，补全缺漏图线，擦去多余作图线，然后按标准线型加深。

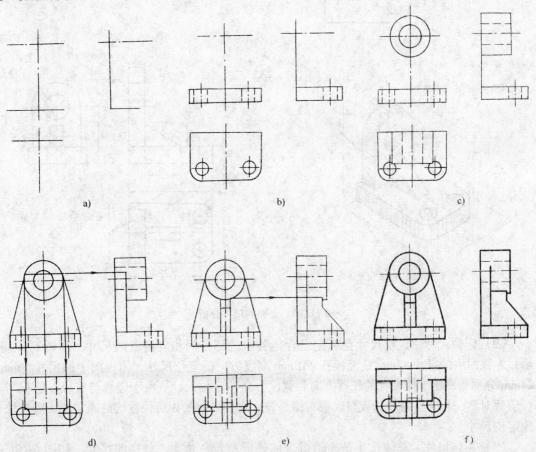

图6-9　轴承座的画图步骤

a）画各作图基准线　b）画底板　c）画圆筒　d）画支承板　e）画肋板　f）检查，加深，完成全图

第三节　组合体的尺寸标注

视图表示了物体的形状，它的大小要通过标注尺寸来确定。

一、尺寸种类

组合体的尺寸有下列三种：

（1）定形尺寸　定形尺寸是确定组合体各组成部分形状大小的尺寸。如图6-10a、b 所示，支架是由底板、竖板和肋板三部分组成的，底板的定形尺寸为长 66mm，宽 44mm，高 12mm，圆角 R10mm 以及板上两圆柱孔直径 ϕ10mm；肋板的定形尺寸为长 26mm，宽 10mm，高 18mm；竖板的定形尺寸为长 12mm，圆孔直径 ϕ18mm，圆弧半径 R18mm。

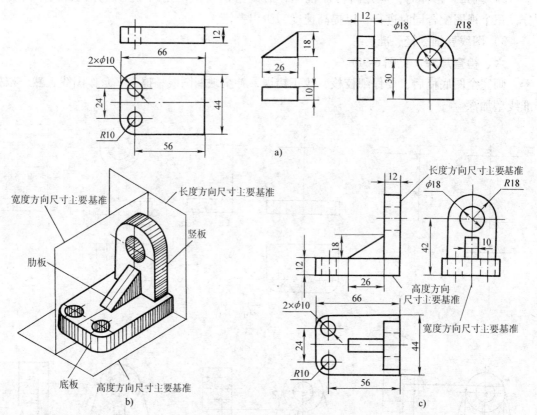

图6-10　支架的尺寸分析

（2）定位尺寸　定位尺寸是确定组合体各组成部分间相对位置的尺寸。如图 6-10c 所示，左视图中的尺寸 42mm 是竖板孔 ϕ18mm 高度方向的定位尺寸，俯视图中的尺寸 56mm、24mm 分别是底板上两圆孔的长度方向和宽度方向的定位尺寸。由于竖板与底板、肋板与底板前后对称、相互接触，竖板与底板右面平齐，它们之间的相对位置均已确定，无需再注其他定位尺寸。

（3）总体尺寸　总体尺寸是表示组合体外形总长、总宽、总高的尺寸。如图 6-10c 所示，底板的长度尺寸 66mm 即总长尺寸，底板宽度尺寸 44mm 即总宽尺寸，尺寸 42mm 和 R18mm 决定了支架的总高尺寸。

当组合体的端部为回转体时，一般不直接注出该方向的总体尺寸，而是由确定回转体轴线的定位尺寸加上回转面的半径尺寸来间接体现。例如支架的总高尺寸没有直接注出，而是通过尺寸42mm和R18mm相加来反映。

二、尺寸基准

要确定形体与形体、面与面之间的位置，就必须选定标注尺寸的基准。组合体有长、宽、高三个方向的尺寸，所以每个方向至少都应选择一个尺寸基准，一般选择组合体的对称平面、底面、重要端面以及回转体轴线等作为尺寸基准，如图6-10b、c所示。

基准选定后，各方向的主要尺寸就应从相应的尺寸基准出发进行标注。如图6-10c所示，俯、左视图中的尺寸56mm、24mm、42mm，分别是从长、宽、高三个方向的尺寸基准出发进行标注的。

有时，每个方向上除确定一个主要基准外，还需要选择一、二个辅助基准。如图6-10c所示，R18mm是以ϕ18mm轴线为辅助基准标注的。

三、标注尺寸的基本要求

（1）正确　所注尺寸必须符合国家标准中有关尺寸注法的规定。

（2）完整　所注尺寸必须能完全确定物体的形状和大小，不许遗漏，也不得重复。为此，必须运用形体分析法，逐一注出各基本立体的定形尺寸、各基本立体之间的定位尺寸以及组合体的总体尺寸。

（3）清晰　尺寸布置必须整齐清晰，便于看图。为此应注意：

1）应尽量将尺寸注在视图外面，与两视图有关的尺寸，最好标注在两视图之间，如图6-11中的尺寸38mm。

2）同一形体的定形、定位尺寸要集中标注，且标注在反映该形体的形状和位置特征明显的视图上，如图6-11中的尺寸12mm、10mm、18mm、13mm等。

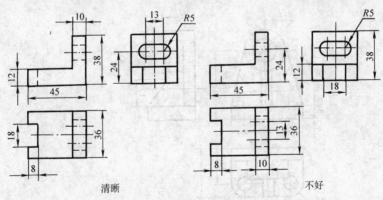

图6-11　尺寸标注的清晰性（一）

3）同轴回转体的直径尺寸，最好标注在非圆视图上；圆弧半径尺寸，应标注在投影为圆弧的视图上，如图6-12中的ϕ32mm、ϕ20mm、R22mm。

4）尽量避免在虚线上标注尺寸，如图6-12中的ϕ10mm。

四、标注尺寸的方法和步骤

标注组合体尺寸的基本方法是形体分析法。先假想将组合体分解为若干基本形体（见图6-3），选择好尺寸基准，然后逐一注出各基本形体的定形尺寸和定位尺寸，最后标注总

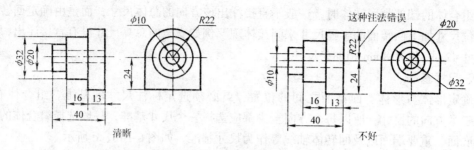

图 6-12　尺寸标注的清晰性（二）

体尺寸，并对已注的尺寸作必要的调整，如图 6-13 所示。

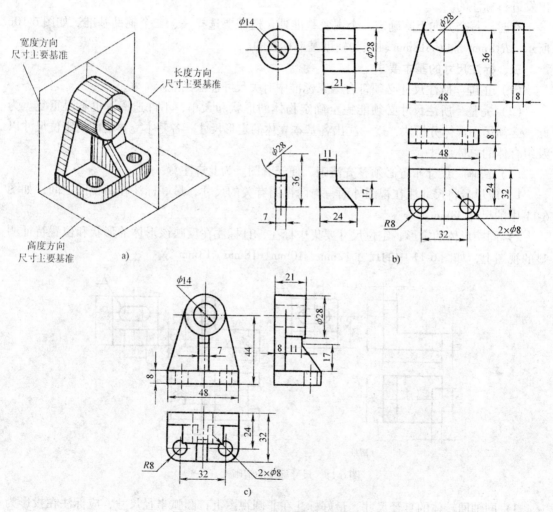

图 6-13　标注轴承座尺寸的方法与步骤

a）形体分析（见图 6-3），选定基准　b）标注各基本形体的尺寸

c）标注总体尺寸，检查、调整（此例总体尺寸与定形定位尺寸重合）

五、常见结构的尺寸注法

图 6-14 列出了部分常见结构的尺寸注法示例，供参考。

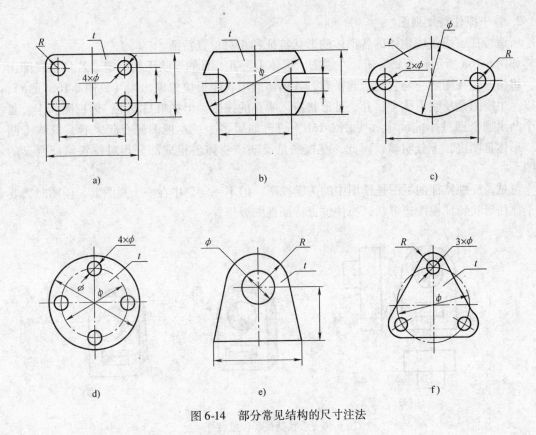

图6-14　部分常见结构的尺寸注法

第四节　读组合体视图

画图是运用正投影法把物体表示在平面图形上，读图是根据视图想象出物体的结构形状，是画图的逆过程。

一、读图时应注意的问题

1. 要把几个视图联系起来构思

图6-15给出的三组视图，它们的主、俯视图均相同，但表示的却是三个不同的物体。因此，只根据一个甚至两个视图有时不能确定物体的形状，读图时，需要把所给的几个视图联系起来构思，才能确切地想象出物体的真实形状。

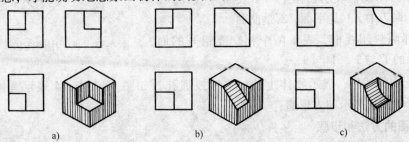

图6-15　几个视图联系起来构思

2. 善于抓住特征视图

所谓特征，指组成物体的各形体的形状特征和相对位置特征。

如图6-16a所示，若只看俯、左视图，形体Ⅰ、Ⅱ、Ⅲ的形状无法确定，若从主视图出发，将俯、左视图之一与它配合起来看，各形体的形状能很快想象出来（见图6-16b或c），所以，主视图是反映形体Ⅰ、Ⅱ、Ⅲ形状特征明显的视图。但如果只看主、俯视图，Ⅰ、Ⅲ哪个凸出哪个凹进不能确定（见图6-16b、c），如果将主、左视图配合起来看，形体Ⅰ凸出，形体Ⅲ凹进，十分明显，因此，左视图是反映该物体各组成部分相对位置特征明显的视图。

可见，反映特征的视图是读图中的关键视图，但不一定集中在一个视图上。读图时，要善于抓住形状特征视图想形状，抓住位置特征视图想位置。

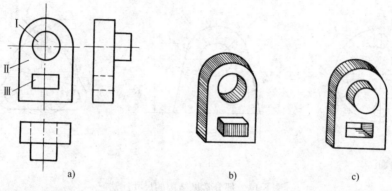

图6-16　形状特征和位置特征

3. 明确视图中图线和线框的含义

（1）视图上图线（粗实线或虚线）的含义

1）表示物体上两表面交线的投影，如图6-17中的 $a'b'$、$c'd'$。

2）表示物体上曲面转向轮廓线的投影，如图6-17中的 $c'e'$、$c'f'$。

3）表示物体某一表面的积聚性投影，如图6-17俯视图的四边形各边。

（2）视图上封闭线框的含义

1）一个封闭线框表示物体上一个表面（或孔）的投影，如图6-17中，$1'$是平面，$3'$是曲面。

2）相邻两封闭线框，表示两个相交或错开的面，如图6-17中的 $1'$ 与 $2'$，$1'$ 与 $3'$。

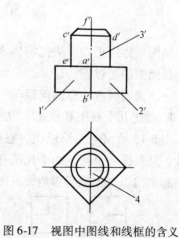

图6-17　视图中图线和线框的含义

3）线框中的线框，表示物体上凸、下凹或通孔，如图6-17中，4表示圆锥台向上凸出，图6-16中，Ⅲ表示四方形通孔。

二、读图的方法和步骤

1. 形体分析法读图

形体分析法是读图的基本方法。从反映组合体形状和位置特征明显的视图着手，将视图分解为几个部分，找出各部分的有关投影，逐一构想出它们的形状，而后综合起来，想象物体的整体形状。

下面以图 6-18 为例，说明形体分析法的读图步骤：

（1）划分线框对投影　先将反映特征明显的视图（一般为主视图）划分成几个封闭线框，然后运用投影规律，借助丁字尺、三角板和分规等绘图工具，逐一找出每一线框所对应的其他投影。如图 6-18a 所示，线框 1′、2′、3′分别对应线框 1、2、3 和 1″、2″、3″。

（2）分析投影想形状　分别从每一部分的特征视图出发，想象各部分的形状。图 6-18a 中，左视图的 1′较明显反映形体Ⅰ的形状特征，主视图的 2′、3′分别较明显反映形体Ⅱ、Ⅲ的形状特征。所以，分别从反映形体Ⅰ、Ⅱ、Ⅲ的形状特征明显的左、主视图出发，想象形体Ⅰ、Ⅱ、Ⅲ的形状，如图 6-18b、c、d 所示。

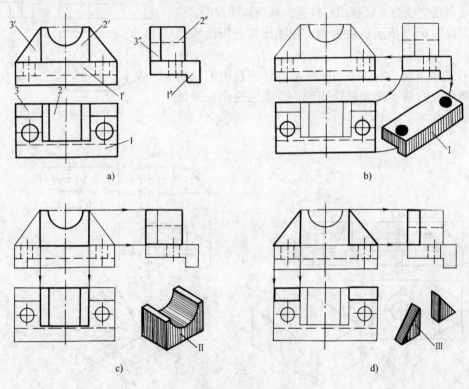

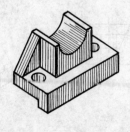

图 6-18　形体分析法读图

（3）综合起来想整体　根据各部分的相对位置和组合形式，综合想象出该物体的整体形状。图6-18中，形体Ⅱ在形体Ⅰ上方，左右对称，后面平齐，形体Ⅲ两块左右对称分布，在形体Ⅰ上方，与形体Ⅱ左右侧面接触，后面平齐，从而综合想象出物体的整体形状，如图6-18e所示。

2. 线面分析法读图

一般情况下，用形体分析法读图就可以了。但对一些局部结构比较复杂的组合体，某些部分经多次切割后，其基本形体反映得不明显，单用形体分析法显得不够，就需要采用线面分析法来读图。

所谓线面分析法，就是运用点、线、面的投影特性，分析视图中的图线和封闭线框的含义和空间位置，搞清组合体表面及交线的形状和相对位置，从而读懂视图。

下面以图6-19所示压块为例，说明线面分析法的读图步骤：

（1）初步了解　如图6-20a所示，将三视图的缺角补齐，则压块的基本轮廓都是矩形，说明它是由长方体切割而成。

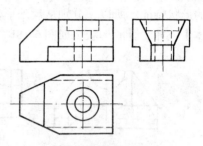

图6-19　压块三视图

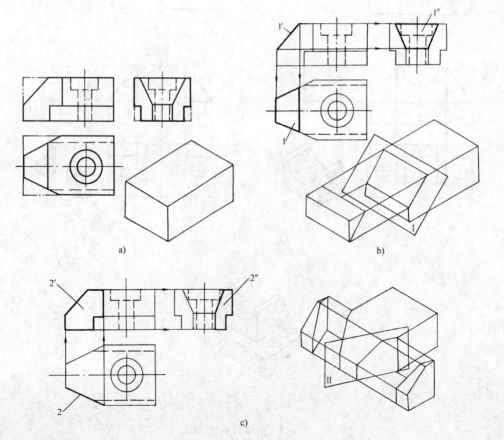

图6-20　线面分析法读图

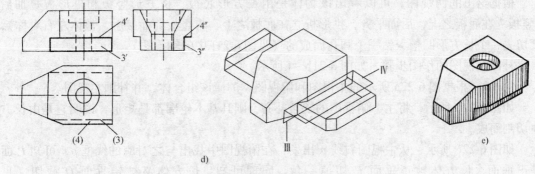

图 6-20　线面分析法读图（续）

（2）仔细分析　如图 6-20b 所示，从主视图斜线 1′出发，在俯、左视图中找出与之对应的线框 1 与 1″，可知 Ⅰ 面是正垂面，长方体被正垂面 Ⅰ 切掉一角。同理可知，长方体又被前后对称的铅垂面 Ⅱ 截切（见图 6-20c），被前后对称的正平面 Ⅲ 和水平面 Ⅳ 截切（见图 6-20d）。

另外，从俯视图的同心圆找它对应的主、左投影，可知中间从上到下又挖去了阶梯孔。

（3）综合想象　通过上述既从形体上，又从线面投影上分析了压块的三视图后，明确了各线框表示的平面的空间位置，就可以综合想象出压块的整体形状（见图 6-20e）。

可以看出，在读图过程中，一般先用形体分析法作粗略分析，然后对图中的难点，再利用线面分析法作进一步地分析。通常是以形体分析法为主，线面分析法为辅，两种方法并用。

三、补画第三视图，补画视图中的缺线

由已知的两个视图补画所缺的第三视图，补画视图中的缺线，一般要在读懂已知视图、想象出物体形状的基础上进行。它是培养和检验读图能力的一种重要方法，也是发展空间想象和思维能力的有效途径。由于想象的物体形状已完全被已知视图所确定，所以这种想象确定物体形状的过程是再造性形象思维与构思。

例 6-1　由图 6-21a 所示两视图，补画左视图。

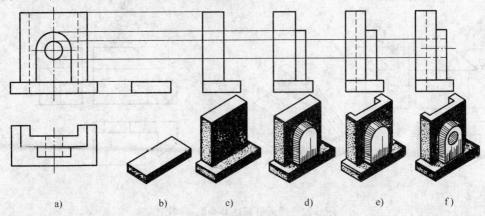

图 6-21　由已知两视图补画第三视图的步骤

a) 已知两视图　b) 补画底板　c) 补画竖板　d) 补画拱形板　e) 切凹槽　f) 钻圆孔

根据给出的两视图，可以看出该物体是由长方形底板、长方形竖板和拱形板叠加后（竖板立在底板之上，后面平齐，拱形板立在底板之上，与竖板前面接触，整体左右对称），又切去一个长方形凹槽、钻一个圆孔而成的（见图 6-21f 中的轴测图）。

补画左视图的作图步骤，如图 6-21b ~ f 所示。

例 6-2 根据图 6-22a 所示的主视图和俯视图，读懂该组合体，并补画左视图。

如图 6-22b 所示，将主、俯视图的缺角补齐，则其基本轮廓都是矩形，说明它是由长方体切割而成。

如图 6-22c 所示，从主视图斜线 p' 出发，在俯视图中找出与之对应的线框 p，可知 P 面是正垂面，长方体被正垂面 P 切掉一角。同理可知，长方体又被铅垂面 Q 截切（见

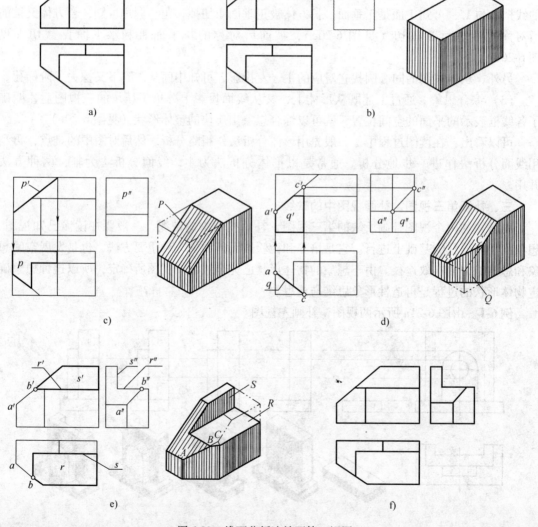

图 6-22　线面分析法补画第三视图

a）视图　b）想象基本形体为长方体并画左视图　c）作正垂面 P 的投影

d）作铅垂面 Q 的投影　e）作水平面 R 和正平面 S 的投影　f）加深，完成全图

图 6-22d)，被水平面 R 和正平面 S 截切（见图 6-22e）。

在分析想象出各部分的形状后，逐一补画出它们的左视图，如图 6-22b~f 所示。

例 6-3 根据图 6-23a 所示三视图，补画所缺图线。

由分析可知，该物体是由一圆柱底板 I 和一圆柱 II 叠加后，又切割而成的。补画所缺图线的作图步骤，如图 6-23b 所示。

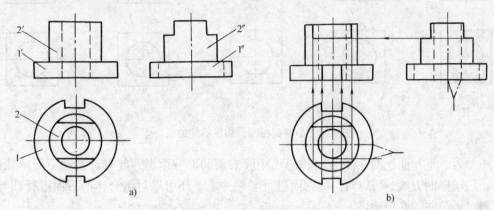

图 6-23　补画视图中所缺图线的步骤

第五节　组合体的构型设计

根据已知条件构思组合体的形状、大小并表达成图的过程称为组合体的构型设计。

构型设计能把空间想象、物体的构思与表达三者结合起来，不仅能促进画图、读图能力的提高，还能发展空间想象和形体设计能力，培养创新思维能力。

这里仅讨论根据一面视图的构型设计。

一、构型设计的方法

由于一个视图不能确定物体的形状，因此根据所给一个视图，可以构思许多不同形状的物体。所以这种思维与构思，在一定条件下是带有创造性的思维与构思。

构型设计的基本方法是叠加和切割。在具体进行叠加和切割构型时，还要考虑表面的凹凸、正斜和平曲以及形体之间不同的组合方式等因素。

（1）叠加式构思　用基本立体，通过叠加构成不同的组合体的思维方法。图 6-24a、c 为给定俯视图，构思出叠加式组合体。

（2）切割式构思　用基本立体，经不同的切割和穿孔而构成不同的组合体的思维方法。图 6-24b、d 为给定俯视图，构思出切割式组合体。

（3）通过基本立体之间不同组合方式的联想构思　图 6-24 所示为给定俯视图，它既可构思为两个基本立体的叠加或切割（见图 6-24a、b），也可构思为多个基本立体的叠加或切割（见图 6-24c、d），还可构思为多个基本立体的既叠加又切割的综合型组合体（见图 6-24e），等等。

（4）通过表面的凹与凸、正与斜、平与曲的联想构思　图 6-25 所示给定主视图，假定物体的原形是一块长方形板，仅板的前面，就有三个不同的表面，每个面都可以构思成凹与

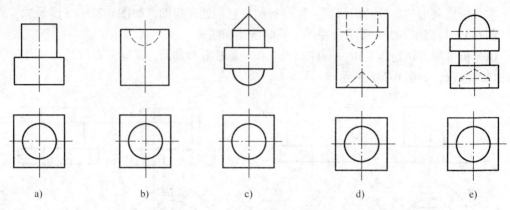

图 6-24　给定俯视图，构思不同的组合体

凸、正与斜、平与曲。图 6-25 仅是构思出中间表面的部分面形，就有许多种不同形状的组合体。用同样的方法，可以对左右两面进行联想构思，还可以对组合体的后面进行凹与凸、正与斜、平与曲的联想构思。

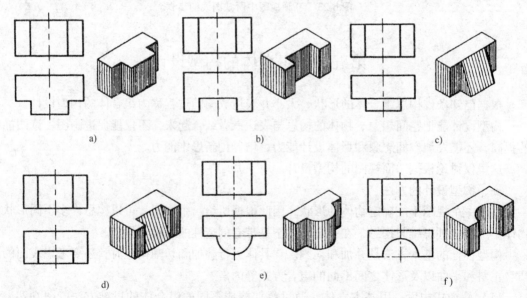

图 6-25　物体中间表面的部分面形构思

（5）通过虚实线投影重影的联想构思　如图 6-24 所示俯视图，粗实线圆重有虚线圆或粗实线圆，又如图 6-25 所示主视图，矩形线框中间两条粗实线重有虚线或重有粗实线，构思的物体形状又将如何？读者可发挥丰富的空间想象能力，大胆地构思出形式多样、结构复杂、造型美观的组合体来。

（6）拉伸构思　一个平面沿着与该平面垂直的方向拉伸形成柱体（拉伸体），如图 6-26 所示。

（7）旋转构思　一个平面绕轴线旋转形成回转体，如图 6-27 所示。

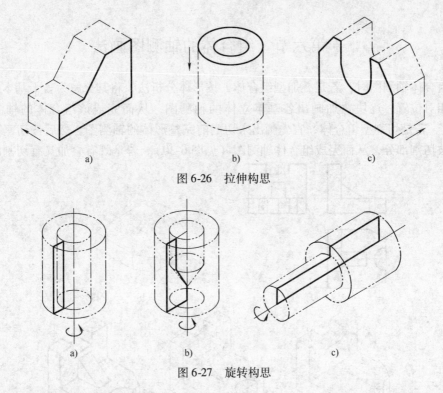

图 6-26　拉伸构思

图 6-27　旋转构思

二、构型设计应注意的问题

1）构型设计的组合体应是实际可以存在的实体。所以，两形体之间不能以点、线连接。图 6-28 中，两形体之间以点、线连接是不对的。

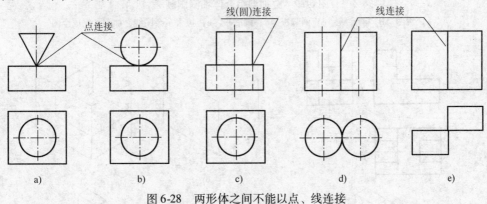

图 6-28　两形体之间不能以点、线连接

2）构型应简洁、美观，突出主体，去繁就简，便于设计和制作。因此，一般使用平面立体、回转体来构型，无特殊需要时，不使用其他曲面立体。

3）构思的形状应符合生产实际。比如，封闭的内腔不便于成形，一般不要采用。

4）构型应力求和谐、新颖、独特、多样。为此，构型设计所使用基本立体的种类、构成方式和相对位置应尽可能多样和变化，充分发挥形象思维、创新思维、发散思维，激励构型的灵感。

5）构型应均衡、平稳。构型应充分考虑各基本立体的形状、大小比例和相对位置，使物体的重心尽量靠下，并在支撑平面内，满足力学和视觉上的均衡和平稳。

*第六节　组合体的轴测图画法

　　画组合体轴测图时，若是叠加型组合体，按形体分析法，将其分解为若干基本立体，然后按其相对位置，逐块叠加画出各基本立体的轴测图，从而完成该组合体的轴测图（见图6-29）。若是切割型组合体，宜先画出未切割前完整形体的轴测图，然后按切割顺序，逐个画出被切割部分，从而完成组合体轴测图（见图6-30）。若是既有叠加又有切割的综合型

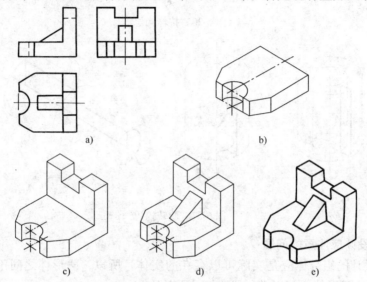

图6-29　叠加型组合体轴测图画法
a）视图　b）画底板　c）画竖板　d）画肋板　e）擦去多余图线，加深，完成全图

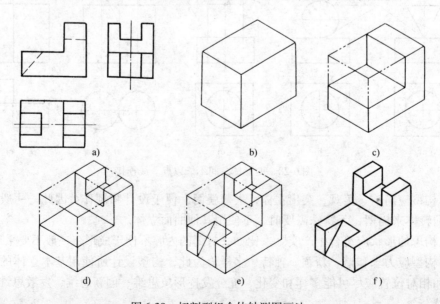

图6-30　切割型组合体轴测图画法
a）视图　b）画长方体　c）长方体切去左上角成L柱体　d）L柱体右上方切槽
e）L柱体左下方切三角柱　f）擦去多余图线，加深，完成全图

组合体，宜按先叠加、后切割的顺序画它们的轴测图（见图6-31）。

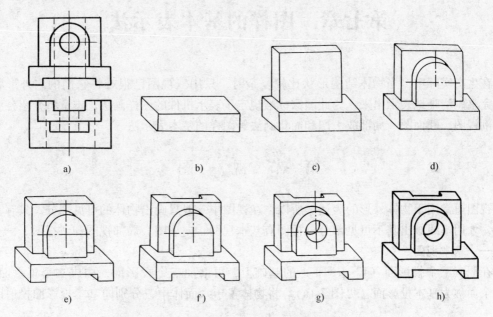

图 6-31　综合型组合体的轴测图画法

a）视图　b）画底板　c）画竖板　d）画拱形板　e）下方切长方形槽

f）后方切长方形槽　g）挖圆孔　h）擦去多余图线，加深，完成全图

第七章 图样的基本表示法

在生产实际中，当物体结构形状比较复杂时，只用三视图已很难将它们的内外形状准确、完整、清晰地表示出来，为此国家标准规定了表示机件的图样画法。本章将介绍各种视图、剖视图、断面图、局部放大图和简化画法等图样的基本表示法。

第一节 视 图

视图通常用于物体外形的表达。所以，在视图中一般只画出物体的可见部分，只有在必要时，才用虚线画出其不可见部分。视图有基本视图、向视图、局部视图和斜视图。

一、基本视图

在原有三个投影面（V，H，W）的基础上，再增加三个投影面，构成一个正六面体，这六个面称为基本投影面（见图7-1a）。将物体置于六面体中，分别向基本投影面投射所得

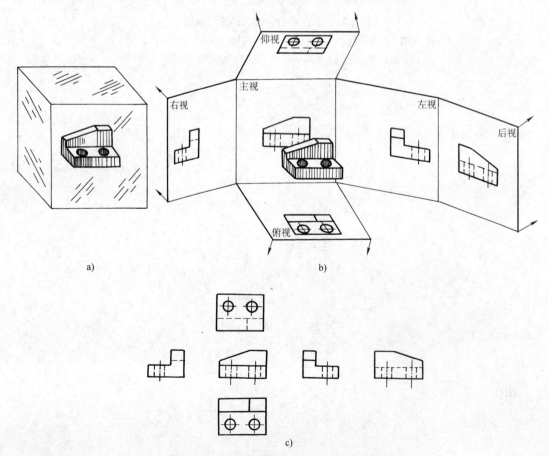

图7-1 六个基本视图的形成、展开与配置
a）六个基本投影面 b）基本投影面的展开 c）基本视图的配置

视图，称为基本视图。除了前面已介绍的主、俯、左三个视图外，还有：由右向左投射所得的右视图，由下向上投射所得的仰视图，由后向前投射所得的后视图。

六个基本投影面的展开方法，如图 7-1b 所示。展开后六个基本视图的配置关系，如图 7-1c 所示。各视图的位置，若按图 7-1c 配置时，一律不注视图名称。

六个基本视图之间仍保持"长对正、高平齐、宽相等"的投影规律。除后视图外，其他视图中靠近主视图的边表示物体的后面，远离主视图的边表示物体的前面。

画图时，要按实际需要灵活选用。一般优先选用主、俯、左视图。

二、向视图

由于基本视图的配置位置固定，有时会给布图带来不便，为此国家标准规定了一种可以自由配置的视图，称为向视图。

画向视图时，一般应在向视图上方用大写的拉丁字母标注视图的名称"×"，在相应视图的附近用箭头指明投射方向，并注上相同的字母，如图 7-2 所示。

为了便于看图，表示投射方向的箭头应尽可能配置在主视图上（见图 7-2）。绘制以向视图方式表示的后视图时，最好将表示投射方向的箭头配置在左视图或右视图上。

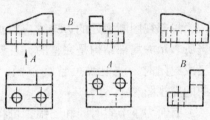

图 7-2　向视图

三、局部视图

当物体在某个方向仅有局部形状需要表达，没有必要画出整个基本视图时，可只将该局部向基本投影面投射，这种将物体的某一部分向基本投影面投射所得的视图，称为局部视图。如图 7-3 所示，物体左边的连接板与右边的缺口，均采用局部视图表示，不但少画了左、右两个基本视图，而且重点突出，简单明了。

局部视图可按基本视图的配置形式配置，中间没有其他图形隔开时，可省略标注，如图 7-3b 中的左视图；也可按向视图的配置形式配置并标注，如图 7-3b 中的局部视图 A；还可按第三角画法的配置形式配置，如图 7-4 所示。所画局部视图与所需表示的结构用点画线相

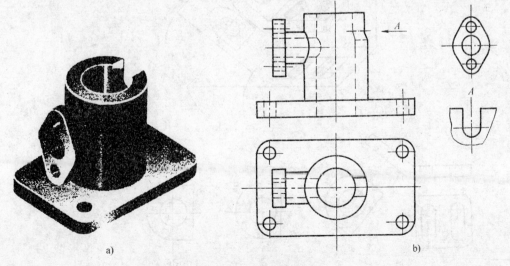

a)　　　　　　　　　　　　　b)

图 7-3　局部视图

连（见图 7-4a）；无中心线的图形也可用细实线联系两图（见图 7-4b），此时，无需另行标注。

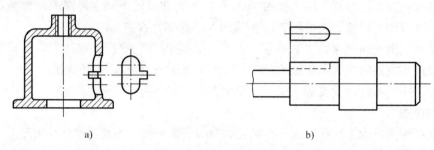

图 7-4　按第三角画法配置的局部视图

局部视图断裂处的边界线应以波浪线（或双折线）表示，如图 7-3b 中的局部视图 *A*。当所表示的局部结构是完整的，且外形轮廓线又成封闭时，波浪线可省略不画，如图 7-3b 中的左视图。

有时为了节省时间和图幅，可将对称机件的视图只画一半或 1/4，并在对称中心线的两端画出对称符号（两条与对称中心线垂直的平行细实线），如图 7-5 所示。

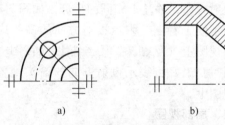

图 7-5　对称机件的局部视图

四、斜视图

如图 7-6a 所示，物体的倾斜部分无法在基本投影面上反映实形，亦无法标注尺寸，若加上一个与倾斜部分平行的投影面，并将其向该投影面投射，就可得到这部分的实形，如

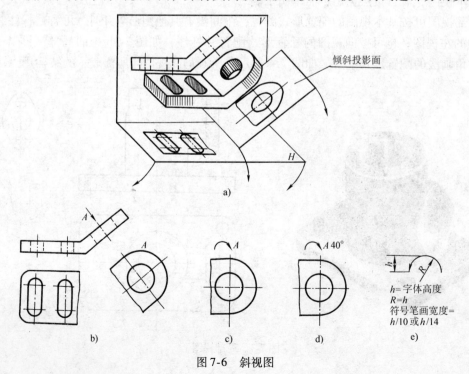

图 7-6　斜视图

图 7-6b 所示。这种将物体向不平行于基本投影面的平面投射所得的视图，称为斜视图。

斜视图一般只表示倾斜结构的局部形状，其余部分不必全部画出，用波浪线（或双折线）表示断裂边界，如图 7-6b 所示。

斜视图通常按向视图的配置形式配置并标注（见图 7-6b）。必要时，也可平移配置在其他适当位置；在不致引起误解时，允许将斜视图旋转配置，但应加注旋转符号。旋转符号的箭头指示旋转方向，表示该视图名称的大写拉丁字母应靠近旋转符号的箭头端（见图 7-6c）；也允许将旋转角度注写在字母的后面（见图 7-6d）。图 7-6e 是旋转符号的尺寸和比例。

五、第三角画法

ISO 标准规定，在表示物体结构形状的正投影法中，第一角画法与第三角画法等效使用。我国国家标准规定优先采用第一角画法。

1. 第三角画法的形成

三个互相垂直的投影面，把空间划分为八个分角，如图 7-7 所示。将物体置于第三分角内，使投影面（假设是透明的）处在观察者与物体之间，分别向三个投影面投射，如图 7-8a 所示，得到主、俯、右三个视图。投影面展开后三视图位置，如图 7-8b 所示。

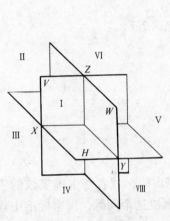

图 7-7　八个分角

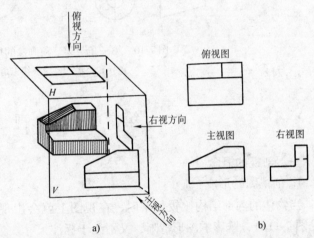

图 7-8　第三角画法中三视图的形成和配置

假设将物体置于透明的六面体中，以六面体的六个表面为基本投影面，仍按观察者——投影面——物体的关系，分别向六个基本投影面投射，便可得到六个基本视图，然后保持前面投影面不动，使左、右、顶、底各投影面绕各自与前面投影面的交线旋转到与前面投影面共面（后面投影面先随右侧投影面一起旋转，然后再转到与各投影面共面），即得到如图 7-9 所示的六面视图。此种配置一律不标柱视图

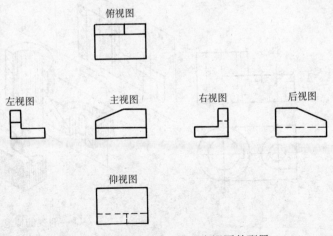

图 7-9　第三角画法中六个基本视图的配置

名称。

2. 第一角画法和第三角画法的异同

第一角画法和第三角画法一样，都采用正投影法，视图名称相同。

第一角画法是将物体放置在第一分角内，保持着观察者——物体——投影面的位置关系；而第三角画法则是将物体放置在第三分角内，保持着观察者——投影面——物体的位置关系，两者的物体放置位置不同，投影面展开方向不同，因此视图的配置位置也不同。在第三角画法中，左、右、俯、仰视图靠近主视图的边表示物体的前面，远离主视图的边表示物体的后面，与第一角画法各视图所反映的物体上下、左右、前后的方位关系不同。

3. 第一角画法和第三角画法的标记

ISO 标准规定的第一角画法和第三角画法的投影识别符号，如图 7-10 所示。投影符号一般放置在标题栏中名称及代号区的下方。由于我国优先采用第一角画法，因此采用第一角画法时无需画出投影识别符号，采用第三角画法时必须画出投影识别符号。

a)   b)

图 7-10　第一角与第三角画法的投影识别符号

a）第一角　b）第三角

第二节　剖　视　图

一、剖视的概念

1. 剖视图的形成

当物体的内部结构比较复杂时，在视图上就会出现很多虚线，或者产生虚实线的重叠（见图 7-11a），既影响图形清晰，又不便于标注尺寸。为了解决这个问题，国家标准中规定

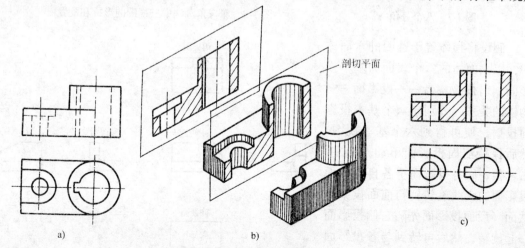

剖切平面

a)   b)   c)

图 7-11　剖视的概念

a）视图　b）剖视的形成　c）剖视图

了剖视的方法。如图7-11b所示，假想用剖切面（平面或柱面）剖开物体，将处在观察者与剖切面之间的部分移去，而将其余部分向投影面投射所得图形称为剖视图，简称剖视。剖切面与物体的接触部分称为剖面区域。这样，原来看不见的内部结构就变成可见了。

2. 剖视图的画法

（1）确定剖切面的位置　为使物体内部的孔、槽变成可见并反映实形，剖切平面应平行于投影面且通过孔、槽的对称平面或轴线。

（2）画出剖切面后的投影　剖切面后的可见轮廓线必须用粗实线画出，不能遗漏。图7-12所示为其正、误对照图。

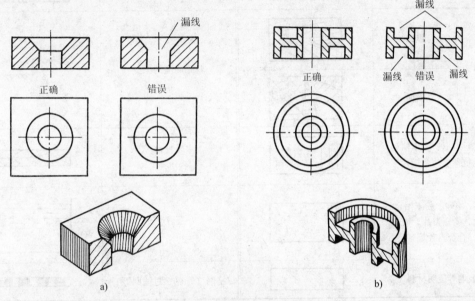

图7-12　剖视图画法正误对照

在其他视图中已经表示清楚的情况下，剖视图中一般不画虚线。但对尚未表示清楚的结构，或在保证图面清晰的情况下，少量的虚线可以减少视图的数量时，可以画出必要的虚线，如图7-13所示。

（3）在剖面区域内画上剖面符号　国家标准规定了各种材料类别的剖面符号（见表7-1）。金属材料用简明易画的平行细实线作为剖面符号，且特称为剖面线。绘制剖面线时，同一机械图样中的同一零件的剖面线应方向相同，间隔相等。

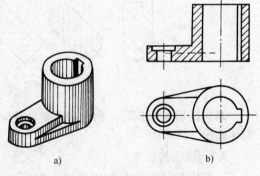

图7-13　剖视图中必要的虚线

剖面线的间隔应按剖面区域的大小确定。剖面线的方向一般与主要轮廓线或剖面区域的对称线成45°角（见图7-14）。当剖面线与图形的主要轮廓线或剖面区域的对称线平行时，该图形的剖面线应画成30°或60°，其倾斜方向仍应与其他图形的剖面线方向一致（见图7-43b）。

表7-1 剖面符号

金属材料（已有规定剖面符号者除外）		混凝土	
非金属材料（已有规定剖面符号者除外）		钢筋混凝土	
线圈绕组元件		砖	
木材	纵向	基础周围的泥土	
	横向		
转子、电枢、变压器和电抗器等的叠钢片		木质胶合板（不分层次）	
型砂、填砂、粉末冶金、砂轮、陶瓷刀片、硬质合金刀片等		液体	
玻璃等透明材料		格网（筛网、过滤网等）	

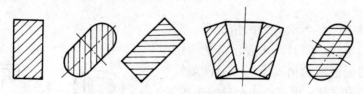

图 7-14 剖面线的方向

因为剖切是假想的，物体并非真的被剖开，因此除了该剖视图外，其余视图仍应按完整物体画出。

3. 剖视图的标注

一般应在剖视图上方用字母注出剖视图的名称"×—×"，在相应视图上用剖切符号（长约 5~10mm 的粗实线）、剖切线（细点画线，可省略不画）表示剖切位置，在剖切符号起、讫处粗短画外端垂直地画上箭头表示投射方向，并注上相同的字母，如图 7-23B—B 所示。

当剖视图按投影关系配置，中间又没有其他图形隔开时，可省略箭头，如图 7-16A—A 所示。当剖切平面通过物体的对称平面或基本对称平面，且剖视图按投影关系配置，中间又没有其他图形隔开时，可省略标注，如图 7-11c、图 7-13b 所示。

二、剖视图的种类

按剖切范围划分，剖视图分为全剖视图、半剖视图和局部剖视图三种。

（1）全剖视图　用剖切面完全地剖开物体所得到的剖视图称为全剖视图，如图 7-11 ~ 图 7-13 所示。当物体的外形简单或外形在其他视图中已经表示清楚时，常采用全剖视图来表示物体的内部结构。

（2）半剖视图　当物体具有对称平面时，在对称平面所垂直的投影面上的投影，可以对称中心线为界线，一半画成剖视图，另一半画成视图，这种组合的图形称为半剖视图，如图 7-15 所示。

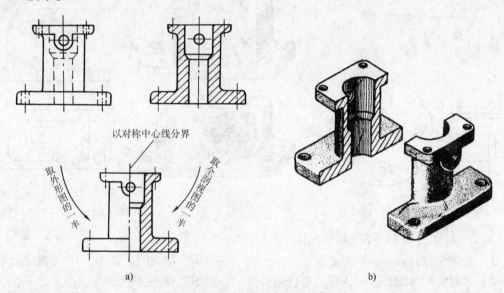

图 7-15　半剖视图形成

半剖视图主要适用于内外形状都需要表示的对称机件（见图 7-16）。若物体的形状接近对称，且其不对称部分已在其他视图上表示清楚时，也可以画成半剖视图，如图 7-17 所示。

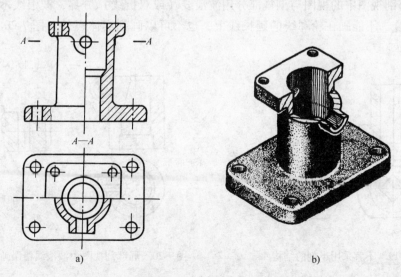

图 7-16　半剖视图（一）

画半剖视图时需注意：

1）半个剖视图与半个视图之间的分界线应是点画线，不能画成粗实线。

2）物体的内部结构在半个剖视图中已经表示清楚后，在半个视图中就不应再画出虚线，但孔、槽的中心线，仍应画出，如图 7-16、图 7-17 所示。

半剖视图的标注方法与全剖视图相同。

（3）局部剖视图　用剖切面局部地剖开物体所得到的剖视图称为局部剖视图，如图 7-18 所示。

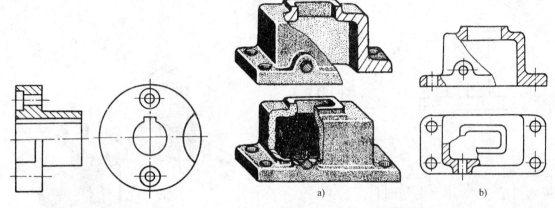

图 7-17　半剖视图（二）　　　　图 7-18　局部剖视图（一）

局部剖视图适用于以下几种情况：

1）物体中仅有部分内形需要表示，不必或不宜采用全剖视时，如图 7-18 俯视图所示。

2）不对称物体既要表示内形又要保留外形时，如图 7-18 主视图所示。

3）内外结构均要表示的对称物体，但其轮廓线与对称中心线重合，不宜采用半剖视图时，如图 7-19 所示。

画局部剖视图时应注意：

1）局部剖视图中的视图与剖视部分用波浪线（或双折线）分界，波浪线不应与图形上其他图线重合，不能画在轮廓线的延长线上，也不可以画到实体以外。图 7-20 所示为波浪线的错误画法。

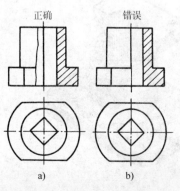

图 7-19　不宜采用半剖的结构

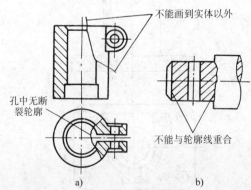

图 7-20　局部剖视图中波浪线错误画法

2）当被剖切的局部结构为回转体时，允许将该结构的中心线作为局部剖视图与视图的分界线，如图 7-21 所示。

3）如有需要，在剖视图的剖面区域中可再作一次局部剖，如图 7-22 所示。采用这种表示方式时，两个剖面区域的剖面线应同方向、同间隔、但要相互错开。

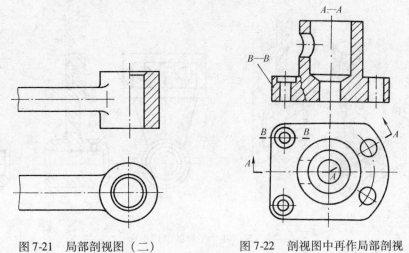

图 7-21　局部剖视图（二）　　　　图 7-22　剖视图中再作局部剖视

局部剖视图的剖切位置和范围，可根据需要决定。但在同一视图中，局部剖视的数量不宜太多。

剖切位置明显的单一剖的局部剖视图，一律省略标注，如图 7-18、图 7-21 所示。

三、剖切面的种类

为适应各种物体不同内部结构的表达需要，需采用不同数量、位置和形状的剖切面来剖切物体，以使物体的内部结构表达得更清楚。

（1）单一剖切面　一般用一个平面剖切物体，也可用柱面剖切物体。常用平行于某一基本投影面的单一平面剖切，如图 7-11 ~ 图 7-22 所示。也采用与基本投影面倾斜的投影面垂直面剖切，如图 7-23B—B 所示。

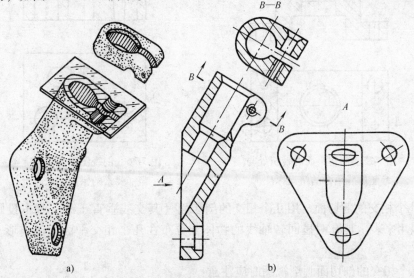

a)　　　　　　　　b)

图 7-23　不平行于基本投影面的单一剖切面

（2）几个平行的剖切平面 用几个平行的剖切平面剖切物体。可以用来表示物体上分布在几个相互平行平面上的内形，如图 7-24 所示。

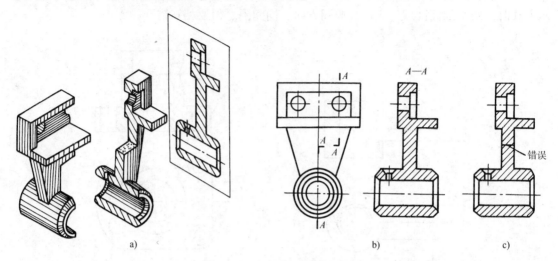

图 7-24 几个平行的剖切平面

采用几个平行的剖切平面画剖视图时应注意：

1）在剖视图上，不应画出剖切平面转折处的投影，如图 7-24c 所示。

2）剖切平面的转折处，不应与图形中的轮廓线重合，如图 7-25 所示。

3）在剖视图中，不应出现不完整的结构要素（见图 7-26），仅当两个要素在图形上具有公共对称中心线或轴线时，可以以对称中心线或轴线为界各画一半，如图 7-27 所示。

标注这种剖视图时，需在剖切面的起讫、转折处画上剖切符号，并标上相同的字母。当转折处的地方很小时，可省略字母。

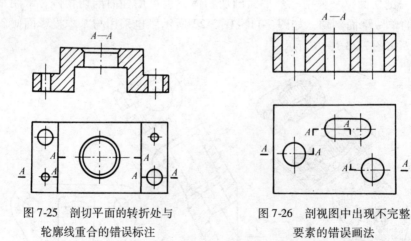

图 7-25 剖切平面的转折处与
轮廓线重合的错误标注

图 7-26 剖视图中出现不完整
要素的错误画法

（3）几个相交的剖切面 用几个相交的剖切面（其交线垂直于某一基本投影面）剖切物体。可以用来表示具有明显回转轴线的物体上分布在几个相交平面上的内形，如图 7-28 所示。

采用几个相交的剖切面画剖视图时应注意：

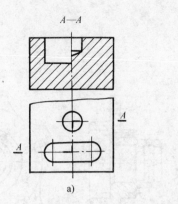 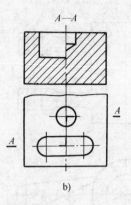

图 7-27　具有公共对称中心线的剖面线画法

a）剖面线不错开　　b）剖面线错开

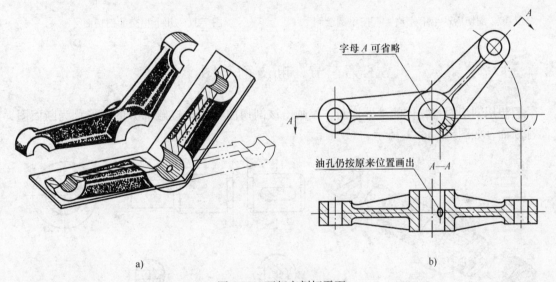

图 7-28　两相交剖切平面

1）绘图时，先假想按剖切位置剖开物体，然后将被剖切面剖开的结构及有关部分旋转到与选定的投影面平行，再进行投射。这种"先剖切后旋转"的方法绘制的剖视图，往往有些部分图形会"伸长"，如图 7-28 所示；有些剖视图还要展开绘制，如图 7-29 所示。

2）在剖切面后的其他可见结构，一般仍按原来位置投射，如图 7-28 中的小孔。

3）当剖切后产生不完整要素时，应将此部分结构按不剖绘制，如图 7-30 所示的右边中臂。

这种剖视图的标注形式，如图 7-28 ~ 图 7-30 所示。

几个相交的剖切面，可以是几个相交的平面，如图 7-28 ~ 图 7-30 所示；也可以是几个相交的平面和柱面，如图 7-31 所示。

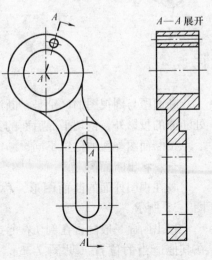

图 7-29　展开画法

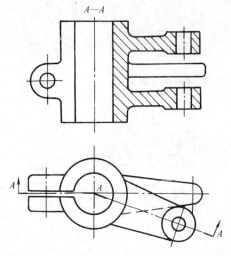

图 7-30 剖切后产生不完整要素按不剖绘制

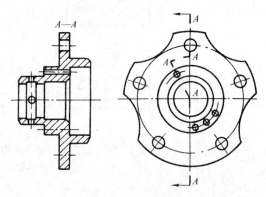

图 7-31 几个相交的剖切面

第三节 断 面 图

假想用剖切面将物体的某处切断，仅画出该剖切面与物体接触部分的图形称为断面图，简称断面，如图 7-32a、b 所示。

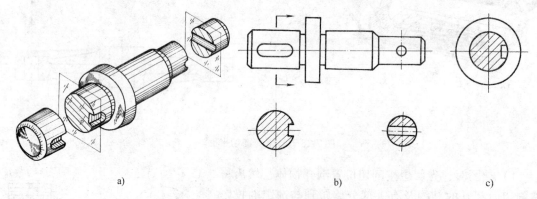

a)

b)

c)

图 7-32 断面图的概念

a) 轴测图 b) 断面图 c) 剖视图

断面图与剖视图的区别是：断面图仅画出物体剖切处断面的投影，而剖视图除画出剖切处断面的投影外，剖切平面后面的其他可见部分的投影也要画出，如图 7-32c 所示。

按断面图配置的位置不同，断面图分为移出断面和重合断面。

一、移出断面图

画在视图外面的断面图形，称为移出断面图。移出断面的轮廓线用粗实线绘制，如图 7-32 所示。

移出断面一般配置在剖切符号或剖切线的延长线上（见图 7-33b、c），必要时也可配置在其他适当的位置（见图 7-33a、d）。当断面图形对称时也可画在视图的中断处（见图 7-34）。在不致引起误解时，允许将断面图形旋转（见图 7-35）。

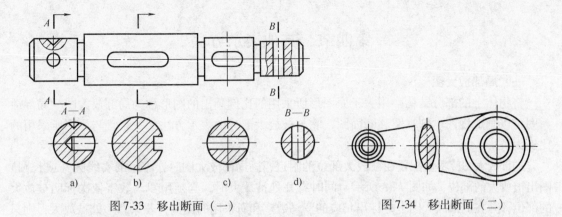

图 7-33　移出断面（一）　　　　　　图 7-34　移出断面（二）

为了表示断面的实形，剖切平面应与物体的主要轮廓线垂直。由两个或多个相交的剖切平面剖切得到的移出断面图，中间一般应断开，如图 7-36 所示。

当剖切面通过由回转面形成的孔或凹坑的轴线时，这些结构按剖视绘制（见图 7-33a、d）。当剖切面通过非圆孔，会导致出现完全分离的两个断面图时，则这些结构也应按剖视绘制（见图 7-33c、图 7-35）。

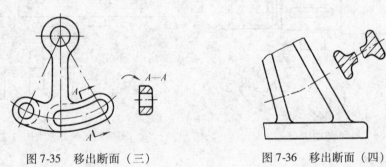

图 7-35　移出断面（三）　　　　　图 7-36　移出断面（四）

移出断面一般用剖切符号表示剖切位置，用箭头表示投射方向，并注上字母，在断面图的上方用同样的字母标出相应的名称"×—×"，如图 7-33a 所示。配置在剖切线延长线上的不对称移出断面（见图 7-33b），可省略字母；不配置在剖切线延长线上的对称移出断面（见图 7-33d），可省略箭头。配置在剖切线延长线上的对称移出断面（见图 7-33c），可省略标注。

二、重合断面图

画在视图轮廓线之内的断面图形，称为重合断面图。重合断面轮廓线用细实线绘制，如图 7-37 所示。当视图中轮廓线与重合断面图的图形重叠时，视图中的轮廓线仍应连续画出，不可间断。

对称的重合断面不必标注，不对称的重合断面可省略标注，如图 7-37 所示。

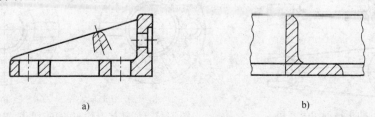

a)　　　　　　　　　　　　　　　　b)

图 7-37　重合断面

122

第四节 其他表示方法

一、局部放大图

将物体上的部分结构，用大于原图形所采用的比例画出的图形称为局部放大图。局部放大图可以画成视图、剖视图和断面图，它与被放大部分的表示方法无关，且与原图所采用的比例无关。

局部放大图应尽量配置在被放大部位的附近；画局部放大图时，需用细实线圆（或长圆）圈出被放大的部位，如图 7-38 所示。同时有几处被放大时，必须用罗马数字依次标明被放大的部位，并在局部放大图上方标出相应的罗马数字和所采用的比例；若只有一处被放大，则只要注明所采用的比例。必要时也可以用几个视图来表示同一个被放大的结构，如图 7-39 所示。

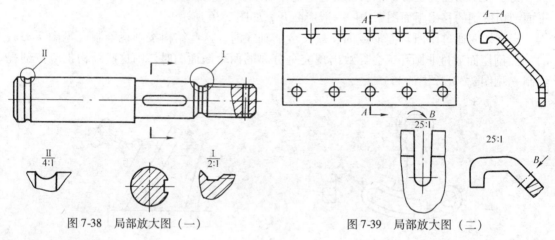

图 7-38 局部放大图（一）   图 7-39 局部放大图（二）

二、简化画法

1）对于机件上的肋、轮辐、薄壁等，如按纵向剖切，这些结构都不画剖面线，而用粗实线将其与相邻部分分开（见图 7-40），当这些结构不按纵向剖切时，应画上剖面符号。

2）当回转体上均匀分布的肋、轮辐、孔等结构若不处于剖切平面上时，可将这些结构旋转到剖切平面上画出（见图 7-41）。

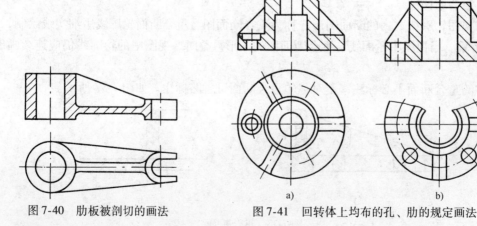

图 7-40 肋板被剖切的画法   图 7-41 回转体上均布的孔、肋的规定画法

3）当机件具有若干相同结构（齿、槽、孔等）且按一定规律分布时，可只画出几个完整的结构，其余用细实线连接或用点画线表示其中心位置，并在图上注明该结构的总数（见图7-42）。

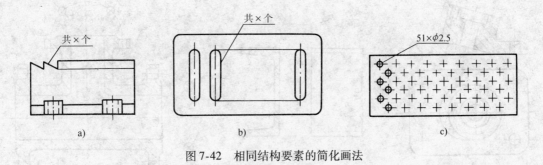

图 7-42　相同结构要素的简化画法

4）机件上较小的结构，如在一个图形中已表示清楚，其他图形可简化或省略（见图7-43）。

5）当图形不能充分表示平面时，可用平面符号（相交的两条细实线）表示（见图7-44）。

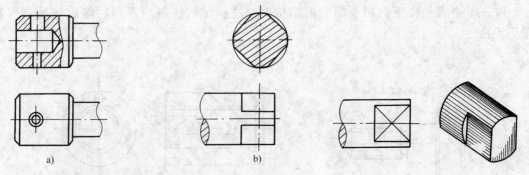

图 7-43　较小结构的简化画法　　　　图 7-44　平面的表示法

6）较长的机件（轴、杆、型材、连杆等）沿长度方向的形状一致或按一定规律变化时，可断开后缩短绘制，但要标注实际尺寸（见图7-45）。

7）在不致引起误解时，剖面符号允许省略（见图7-46）。

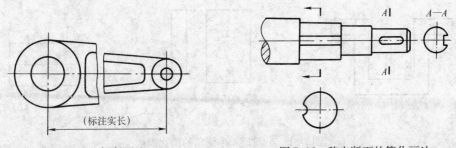

图 7-45　折断画法　　　　　　　图 7-46　移出断面的简化画法

8）与投影面倾斜角度小于或等于30°的圆或圆弧，其投影可用圆或圆弧代替（见图7-47a）；斜度不大的结构，在一个图中已表示清楚，其他图形按小端画出（见

图 7-47b）。

9）圆柱形法兰上均匀分布的孔，可按图 7-48 所示方法表示。

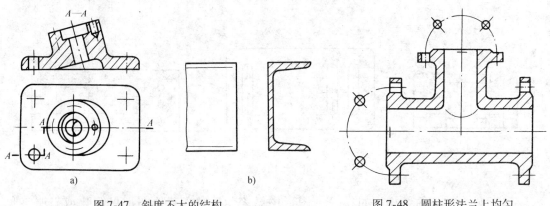

图 7-47　斜度不大的结构

a）倾斜圆的简化画法　b）小斜度结构的简化画法

图 7-48　圆柱形法兰上均匀
分布孔的简化画法

10）滚花一般采用在轮廓线附近用粗实线局部画法的方法表示（见图 7-49）。

11）需要表示位于剖切平面前的结构时，这些结构按假想投影的轮廓线绘制（见图 7-50）。

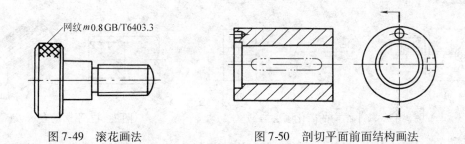

图 7-49　滚花画法

图 7-50　剖切平面前面结构画法

12）在不致引起误解时，零件图中的小圆角、锐边小倒圆或 45°小倒角，允许省略不画，但必须注明尺寸或在技术要求中加以说明（见图 7-51）。

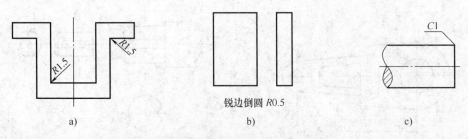

图 7-51　小圆角、小倒角的简化画法

13）在不致引起误解时，图形中的相贯线可以用圆弧或直线代替非圆曲线（见图 7-52a），也可采用模糊画法（见图 7-52b）。

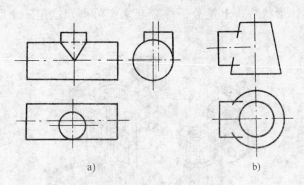

图 7-52　相贯线的简化画法

a）用直线代替非圆曲线　b）模糊画法

第五节　读剖视图

一、读图要求

读剖视图就是对已有的各种表示法进行分析，弄清它们之间的投影关系和表示意图，从而想象出机件的内外结构形状的过程。要读懂剖视图，不但要具有读组合体视图的能力，而且还要熟悉各种视图、剖视图、断面图及其他表示方法的使用场合、画法与标注的规定。

二、读图的方法与步骤

（1）概括了解　首先要了解机件是用几个图形表示的，各视图、剖视图的名称，以及它们之间的投影关系，初步了解机件的复杂程度。图 7-53 所示的机件，用了主、俯两个全剖视图、局部左视图、C 向局部视图和 $D—D$ 全剖视图等五个图形表示。

（2）分析视图，想象各部分形状 读剖视图要弄清剖切面的形状、位置，分析出哪些地方是实体，哪些地方是空腔，再用读组合体视图的方法想象各部分形状。图 7-53 所示机件，中间的主体是由不同直径的空心圆柱组成，左边有一空心圆柱与其正交，右边中部也有一空心圆柱与其正交。根据主、俯视图可知，左、右两个与主体正交的通孔的轴线不在同一平面内，右边孔的轴线与正面投影面的倾角为 α，机件的底部是一个圆形凸缘，并均布四个小通孔；根据 C 向局部视图可知机件顶端是一方形凸缘，四角有四个小通孔；根据局部左视图可知左端是一圆形凸缘，并均布四个小通孔；再根据 $D—D$ 剖视图，可知右端凸缘的形状是菱形。

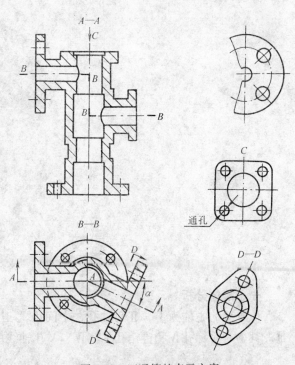

图 7-53　四通管的表示方案

（3）综合想象整体形状　将上述分析综合起来，可得知这是一个四通管，其形状如图7-54所示。

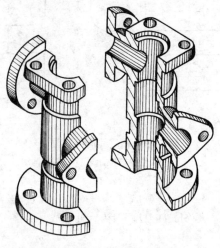

图 7-54　四通管轴测图

第六节　表示方法应用举例

在绘制机件图样时，要根据机件的结构特点，选用适当的表示方法。在完整、清晰地表示出机件各部分形状及看图方便的前提下，应力求制图简便。现以图7-55所示支架为例，进行分析讨论：

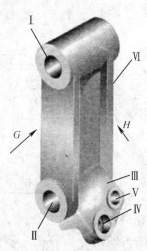

图 7-55　支架轴测图

一、形体分析

该支架的主体为 I 、Ⅱ 两轴孔，中间由"工"字形肋板连接起来，在Ⅱ端有倾斜凸耳Ⅲ，其上有阶梯孔Ⅳ和锥销孔Ⅴ。Ⅳ、Ⅴ孔轴线所在平面同Ⅱ孔轴线不平行也不垂直。

二、选择主视图

对于支架，一般以工作位置或自然位置放置，以最能反映其形状特征的方向作为主视图的投射方向。如图 7-55 所示，可选择 G 或 H 方向作为主视图的投射方向。若以 H 方向作为主视图的投射方向画主视图时，Ⅰ、Ⅱ两平行轴线的特征表示得比较清楚，但Ⅲ部分的形状变形，表达不清，所以选择主视图沿Ⅰ、Ⅱ孔轴线所在平面剖切的表示方法较好，如图 7-56 中的 A—A 剖视图所示。

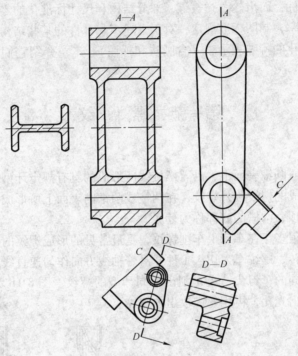

图 7-56　支架的表示方案

三、选择其他视图

主视图确定之后，应再选择左视图以表示Ⅰ、Ⅱ孔及Ⅲ部分的位置关系。Ⅲ部分斜面的真实形状可选择 C 向斜视图予以表示；其上的Ⅳ、Ⅴ两孔结构可用通过其轴线所在的平面剖切即 D—D 剖视图表示。"工"字形肋板结构可用断面图表示。至此该支架的结构形状已完整、清晰地表示出来，如图 7-56 所示。

以上仅讨论了支架的一种表达方法，实际上还有其他表达方法，如按 G 向作为主视图的投射方向是否可行？读者可自行加以讨论和分析。在选择机件表达方法时，还要考虑某些结构是否能用标注尺寸来帮助表达。在确定机件的表达方法时，应尽量多考虑几种方案进行比较，从中选择比较好的一种方案。

第八章 图样的特殊表示法

工程上广泛使用的螺纹紧固件、键、销、滚动轴承等，其结构和尺寸都已经全部标准化的零、部件称为标准件；而齿轮、弹簧等，部分结构和尺寸标准化的零、部件通常称为常用件。为了提高绘图效率，制图标准规定，对于上述零、部件的某些结构和形状，不必按真实投影画出，可采用简化的特殊表示法（含画法和标注）。本章介绍它们的有关知识、规定画法和标记方法。

第一节 螺 纹

一、螺纹的形成

螺纹是指在圆柱或圆锥表面上，沿着螺旋线所形成的具有规定牙型的连续凸起。在圆柱或圆锥外表面上所形成的螺纹称外螺纹，在圆柱或圆锥内表面上所形成的螺纹称内螺纹。螺纹凸起的顶部称为牙顶，沟槽的底部称为牙底。

螺纹的加工方法很多，在车床上车削螺纹，是最常见的形成螺纹的一种方法。如图8-1a所示，工件作等速旋转，螺纹车刀切入工件并沿着轴线方向作匀速直线运动，这便在工件上加工出螺纹。形状不同的车刀尖，可车削出不同牙型的螺纹。图8-1b为加工小直径内螺纹示意图，先用钻头钻出光孔，再用丝锥攻出内螺纹。

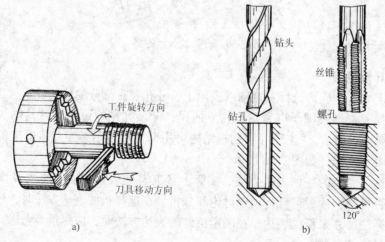

图 8-1 螺纹加工方法示例

二、螺纹的要素

（1）牙型 通过螺纹轴线的断面上，螺纹的轮廓形状称为牙型。常见螺纹的牙型有三角形、梯形、锯齿形和矩形等，见表8-1。

（2）直径 螺纹直径有大径（d、D）、小径（d_1、D_1）和中径（d_2、D_2），如图8-2所

示。大径是指与外螺纹牙顶或内螺纹牙底相切的假想圆柱或圆锥的直径，大径是螺纹的公称直径；小径是指与外螺纹牙底或内螺纹牙顶相切的假想圆柱或圆锥的直径；中径是指母线通过牙型上沟槽和凸起宽度相等的地方的假想圆柱或圆锥的直径。

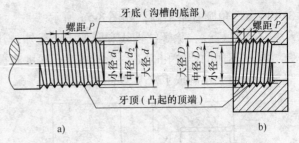

图 8-2　螺纹的直径

外螺纹的大径和内螺纹的小径，亦称为顶径；外螺纹的小径和内螺纹的大径，亦称为底径。

（3）线数（n）　螺纹有单线与多线之分。沿一条螺旋线所形成的螺纹称为单线螺纹；沿两条或两条以上在轴向等距分布的螺旋线所形成的螺纹称为多线螺纹，如图 8-3 所示。

（4）螺距（P）和导程（Ph）　相邻两牙在中径线上对应两点间的轴向距离称为螺距；同一条螺旋线上的相邻两牙在中径线上对应两点间的轴向距离称为导程，如图 8-3 所示。

单线螺纹：$Ph = P$；多线螺纹：$Ph = nP$

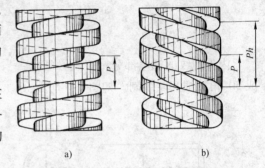

图 8-3　螺纹的线数、旋向、螺距和导程

a）导程 $Ph =$ 螺距　b）导程 $Ph = 2$ 螺距

（5）旋向　螺纹有左旋和右旋之分。顺时针旋转时旋入的螺纹称为右旋螺纹；逆时针旋转时旋入的螺纹称为左旋螺纹。图 8-3 中，正面看，图 a 螺旋线从左到右上升为右旋，图 b 螺旋线从右到左上升为左旋。

上述五项是螺纹的基本要素，其中牙型、直径和螺距三项都符合国家标准规定的螺纹称为标准螺纹；牙型符合标准，直径和螺距不符合标准的螺纹称为特殊螺纹；牙型不符合标准的螺纹（如方牙螺纹等）称为非标准螺纹。

三、螺纹的规定画法

（1）外螺纹的画法　螺纹的牙顶及螺纹终止线用粗实线绘制，牙底用细实线绘制（$d_1 \approx 0.85d$），并应画进倒角内。在投影为圆的视图中，表示牙底的细实线圆只画约 3/4 圈，倒角圆省略不画。在剖视图中，剖面线画到粗实线，如图 8-4 所示。

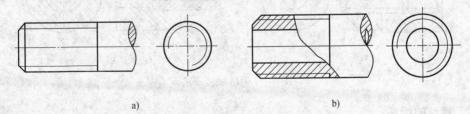

a）　　　　　　　　　　　　　　　b）

图 8-4　外螺纹的画法

（2）内螺纹的画法　内螺纹一般应画成剖视图，牙底用细实线绘制，牙顶及螺纹终止线用粗实线绘制，剖面线画到粗实线。在投影为圆的视图中，表示牙底的细实线圆只画约

3/4 圈，倒角圆省略不画，如图 8-5a 所示。

不可见螺纹，除螺纹轴线和圆的中心线外，其余图线都画成虚线，如图 8-5b 所示。

绘制不通的螺纹孔时，一般应将钻孔深度和螺纹深度分别画出，钻孔底部的锥顶角应按钻头的锥面大小画成 120°，如图 8-5 所示。

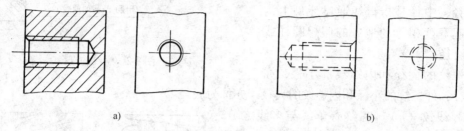

图 8-5　内螺纹的画法

内外螺纹的螺尾部分一般不必画出，当需要表示螺纹收尾时，螺尾部分的牙底用与轴线成 30°角的细实线绘制，如图 8-6 所示。

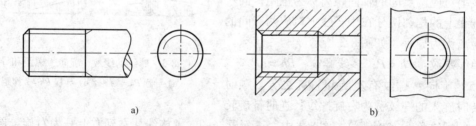

图 8-6　螺尾表示法

（3）螺纹联接的画法　以剖视图表示内外螺纹联接时，其旋合部分应按外螺纹的规定画法绘制，其余部分按各自的规定画法绘制。应注意的是，表示大、小径的粗实线和细实线应分别对齐，而与倒角的大小无关。如图 8-7 所示。

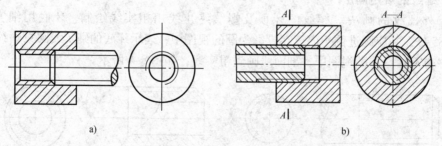

图 8-7　螺纹联接画法

四、螺纹的标注

螺纹按用途可分为联接螺纹（普通螺纹、管螺纹）和传动螺纹（梯形螺纹、锯齿形螺纹和矩形螺纹）两大类。

由于螺纹采用了统一规定的画法，为识别螺纹的种类和要素，对螺纹必须按规定格式进行标注。表 8-1 为标准螺纹的牙型、代号和标注示例。

表 8-1 螺纹的牙型、代号和标注示例

螺纹种类		牙型放大图	螺纹特征代号	标注示例	说　明
联接螺纹	粗牙普通螺纹	60°	M	M10-5g6g	1. 粗牙螺纹不标注螺距 2. 中、顶径公差带相同，只标注一个代号；中等公差精度（如6H，6g），不标注公差带代号 3. 中等旋合长度不标注 N 4. 左旋螺纹标注"LH"，右旋不标注
	细牙普通螺纹			M12×1.5	
	55°非密封管螺纹	55°	G	G1/2A	1. 外螺纹公差等级代号为 A、B 两级，内螺纹公差等级只有一种，故不标注 2. 左旋螺纹注"LH"，右旋不标注
	55°密封管螺纹	55°	R₁ R₂ Rc Rp	Rc1/2	1. R_1——与圆柱内螺纹相配合的圆锥外螺纹；R_2——与圆锥内螺纹相配合的圆锥外螺纹；Rc——圆锥内螺纹；Rp——圆柱内螺纹 2. 内、外螺纹均只有一种公差带，故不标注 3. 左旋螺纹标注"LH"，右旋不标注
传动螺纹	梯形螺纹	30°	Tr	Tr18×4 -7e	1. 左旋螺纹标注"LH"，右旋不标注 2. 只标注中径公差带代号 3. 中等旋合长度 N 省略不标注
	锯齿形螺纹	3° 30°	B	B40×14(P7)-8c	

（1）普通螺纹的标注　将标记注写在大径的尺寸线或尺寸线延长线上。其标记格式为：

$$\boxed{特征代号}\ \boxed{公称直径}\times\boxed{Ph\ 导程\ P\ 螺距}-\boxed{公差带代号}-\boxed{旋合长度代号}-\boxed{旋向代号}$$

单线螺纹的导程与螺距相同，只注螺距，粗牙螺纹不标注螺距；公差带代号中，中径公差带代号标注在前，顶径公差带代号标注在后，两者相同时，只标注一个公差带代号，中等公差精度（如6H，6g），不注公差带代号；旋合长度分为短、中、长三组，代号分别为S、N、L，中等旋合长度不标注N；右旋不标注旋向，左旋标注LH。

例如：M8 × 1 – LH，M8，M16 × Ph6P2 – 5g6g – L

（2）梯形螺纹和锯齿形螺纹的标注　将规定标记注写在大径尺寸线或尺寸线延长线上。其标记格式为：

$$\boxed{特征代号}\ \boxed{公称直径}\times\boxed{导程\ (P\ 螺距)}\ \boxed{旋向}——\boxed{公差带代号}——\boxed{旋合长度代号}$$

单线螺纹的导程与螺距相同，只标注螺距；左旋标注LH，右旋不标注；只标注中径公差带代号；旋合长度分为中（N）、长（L）两组，中等旋合长度不标注N。

例如：Tr40 × 7 – 7H，Tr40 × 14（P7）LH – 7e，B40 × 7 – 7a，B40 × 14（P7）LH – 8c – L

（3）管螺纹的标注　管螺纹的标记一律注写在引出线上，引出线应由大径处引出，或由对称中心处引出。其标记格式为：

$$\boxed{特征代号}\ \boxed{尺寸代号}\ \boxed{公差等级代号}——\boxed{旋向代号}$$

55°密封管螺纹，本身具有密封性。55°非密封管螺纹，外螺纹公差等级代号为A、B两级，内螺纹公差等级代号只有一种，故不标注。

例如：$R_1 3$，$R_2 3/4$，Rp1/2，Rc1 – LH，G1/2A，G1/2 – LH

需注意：管螺纹的尺寸代号不是螺纹的大径，而是管子的通径。

（4）特殊螺纹和非标准螺纹的标注　对于特殊螺纹，应在螺纹特征代号前面加注"特"字；对于非标准螺纹，应画出螺纹的牙型，并标注出所需要的尺寸和要求，如图8-8所示。

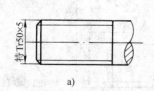
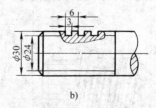

图8-8　特殊螺纹和非标准螺纹标注示例

第二节　常用螺纹紧固件

一、常用螺纹紧固件的种类及标记

常用的螺纹紧固件有螺栓、双头螺柱、螺母、垫圈、螺钉等，如图8-9所示。

表8-2所列为常用紧固件标记示例，需要时可根据其标记从标准中查得各部分尺寸。

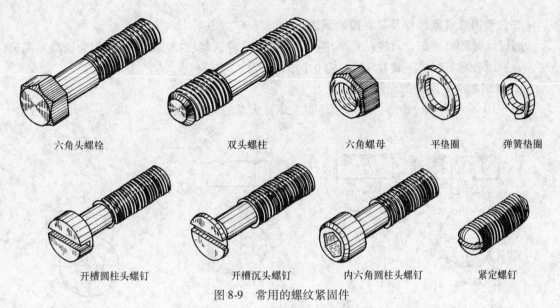

六角头螺栓	双头螺柱	六角螺母	平垫圈	弹簧垫圈

开槽圆柱头螺钉	开槽沉头螺钉	内六角圆柱头螺钉	紧定螺钉

图 8-9 常用的螺纹紧固件

表 8-2 常用紧固件的标记示例

名　　称	图　　例	标 记 示 例
六角头螺栓	M12 50	螺栓　GB/T5782　M12×50
双头螺柱	M12 45	螺柱　GB/T899　M12×45
螺母	M12	螺母　GB/T6170　M12
平垫圈	$\phi13$	垫圈　GB/T97.1　12−140HV
弹簧垫圈	$\phi12.2$	垫圈　GB/T93 12
开槽沉头螺钉	M1C 45	螺钉　GB/T68　M10×45
开槽锥端紧定螺钉	M10 35	螺钉　GB/T71　M10×35

二、常用螺纹紧固件及其联接的画法

画螺纹紧固件视图，可先从标准中查出各部分尺寸，然后按规定画出。但为提高画图速度，通常以公称直径 d（或 D）的一定比例画出。

1. 常用螺纹紧固件的比例画法

图 8-10 所示为螺栓头部、螺母、垫圈、螺钉头部的比例画法。

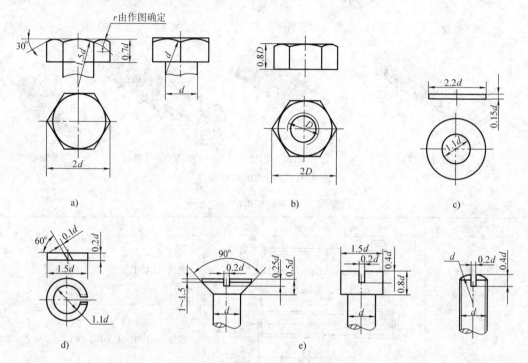

图 8-10 螺纹紧固件的比例画法

a）螺栓头部 b）螺母 c）平垫圈 d）弹簧垫圈 e）三种螺钉头部

2. 螺纹紧固件联接图画法

螺纹紧固件的联接形式主要有螺栓联接、螺柱联接和螺钉联接三种，如图 8-11 所示。

画联接图时应遵守以下规定：① 两零件接触表面只画一条线，非接触表面应画两条线（间隙过小时可夸大画出）；② 剖视图中，被联接的相邻两零件剖面线方向应相反，而同一零件的剖面线倾斜方向和间隔，在各剖视图中应保持一致；③ 当剖切平面通过螺纹紧固件的轴线时，这些螺纹紧固件均按不剖绘制。

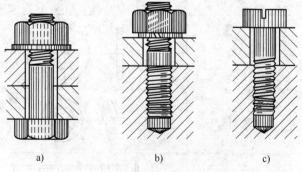

图 8-11 螺纹紧固件的联接形式

a）螺栓联接 b）螺柱联接 c）螺钉联接

（1）螺栓联接 螺栓联接用于联接两个不太厚的零件。如图 8-11a 所示，在被联接的零件上先加工出通孔，孔径略大于螺栓直径（一般为 $1.1d$），然后将螺栓插入孔中，套上垫

圈，旋紧螺母。图 8-12 所示为螺栓联接的比例画法，图中螺栓长度 l 可按下式计算确定：

$$l = \delta_1 + \delta_2 + 垫圈厚度 + 螺母厚度 + (0.3 \sim 0.4)d$$

式中，δ_1、δ_2 表示被联接件厚度，$(0.3 \sim 0.4)d$ 表示螺栓末端的伸出高度。

根据上式计算出螺栓长度后，再从螺栓标准中选取接近的标准值。

画图时应注意，螺栓上的螺纹终止线应低于通孔的顶面，以显示拧紧螺母时有足够的螺纹长度。

（2）螺柱联接　当两个被联接件中有一个较厚时，一般用螺柱联接。如图 8-11b 所示，上联接件 δ_1 加工成通孔（一般为 1.1d），在下联接件 δ_2 中先加工一直径约为 0.85d 的光孔，孔深为 b_m（螺柱的旋入端长度）$+ d$，然后在孔内加工螺纹，螺孔深为 $b_m + 0.5d$。b_m 根据被旋入零件的材料而定（当材料为钢时，$b_m = d$；当材料为铸铁时，$b_m = 1.25d$ 或 $b_m = 1.5d$；当材料为轻金属时，$b_m = 2d$）。联接时，将螺柱旋入端完全旋入 δ_2 的螺孔，然后装上 δ_1，套上垫圈，拧紧螺母。螺柱联接的比例画法如图 8-13 所示。螺柱的长度计算公式为：

$$l = \delta_1 + 垫圈厚度 + 螺母厚度 + (0.3 \sim 0.4)d$$

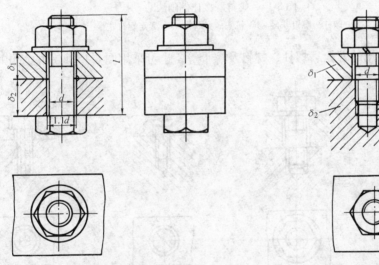

图 8-12　螺栓联接比例画法　　　　　图 8-13　螺柱联接比例画法

根据上式计算出螺柱长度后，再从螺柱标准中选取接近的标准值。

画图时应注意：

1）螺柱旋入端的螺纹终止线应与结合面平齐，以示拧紧。

2）结合面以上部位的画法与螺栓联接一样。

（3）螺钉联接　螺钉联接用于受力不大，不经常拆卸的场合。螺钉按其用途分为联接螺钉和紧定螺钉。紧定螺钉用于防止两个相配合零件产生相对运动。螺钉联接的比例画法如图 8-14 所示。b_m 的长度与螺柱联接相同。螺钉的有效长度计算方法为：先利用公式 $l = \delta_1 + b_m$，然后再根据标准校正。

画图时应注意：

1）沉头螺钉以锥面作为螺钉的定位面。

2）螺钉的螺纹终止线应高出螺孔的端面，或在螺杆全长上都有螺纹。

3）在投影为圆的视图上，一字槽或十字槽投影应画成与中心线倾斜 45°。图中的槽宽小于 2mm 时，可涂黑表示。

4）紧定螺钉是利用其端部起定位、固定作用。

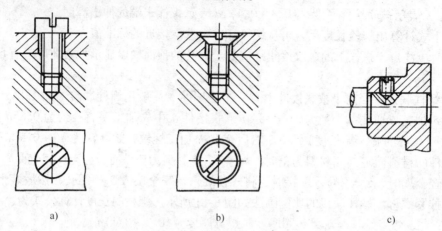

图 8-14　螺钉联接比例画法

a）圆柱头螺钉联接　b）沉头螺钉联接　c）紧定螺钉联接

在装配图中，常用的螺栓、螺柱、螺钉及螺母等，也可采用图 8-15 所示的简化画法。

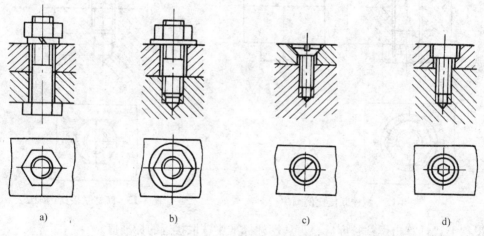

图 8-15　螺栓、螺柱、螺钉及螺母的简化画法

第三节　键和销

一、键

键通常用于联结轴和轴上零件（如齿轮、带轮），起传递转矩的作用。

常用的键有普通平键、半圆键、钩头楔键等（见图 8-16）。其中普通平键应用最广，按形状不同分为 A 型、B 型、C 型三种，见附表 12。

键作为标准件，其规定标记：标准号　键 类型代号 $b \times h \times L$

例如：宽度 $b = 16mm$，高度 $h = 10mm$，长度 $L = 100mm$ 的普通 A 型平键的标记：

GB/T 1096　键 $16 \times 10 \times 100$

平键

半圆键

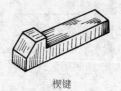
楔键

图 8-16　常用键

又如：宽度 $b = 16$mm，高度 $h = 10$mm，长度 $L = 100$mm 的普通 B 型平键的标记：

GB/T 1096　键 B16 × 10 × 100

除 A 型可省略型号"A"外，B 型和 C 型均要注出型号。

键和键槽的尺寸可以从国家标准中查出。键槽的尺寸注法，如图 8-17 所示。

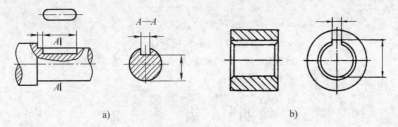

a)　　　　　　　　　　　　　　b)

图 8-17　键槽的尺寸标注

键联结的画法如图 8-18 所示。键的两侧面是工作面，与轮毂和轴的键槽侧面接触，只画一条线，顶面与轮毂上键槽的底面不接触，有间隙，要画成两条线；剖切平面通过键的对称平面作纵向剖切时，键按不剖绘制，将轴作局部剖切。

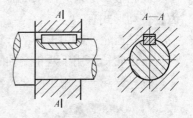

图 8-18　普通平键联结画法

二、销

销主要用于机件之间的联接和定位。常用的销有圆柱销、圆锥销和开口销，如图 8-19 所示。

圆柱销

圆锥销

开口销

图 8-19　常用的销

销也是标准件，见附表 13、14，其规定标记：销　标准号　类型代号 $d \times l$

例如：公称直径 $d = 6$mm、长度 $l = 30$mm、材料为 35 钢、热处理硬度 28 ~ 38HRC、表面氧化处理的 A 型圆锥销的标记：销　GB/T 117　6 × 30

圆锥销的公称直径是指小端直径。

销的类型和尺寸可以从国家标准中查出。销孔的尺寸注法，如图 8-20 所示。

销联接画法，如图 8-21 所示。当剖切平面通过销的轴线时，销按不剖绘制。

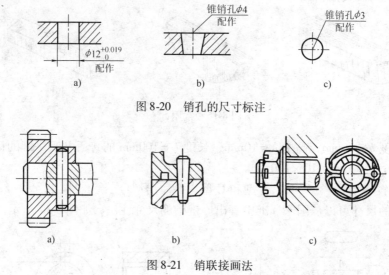

图 8-20　销孔的尺寸标注

图 8-21　销联接画法

a）圆柱销联接　b）圆锥销联接　c）开口销联接

第四节　齿　　轮

齿轮被广泛地应用于机器和部件中，其作用是传递动力或改变转速和旋转方向。常见的齿轮传动形式有：

圆柱齿轮——用于两平行轴间的传动（见图 8-22a）。

锥齿轮——用于两相交轴间的传动（见图 8-22b）。

蜗杆蜗轮——用于两交叉轴间的传动（见图 8-22c）。

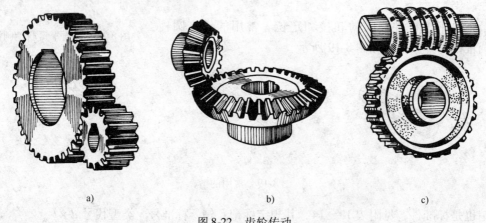

图 8-22　齿轮传动

齿轮按其轮齿的方向分成直齿、斜齿和人字齿，齿廓曲线有渐开线、摆线或圆弧。本节主要介绍齿廓曲线为渐开线的标准直齿圆柱齿轮的基本知识和画法。

一、圆柱齿轮

1. 直齿圆柱齿轮各部分名称、代号和尺寸关系（见图 8-23）

（1）齿数 z　一个齿轮的轮齿总数。

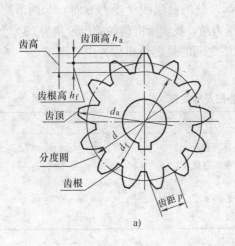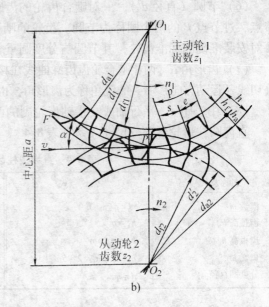

图 8-23　齿轮各部分名称及代号

a）投影图　b）啮合图

（2）齿顶圆、齿根圆和分度圆

齿顶圆（直径 d_a）：在圆柱齿轮上，齿顶圆柱面与端平面的交线称为齿顶圆。

齿根圆（直径 d_f）：在圆柱齿轮上，齿根圆柱面与端平面的交线称为齿根圆。

分度圆（直径 d）：在圆柱齿轮上，分度圆柱面与端平面的交线称为分度圆。分度圆是设计、制造齿轮时进行尺寸计算的基准圆，也是加工齿轮时作为齿轮分度的圆。

（3）齿顶高、齿根高和齿高

齿顶高 h_a：齿顶圆与分度圆之间的径向距离称为齿顶高。

齿根高 h_f：齿根圆与分度圆之间的径向距离称为齿根高。

齿高 h：齿顶圆与齿根圆之间的径向距离称为齿高。$h = h_a + h_f$。

（4）齿距 p　齿轮上两个相邻而同侧的端面齿廓之间的分度圆弧长称为齿距。

齿距由齿厚（s）和槽宽（e）组成。标准齿轮 $s = e = p/2$，$p = s + e$。

（5）模数 m　由于齿轮分度圆的周长 $\pi d = zp$，即 $d = zp/\pi$，式中 π 为无理数。为了计算方便，令 $m = p/\pi$，m 称为模数，单位为 mm。

模数是设计、制造齿轮的基本参数，模数越大，轮齿越大，承受力也就越大。一对啮合齿轮的模数应相等。不同模数的齿轮要用不同模数的刀具来加工，为了便于齿轮的设计和制造，国家标准规定了模数的标准数值，见表 8-3。

表 8-3　模数的标准系列　　　　　　　　　　（单位：mm）

第一系列	1，1.25，1.5，2，2.5，3，4，5，6，8，10，12，16，20，25，32，40，50
第二系列	1.75，2.25，2.75，（3.25），3.5，（3.75），4.5，5.5，（6.5），7，9，（11），14，18，22，28，36，45

注：选用模数时，应优先采用第一系列，其次是第二系列，括号内的模数尽可能不用。

（6）节圆（直径 d'）　一对啮合齿轮的齿廓在两中心连线 O_1O_2 上的啮合接触点 P 称为节点，过节点 P 的两个圆称为节圆。齿轮的啮合传动，可想象为两个节圆作无滑动纯滚动。一对安装准确的标准齿轮，其节圆与分度圆重合。

（7）齿形角 α　两相啮合轮齿齿廓曲线在接触点 P 处的公法线（受力方向）与两节圆的公切线（运动方向）所夹的锐角称为齿形角，也称压力角。我国标准齿轮的齿形角为 20°。

（8）中心距 a　平行轴或交错轴齿轮副的两轴线之间的最短距离称为中心距。

直齿圆柱齿轮各部分尺寸关系见表 8-4。

表 8-4　直齿圆柱齿轮各部尺寸关系

名称及代号	公　式	名称及代号	公　式
模数 m	$m = p/\pi = d/z$	齿顶圆直径 d_a	$d_a = d + 2h_a = m(z+2)$
齿顶高 h_a	$h_a = m$	齿根圆直径 d_f	$d_f = d - 2h_f = m(z-2.5)$
齿根高 h_f	$h_f = 1.25m$	齿距 p	$p = \pi m$
齿高 h	$h = h_a + h_f = 2.25m$	中心距 a	$a = (d_1 + d_2)/2 = m(z_1 + z_2)/2$
分度圆直径 d	$d = mz$		

2. 圆柱齿轮的规定画法

（1）单个齿轮的画法　国家标准规定，齿顶圆和齿顶线用粗实线绘制，分度圆和分度线用点画线绘制，齿根圆和齿根线用细实线绘制或省略不画。在剖视图中，当剖切平面通过齿轮的轴线时，轮齿一律按不剖处理，齿根线用粗实线绘制。对于斜齿或人字齿，在投影为非圆的视图中，可画成半剖视图或局部剖视图，在外形上画三条与齿线方向一致的细实线，如图 8-24 所示。

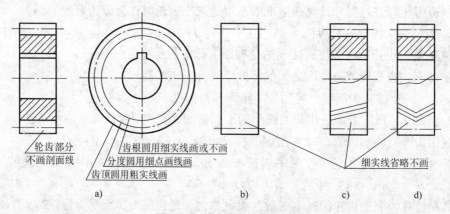

图 8-24　单个圆柱齿轮画法
a）规定画法　b）外形视图（直齿）　c）外形视图（斜齿）　d）外形视图（人字齿）

（2）齿轮啮合画法　在投影为圆的视图中，啮合区内的节圆相切，齿顶圆均用粗实线绘制，也可省略不画，如图 8-25a、b 所示。在通过轴线的剖视图中，啮合区内一个齿轮的轮齿用粗实线绘制，另一个齿轮的轮齿被遮挡的部分用虚线绘制（见图 8-26），或省略不画。在投影为非圆的外形视图中，啮合区内的齿顶线不需画出，节线用粗实线绘制，如图 8-25c、d 所示。

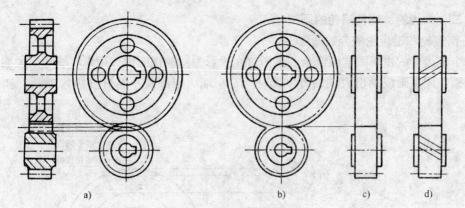

图 8-25　圆柱齿轮啮合画法

a）规定画法　b）省略画法　c）外形视图（直齿）　d）外形视图（斜齿）

3. 直齿圆柱齿轮的测绘

直齿圆柱齿轮的测绘步骤如下：

1）数齿数 z。

2）测量齿顶圆直径 d'_a。齿数为偶数时，可直接量出 d'_a；若为奇数时，可测出 D、e 后，计算出 $d'_a = D + 2e$，如图 8-27 所示。

3）确定模数 m　根据公式 $m' = d'_a/(z+2)$，计算出 m'，再根据表 8-3 选取与其接近的标准模数 m。

4）计算 d、h、h_a、h_f、d_a、d_f 等。

5）测量出齿轮的其他各部分尺寸。

6）绘制齿轮工作图，如图 8-28 所示。

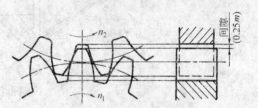

图 8-26　齿轮啮合的间隙

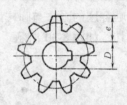

图 8-27　测奇数齿轮的齿顶圆直径

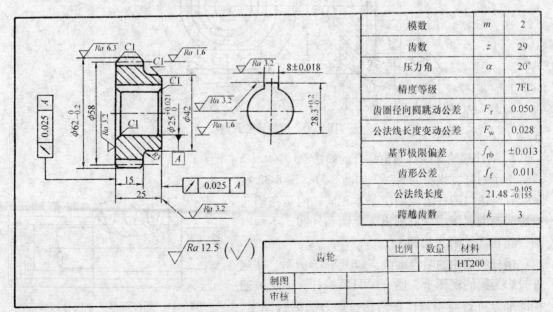

模数	m	2
齿数	z	29
压力角	α	$20°$
精度等级		7FL
齿圈径向圆跳动公差	F_r	0.050
公法线长度变动公差	F_w	0.028
基节极限偏差	f_{pb}	±0.013
齿形公差	f_f	0.011
公法线长度		$21.48^{-0.105}_{-0.155}$
跨越齿数	k	3

图 8-28　直齿圆柱齿轮工作图

*二、锥齿轮、蜗杆蜗轮的画法

1. 锥齿轮和锥齿轮啮合的画法

单个锥齿轮的主视图常画成全剖视图。在投影为圆的视图中，用粗实线画出大端和小端的齿顶圆，用点画线画出大端的分度圆。大、小端齿根圆及小端分度圆均不画，如图 8-29 所示。

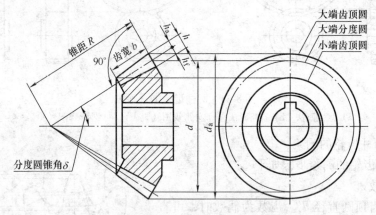

图 8-29 单个锥齿轮画法

锥齿轮啮合，主视图常画成全剖视图，两锥齿轮的节圆锥面相切，节线重合用细点画线画出，啮合区的画法与圆柱齿轮画法相似。在投影为圆的视图中，两轮的分度圆和分度线投影应相切，如图 8-30 所示。

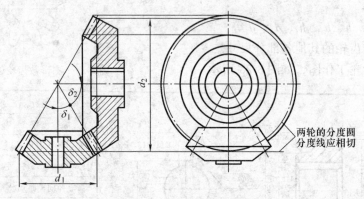

图 8-30 锥齿轮啮合画法

2. 蜗杆蜗轮和蜗杆蜗轮啮合的画法

单个蜗杆、蜗轮的画法，如图 8-31、图 8-32 所示。其画法与圆柱齿轮画法基本相同，但是在蜗轮投影为圆的视图中，只画出分度圆和外圆，不画喉圆（齿顶圆）和齿根圆。

蜗杆和蜗轮的啮合画法，如图 8-33 所示。在蜗杆投影为圆的视图上，啮合区只画蜗杆，蜗轮被遮挡的部分可省略不画；在蜗轮投影为圆的视图上，

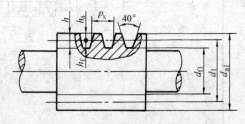

图 8-31 蜗杆各部尺寸代号和画法

蜗轮分度圆与蜗杆节线相切，蜗轮外圆与蜗杆齿顶线相交。若采用剖视，蜗杆齿顶线与蜗轮外圆、喉圆相交的部分均不画出。

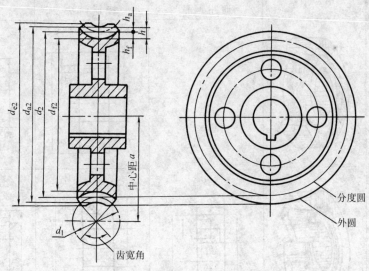

图 8-32　蜗轮各部尺寸代号和画法

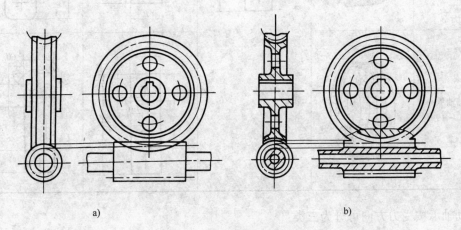

a)　　　　　　　　　　　　　　　　　　b)

图 8-33　蜗杆蜗轮啮合画法
a) 外形视图　b) 剖视图

第五节　滚　动　轴　承

滚动轴承是用来支承转动轴的部件，它具有结构紧凑、摩擦阻力小，能在较大的载荷、转速及较高的精度范围内工作，在现代工业中广泛使用。滚动轴承的类型很多，但都已标准化，由专门工厂生产，选用时可查阅有关标准，见附表15。

一、滚动轴承的类型、代号

滚动轴承一般由外圈、内圈、滚动体和保持架四部分组成，见表8-5。其外圈装在机座的孔内，一般固定不动；内圈套在轴上，随轴一起转动。

表 8-5　常用滚动轴承的简化画法与规定画法

类型名称和标准号	结构	简化画法		规定画法
		通用画法	特征画法	
深沟球轴承 GB/T 276—1994				
圆锥滚子轴承 GB/T 297—1994				
推力球轴承 GB/T 301—1995				

滚动轴承按受力方向可分为三类:

1) 向心轴承——主要承受径向力。

2) 推力轴承——只承受轴向力。

3) 向心推力轴承——同时承受径向力和轴向力。

滚动轴承代号包括基本代号、前置代号和后置代号三部分,自左至右顺序排列。

基本代号表示轴承的基本类型、结构和尺寸,是轴承代号的基础。它由轴承类型代号、尺寸系列代号、内径代号三部分,自左至右顺序排列组成。

类型代号用阿拉伯数字或大写拉丁字母表示。例如,类型代号中,"6"表示深沟球轴承,"5"表示推力球轴承,"3"表示圆锥滚子轴承。

尺寸系列代号由轴承的宽(高)度系列代号和直径系列代号组合而成,均用两位阿拉伯数字表示。它的主要作用是区别内径相同而宽(高)度和外径不同的轴承。

内径代号表示轴承的公称内径,用两位阿拉伯数字表示。当内径代号为00、01、02、03时,分别表示内径为10mm、12mm、15mm、17mm;当内径代号为04～99时,代号数字乘以5，即为轴承内径（22、28、32除外，用公称内径毫米数表示）。

前置、后置代号是轴承在结构形状、尺寸、公差、技术要求等有改变时，在其基本代号左、右添加的补充代号，前置代号用字母表示，后置代号用字母或字母加数字表示。前置、后置代号有许多种，其含义需查阅 GB/T 272。一般情况下，滚动轴承的代号仅用基本代号来表示。

轴承代号标记示例：

二、滚动轴承的画法

国家标准规定了滚动轴承的简化画法（通用画法与特征画法）和规定画法，见表8-5。

绘制滚动轴承时应遵守以下规则：

1）各种符号、矩形线框和轮廓线均画粗实线。

2）矩形线框或外形轮廓的大小应与滚动轴承的外形尺寸一致。

3）用简化画法绘制滚动轴承时，应采用通用画法或特征画法。但在同一图样中一般只采用一种画法。

通用画法，可用矩形线框及位于线框中央正立的十字形符号来表示。十字形符号不应与矩形线框接触。

特征画法，可采用在矩形线框内画出其结构要素符号表示结构特征。

4）在滚动轴承的产品图样、产品样本及说明书等图样中，可采用规定画法绘制。规定画法一般采用剖视图绘制在轴的一侧，此时，滚动体不画剖面线，其内、外圈剖面线应画成同方向、同间隔；在轴的另一侧按通用画法绘制。

第六节 弹 簧

弹簧主要用来减震、夹紧、储存能量和测力等。它的种类很多，有螺旋弹簧、碟形弹簧、涡卷弹簧、板簧等。其中螺旋弹簧又有压缩弹簧、拉伸弹簧及扭力弹簧等（见图8-34），使用较多的是圆柱螺旋压缩弹簧。本节仅简要介绍圆柱螺旋压缩弹簧的尺寸关系和画法。

一、圆柱螺旋压缩弹簧各部分名称及尺寸关系（见图8-35）

（1）弹簧线径 d。

（2）弹簧直径（外径、内径和中径）

弹簧外径 D_2：弹簧的最大直径。

弹簧内径 D_1：弹簧的最小直径，$D_1 = D_2 - 2d$。

弹簧中径 D：弹簧外径和内径的平均值，$D = (D_2 + D_1)/2$。

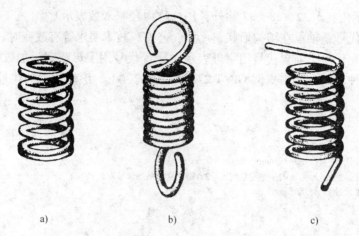

图 8-34　圆柱螺旋压缩弹簧

a) 压缩弹簧　b) 拉伸弹簧　c) 扭力弹簧

（3）节距 t　除支承圈外，相邻两圈间的轴向距离。

（4）自由高度 H_0　弹簧不受外力作用时的高度。

（5）弹簧的总圈数 n_1、支承圈数 n_2、有效圈数 n

为保证圆柱压缩弹簧工作时受力均匀，使中心轴线垂直于支承面，需将弹簧两端并紧、磨平 2.5 圈，并紧、磨平的各圈仅起支承作用，故称为支承圈；保持节距的圈称为有效圈；有效圈数 n 与支承圈数 n_2 之和称为总圈数 n_1。

（6）展开长度 L　制造弹簧时，簧丝的下料长度，$L = n_1 \sqrt{(\pi D)^2 + t^2}$。

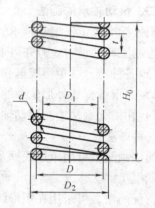

图 8-35　圆柱螺旋压缩弹簧尺寸

二、圆柱螺旋压缩弹簧的规定画法

圆柱螺旋压缩弹簧可画成视图、剖视图或示意图，如图 8-36 所示。

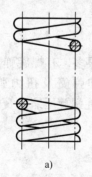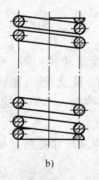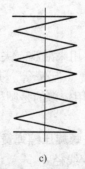

a)　　　　　　　　　　b)　　　　　　　　　　c)

图 8-36　圆柱螺旋压缩弹簧画法

a) 视图　b) 剖视图　c) 示意图

在平行于弹簧轴线的投影面的视图中，其各圈的轮廓应画成直线。弹簧均可画成右旋，对必须保证的旋向要求应在"技术要求"中注明。两端并紧且磨平时，不论支承圈的圈数多少及端部贴紧情况如何，都可按图 8-36 画出。有效圈数在四圈以上的弹簧，中间部分可省略不画；中间部分省略后，允许适当地缩短图形的长度。弹簧的作图步骤如图 8-37 所示。

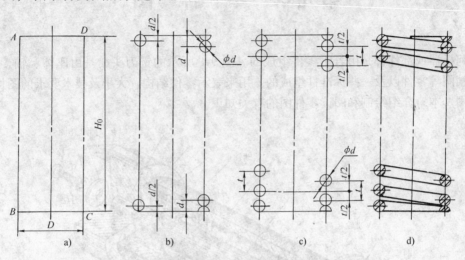

图 8-37　弹簧的作图步骤

a）以自由高度 H_0 和弹簧中径 D 作矩形 $ABCD$　b）画出支承圈数　c）根据节距 t 作簧丝断面

d）按旋向作簧丝断面的切线，校对，加深，画剖面线

在装配图中，被弹簧挡住的结构一般不画出，可见部分应从弹簧的外轮廓线或从弹簧钢丝断面的中心线画起（见图 8-38a）。弹簧线径在图形上等于或小于 2mm 时，允许用示意图表示（见图 8-38b）；被剖切时，也可用涂黑表示（见图 8-38c）。被剖切弹簧的钢丝直径在图形上等于或小于 2mm，并且弹簧内部还有零件，为了便于表达，可采用示意图形式表示（见图 8-38d）。

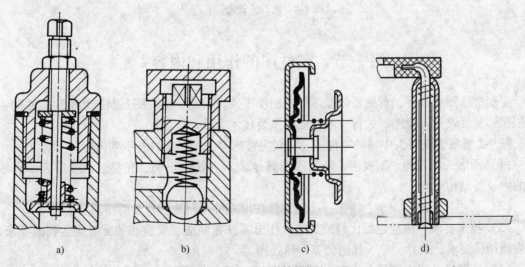

图 8-38　装配图中弹簧的规定画法

第九章 零件图

任何机器或部件都是由若干零件组成的。图 9-1 所示的铣刀头，是由座体、轴、端盖、带轮、挡圈等零件以及一些标准件组成的。用来表示零件结构、大小及技术要求的图样，称为零件图。本章介绍绘制和阅读零件图的有关知识。

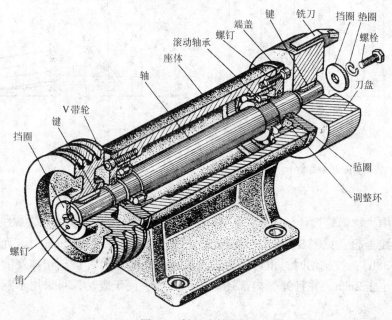

图 9-1　铣刀头轴测图

第一节　零件图的作用和内容

要制造机器或部件，首先要依据零件图制作零件。因此，零件图是制造和检验零件的主要依据，是反映设计意图、进行技术交流的重要技术文件。

图 9-2 所示为铣刀头中轴的零件图。一张完整的零件图，应具备下列内容：

（1）图形　用视图、剖视图、断面图及其他表示方法，正确、完整、清晰地表示出零件的内、外结构形状。

（2）尺寸　正确、完整、清晰、合理地标注出零件在制造和检验时所需要的全部尺寸。

（3）技术要求　用规定的代号或文字，注出零件在制造、检验和装配时应达到的要求，如表面结构要求、尺寸公差、几何公差、热处理等。

（4）标题栏　说明零件的名称、件数、材料、比例、图号、制图及校核人的姓名、日期等。

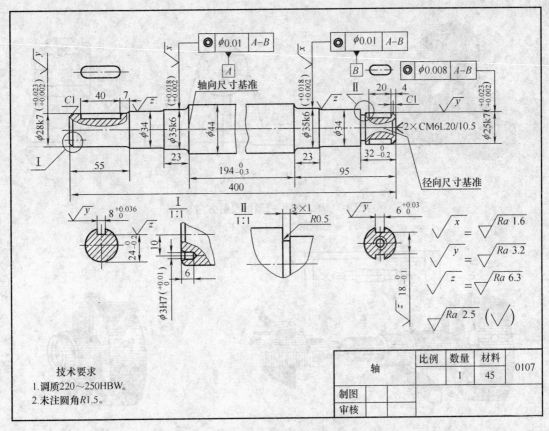

图 9-2 轴的零件图

第二节 零件的视图选择

为了将零件的结构形状特征表达得正确、完整、清晰，并便于看图和画图，必须合理地选择图示方案。

一、主视图的选择

主视图是表达零件形状最主要的视图，选择得合理与否，不但直接关系到零件结构形状表达得清楚与否，而且关系到其他视图数量和位置的确定，影响到看图和画图是否方便，为此，在选择主视图时，应从投射方向和安放位置两方面考虑。

1. 选择主视图的投射方向

一般应选择表示零件信息量最多的那个视图作为主视图，即选择最能反映零件各组成部分结构形状和相对位置的方向作为主视图的投射方向。如图 9-3 所示的轴承座，从 A、B 方向投射，A 向最能显示其结构形状和各组成部分相对位置特征。

2. 选择主视图的位置

（1）符合零件的加工位置 主视图应尽量与零件在机床上主要加工位置一致。主要工序在车床和磨床上加工的以回转体构形为主的轴套类、轮盘类零件，常按加工状态选择主视图，一般将其轴线水平放置，便于加工和检验时，图、物直接对照看图，如图 9-4、图 9-5

所示。

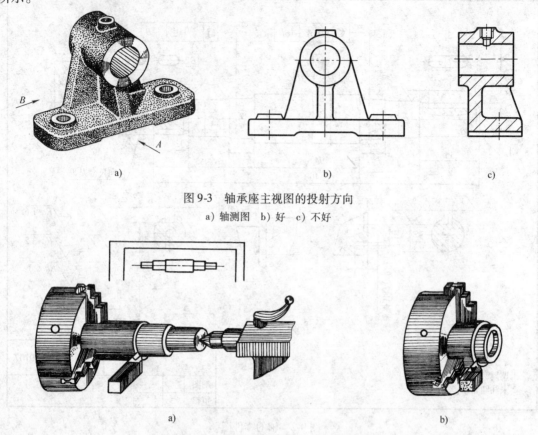

图 9-3　轴承座主视图的投射方向

a）轴测图　b）好　c）不好

图 9-4　轴和端盖在车床上加工位置

（2）符合零件的工作位置　主视图应尽量与零件在机器中的工作位置或安装位置一致。对叉架类、箱体类零件，加工时状态多变，常按工作状态选择主视图，如图 9-6、图 9-12 所示。

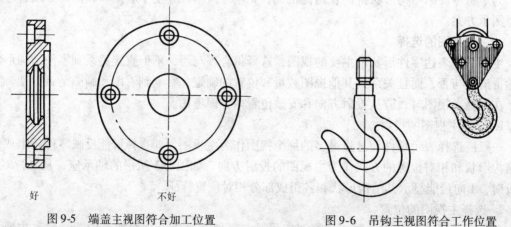

好　　　　　不好

图 9-5　端盖主视图符合加工位置　　　　图 9-6　吊钩主视图符合工作位置

当加工位置各不相同，工作位置不固定时，在尽量符合零件的加工位置和工作位置情况下，宜取安放自然平稳，作为画主视图的位置。

此外，还应兼顾其他视图的选择，以及视图布局的合理性。

二、其他视图的选择

当主视图选定之后，还需要哪些视图，应根据零件结构形状的复杂程度而定。选择其他视图时应注意：

1）在满足要求的前提下，使视图数量为最少，力求制图简便。避免不必要的细节重复，使每一个图形都有一个表达重点。

2）优先考虑基本视图。习惯上俯视图优先于仰视图，左视图优先于右视图。

3）内部结构尽可能采用剖视表示，图中尽量少出现虚线。

一个好的表示方案应该是表达完整、清晰，看图易懂，画图简便，有利于技术要求的标注等。为此，零件表示方案的选择，具有一定灵活性，宜多考虑几种方案，进行比较，然后确定一个较佳方案。

图 9-7 为图 9-3a 所示轴承座的两种表示方案。方案 2，俯、左视图采用全剖视，使支承板、肋板、圆筒和底板的形状表达更清楚，并且去掉了对圆筒的重复表达，画图简便，因此，方案 2 比方案 1 好。

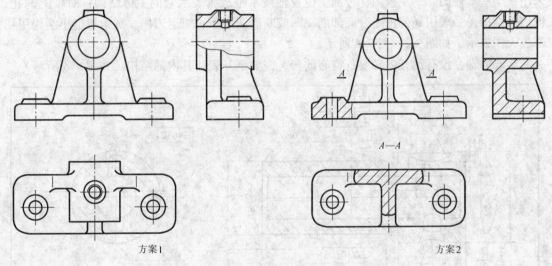

图 9-7　轴承座的表示方案

三、典型零件的表达方法

零件的种类很多，按其在机器中的作用、结构特点、视图表达、尺寸标注等，大致可分为轴套、轮盘、叉架和箱体等四种类型。不同类型的零件，其表达方法也不同。

1. 轴套类零件

轴套类零件包括各种轴、丝杆、套筒等。轴类零件在机器中主要用来支承传动件（如齿轮、链轮、带轮等），实现旋转运动并传递动力，如图 9-1 中的轴。套类零件一般是装在轴上，起轴向定位、传动和连接作用，如图 9-8 所示的柱塞套。

轴套类零件主体是由同轴线、不同直径的数段回转体（"轴段"）组成，轴向尺寸大于径向尺寸。轴上常有轴肩、键槽、螺纹及退刀槽、砂轮越程槽、圆角、倒角、中心孔等局部结构。它们的形状和尺寸大部分已标准化。对于中心孔，图样中可不绘制详细结构，只需注出其代号，见表 9-1。

表 9-1　中心孔的表示法

符　号	标 注 示 例	说　明
	GB/T 4459.5–B2.5/8	采用 B 型中心孔 $d = 2.5mm$　$D_2 = 8mm$ 在完工的零件上要求保留
	GB/T 4459.5–A4/8.5	采用 A 型中心孔 $d = 4mm$　$D = 8.5mm$ 在完工的零件上是否保留都可以
	GB/T 4459.5–A1.6/3.35	采用 A 型中心孔 $d = 1.6mm$　$D = 3.35mm$ 在完工的零件上不允许保留

　　轴套类零件加工的主要工序一般都在车床、磨床上进行。这类零件，辅以尺寸标注，常采用一个基本视图——主视图，按加工位置轴线水平放置表示它的主体结构；对轴上的孔、键槽等结构，一般用局部视图、局部剖视图或断面图表示；对退刀槽、圆角等细小结构用局部放大图表示，如图 9-2、图 9-8 所示。

　　实心的轴，没有剖开的必要，空心的套，需要剖开表达其内部结构，如图 9-8 所示。

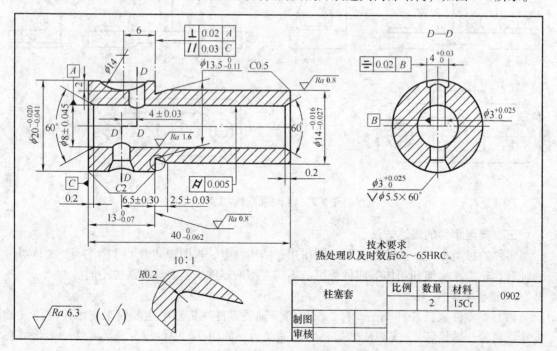

图 9-8　柱塞套零件图

2. 轮盘类零件

　　轮盘类零件包括法兰盘、端盖、各种轮子（手轮、齿轮、带轮）等。轮类零件一般用于传递动力和扭矩，盘类零件主要起支承、轴向定位和密封等作用。

　　这类零件主体一般为同轴线不同直径的回转体，径向尺寸大于轴向尺寸（见图9-9），或其他几何形状的扁平板状（见图9-10）。常见局部结构有凸台、凹坑、均布安装孔、轮辐、键槽、退刀槽等。

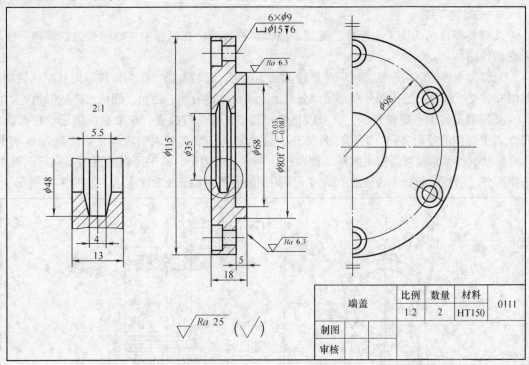

图9-9　端盖零件图

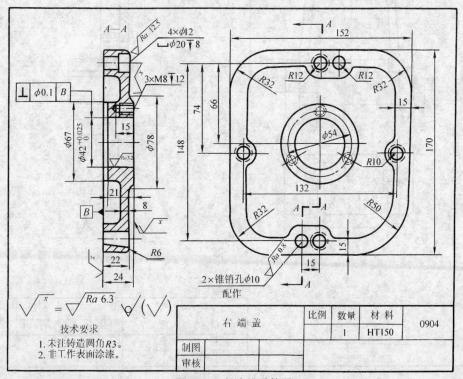

图9-10　右端盖零件图

　这类零件主要也是在车床上进行加工。至少需要两个基本视图，常按加工位置放置，轴线水平，以反映厚度方向的全剖视图为主视图。侧视图表达外形轮廓和孔槽的分布情况，个别细节采用局部剖视图、断面图或局部放大图等表示，如图 9-9、图 9-10 所示。

　　3. 叉架类零件

　　叉架类零件包括拨叉、连杆、支架、摇臂、杠杆等。在机器中主要起操纵、调速、连接或支承作用。

　　叉架类零件的结构形状多样，差别较大，不规则，比较复杂，多为铸件。但其主体结构都是由安装支承部分、工作部分和连接部分组成，局部结构有肋、凸台、凹坑、铸造圆角等。

　　叉架类零件加工位置多变，一般以自然位置或工作位置放置，选取最反映形状特征的方向作为主视图的投射方向，并将零件放正。这类零件一般需要两个或两个以上的基本视图，因有形状歪斜，常辅以斜视图或局部视图；为表示局部内形，常采用斜剖视图或局部剖视图；连接部分、肋板的断面形状和细小结构，常采用断面图或局部放大图表示，如图 9-11 所示。

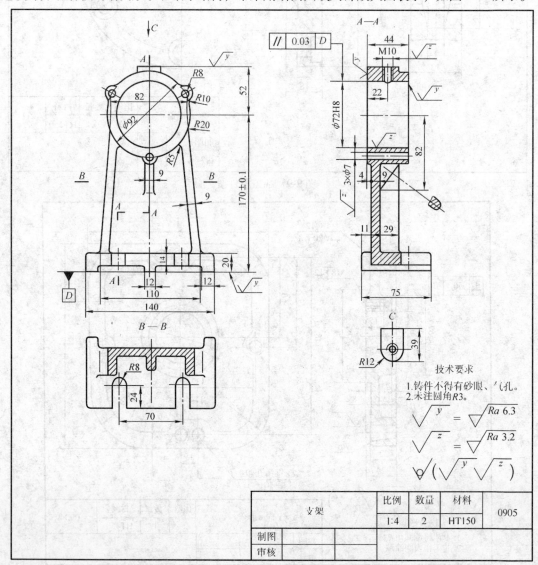

图 9-11　支架零件图

4. 箱体类零件

箱体是机器或部件的外壳或座体，它是机器或部件中的骨架零件，起着支承、包容、安装、固定部件中其他零件的作用。

箱体类零件结构比较复杂，主体结构一般有：具有内腔的体身，安装、支承轴承的孔，与机架相连的底板，与箱盖相连的顶板或凸缘。局部结构有凸台、凹坑、肋板、导轨、螺孔、销孔、沟槽与螺栓通孔、铸造圆角等结构。毛坯多为铸件。

由于箱体类零件结构形状较复杂，加工位置多变，所以，一般以工作位置及最反映其各组成部分形状特征及相对位置的方向作为主视图的投射方向。根据具体零件，往往需要多个视图、剖视图以及其他表示方法来表示。图9-12 为图9-1 所示铣刀头座体的零件图，主视图采用局部剖视图，表达内外形状和各部分的相对位置；左视图采用局部剖视图，反映上部圆筒、中部支承板和下部底板的形状及沉孔位置、穿通情况等，局部视图反映底板和沉孔的形状。

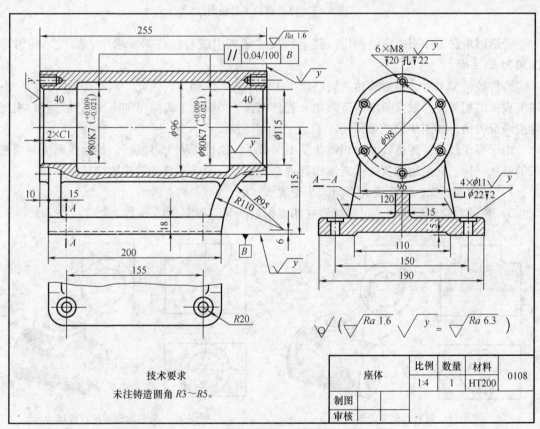

图9-12 座体零件图

第三节 零件的工艺结构

零件的结构除应满足设计要求外，还应考虑制造的方便和可能，使所绘制的零件图，在满足零件工作性能要求的同时，具有良好的结构工艺性。

一、铸造工艺结构

（1）**铸造圆角**　为了防止砂型在尖角落砂和浇注时溶液冲坏砂型，也为了避免铸件冷却收缩时在尖角处产生裂纹和缩孔，在铸件表面转角处，应做成圆角，如图9-13所示。

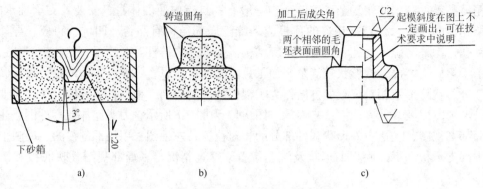

图9-13　铸造圆角与起模斜度

铸造圆角在零件图中应该画出，其半径尺寸常集中注写在技术要求中，如"未注铸造圆角为 $R3 \sim R5$"。

铸件经机加工后，铸造圆角消失而产生尖角或加工成倒角，因此，画零件图时，两个不加工表面的相交处一般要画出铸造圆角。若其中有一个或两个表面是加工面，则它们的相交处应画成尖角，如图9-13c所示。

由于存在圆角，铸造表面上相贯线就不明显了，这种线称为过渡线。过渡线画法与相贯线的画法一样，它是用细实线示意地画到理论交点处，两端不与其他轮廓线接触，即：

1）两曲面相交，过渡线应不与圆角轮廓线接触，如图9-14所示。

2）两曲面轮廓线相切，过渡线应在切点附近断开，如图9-15所示。

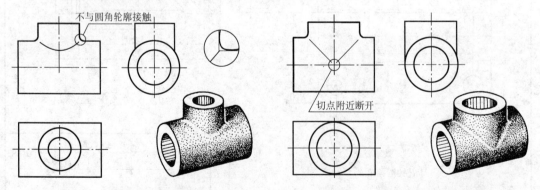

图9-14　两曲面相交的过渡线　　　　图9-15　两曲面相切的过渡线

3）画平面与平面、平面与曲面的过渡线时，应在转角处断开，并加画弯向与铸造圆角弯向一致的过渡圆弧，如图9-16所示。

4）肋板与圆柱组合的过渡线画法，取决于肋的断面形状及相交、相切关系，如图9-17所示。

（2）**起模斜度**　为了造型时起模方便，在铸件的内外壁上常沿着起模方向作出一定的斜度。起模斜度图上可不必画出，必要时在技术要求中注明，如图9-13所示。

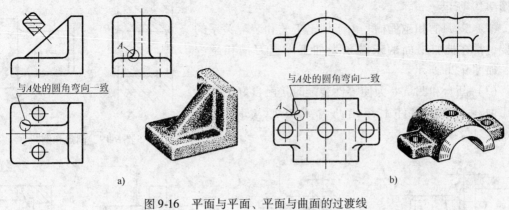

图9-16 平面与平面、平面与曲面的过渡线

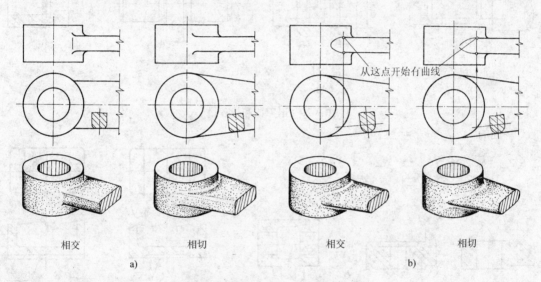

图9-17 肋板与圆柱组合的过渡线

a) 肋板断面为长方形 b) 肋板断面为长圆形

（3）铸件壁厚 为避免铸件冷却速度不同而产生缩孔或裂纹，设计时应使铸件壁厚保持均匀，厚薄转折处应逐渐过渡，如图9-18所示。

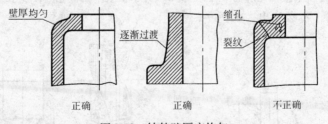

图9-18 铸件壁厚应均匀

二、机械加工工艺结构

（1）倒角和倒圆 为了去掉锐边，常在轴或孔的端部制成倒角。常见倒角为45°，也有30°和60°等。阶梯轴或阶梯孔的转角处，为避免应力集中而产生裂纹，往往用圆角过渡，

如图9-19所示。

（2）退刀槽和越程槽　由于加工工艺和装配关系的需要，常在被加工面的末端预先加工出退刀槽和越程槽，如图9-20所示。

（3）凸台和凹坑　为使零件装配时接触良好，减小加工面积，常在零件上作出凸台或凹坑，如图9-21所示。

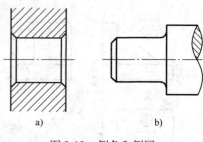

图9-19　倒角和倒圆

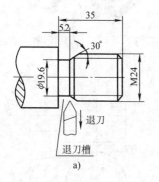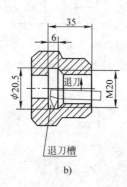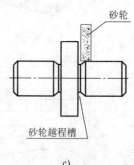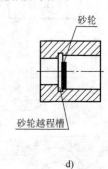

a)　　　　　　　b)　　　　　　　c)　　　　　　　d)

图9-20　退刀槽和越程槽

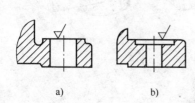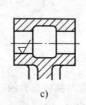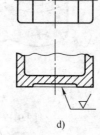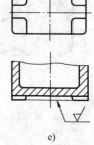

a)　　　　　　b)　　　　　　c)　　　　　　d)　　　　　　e)

图9-21　凸台和凹坑

（4）钻孔结构　在零件上钻不通孔时，其底部的圆锥孔应画成120°的圆锥角。标注钻孔深度尺寸时，不应包括锥坑部分，如图9-22所示。钻阶梯孔时，交接处画成顶角120°的圆台，标注尺寸时，不必注出，如图9-23所示。

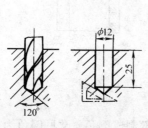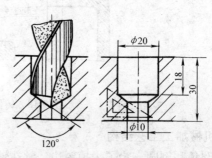

图9-22　钻不通孔　　　　　　　图9-23　钻阶梯孔

为了避免钻孔时钻头因单边受力产生偏斜或折断钻头，应增设与孔的轴线垂直的凸台或凹坑，如图 9-24 所示。

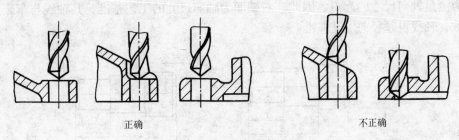

正确 　　　　　　　　　　　　　　不正确

图 9-24　钻孔端面结构

第四节　零件图上的尺寸标注

零件图上所注写的尺寸是零件加工、检验的依据。因此，在零件图中标注尺寸，除应达到正确、完整、清晰外，还应做到合理，使所注写尺寸既要保证设计要求，又要符合加工、测量等工艺要求。

一、合理地选择尺寸基准

尺寸基准根据其作用分为两类：

（1）设计基准　保证零件功能，确定结构形状和相对位置而选定的基准。大多是确定零件在机器中位置的面、线或点。

如图 9-25 所示轴承座，因为一根轴通常要用两个轴承座支承，两者的轴孔应在同一轴线上，都以底面与机座贴合，确定高度位置；以对称平面确定左右位置。所以设计时以底面和左右对称平面分别为高度方向和长度方向的设计基准。

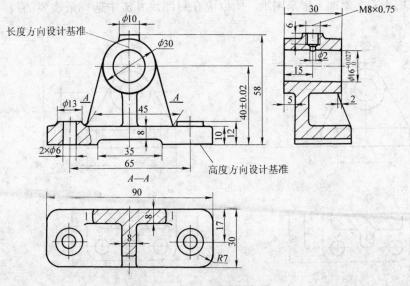

图 9-25　轴承座的尺寸标注

（2）工艺基准　为保证加工精度，方便加工和测量而选定的基准。大多是加工时用作零件定位、对刀和测量起点的面、线或点。如图 9-26 所示阶梯轴，在车床上加工时，均以右端面为测量轴向尺寸的起点，因此，右端面为轴向尺寸的工艺基准，其轴线与车床主轴的轴线一致，轴线也是径向工艺基准。

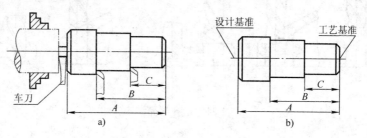

图 9-26　阶梯轴的尺寸标注

有些零件，工艺基准与设计基准重合。如图 9-25 中，底面既是设计基准，又是工艺基准；又如图 9-26 中，轴线既是径向设计基准，又是径向工艺基准。

零件有长、宽、高三个度量方向，每个方向至少要有一个尺寸基准，这个基准称为主要基准。当零件结构形状比较复杂时，同一方向上，尺寸基准可能有几个，除主要基准外的基准都称为辅助基准。如图 9-25 中，底面为高度方向尺寸的主要基准，顶面为高度方向的辅助基准。

基准与基准之间，一定要有尺寸直接联系，如图 9-25 中的尺寸 58。

二、标注尺寸注意点

（1）功能尺寸应从设计基准出发直接注出　功能尺寸是指直接影响零件装配精度和工作性能的重要尺寸，如图 9-25 中的尺寸 40 ± 0.02，图 9-27 中的尺寸 25、26。

（2）不应注写成封闭的尺寸链　注写成封闭的尺寸链须使各段长度的误差总和小于或等于总长度的误差，给加工带来困难。所以应在封闭尺寸链中选择最次要的尺寸空出不注，如图 9-27 所示。

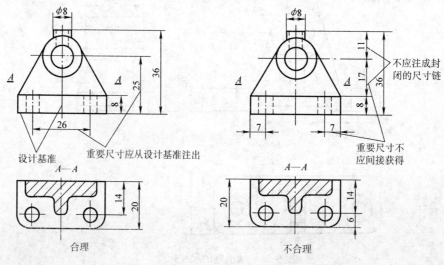

图 9-27　支架的尺寸标注

（3）标注尺寸应考虑制造工艺

1）按加工顺序标注尺寸，便于工人看图和加工，如图9-28所示。

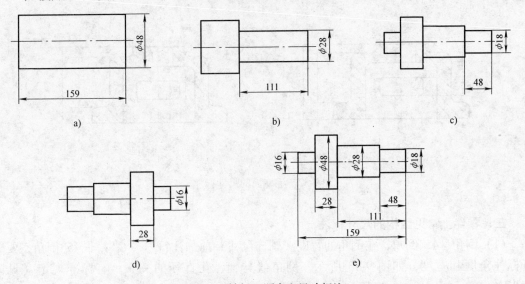

图9-28　轴加工顺序和尺寸标注

a）落料定159mm　b）车 ϕ28mm，定111mm　c）车 ϕ18mm，定48mm

d）调头车 ϕ16mm，留28mm　e）按加工顺序标注尺寸

2）按加工方法标注尺寸，使所标注的尺寸适合加工方法的要求，如图9-29所示。

3）按测量方便标注尺寸，如图9-30、图9-31所示。

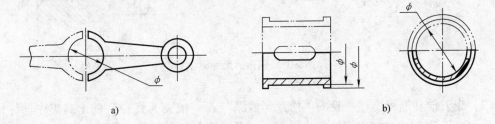

图9-29　根据加工方法注尺寸

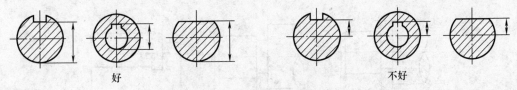

图9-30　按测量方便注尺寸（一）

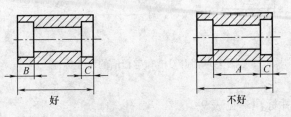

图9-31　按测量方便注尺寸（二）

（4）毛坯面的尺寸标注　在同一方向上，最好只有一个毛坯面与加工面有直接的尺寸联系，如图9-32所示。

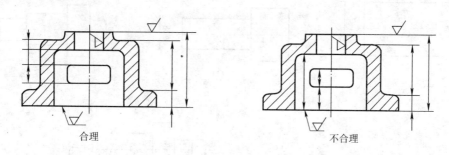

图9-32　毛坯面的尺寸标注

三、零件上常见结构的尺寸标注

（1）倒角　45°倒角，在倒角的宽度（轴向尺寸）前加注符号"C"；非45°倒角，要分开标注角度和宽度，如图9-33所示。倒角值与轴、孔直径的关系，有标准规定（见附表17）。

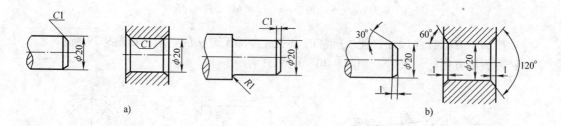

图9-33　倒角的尺寸标注

（2）退刀槽和越程槽　一般按"槽宽×槽深"或"槽宽×直径"的形式集中标注，如图9-34所示。退刀槽和越程槽的形式和尺寸，可从相应标准查得（见附表18、附表19）。

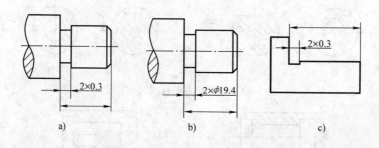

图9-34　退刀槽和越程槽的尺寸标注

（3）常见孔的尺寸标注　见表9-2。

表 9-2　常见孔的尺寸标注

类　型		旁注法及简化注法	普通注法	说　明
光孔	一般孔	4×φ4▼10　或　4×φ4▼10	4×φ4	4×φ4 表示直径为 4mm 均匀分布的 4 个光孔 孔深可与孔径连注，也可以分开注出
	精加工孔	4×φ4H7▼10 孔▼12　或　4×φ4H7▼10 孔▼12	4×φ4H7	钻孔深度为 12mm，精加工孔深度为 10mm
	锥销孔	锥销孔φ4 配作　或　锥销孔φ4 配作		φ4mm 为与锥销孔相配合的圆锥销小头直径。锥销孔通常是相邻两零件装配在一起后加工的
沉孔	锥形沉孔	6×φ6.6 ▽φ12.8×90°　或　6×φ6.6 ▽φ12.8×90°	90° φ12.8 6×φ6.6	6×φ6.6 表示直径 6.6mm 均匀分布的 6 个孔。锥形部分尺寸可以旁注，也可以直接注出
	柱形沉孔	4×φ6.6 ⌴φ11▼4.7　或　4×φ6.6 ⌴φ11▼4.7	φ11 4.7 4×φ6.6	柱孔小直径为 φ6.6mm，沉孔大直径为 φ11mm，深度为 4.7mm
	锪平沉孔	4×φ6.6 ⌴φ13　或　4×φ6.6 ⌴φ13	φ13⌴ 4×φ6.6	锪平 φ13mm 的深度不需标注，一般锪平到不出现毛面为止
螺孔	通孔	3×M6-7H　或　3×M6-7H	3×M6-7H	3×M6 表示直径为 6mm 均匀分布的 3 个螺孔 可以旁注，也可以直接注出
	不通孔	3×M6-7H▼10　或　3×M6-7H▼10	3×M6-7H	螺孔深度可与螺孔直径连注，也可分开注出
		3×M6-7H▼10 孔▼12　或　3×M6-7H▼10 孔▼12	3×M6-7H	需要注出光孔深时，应明确标注孔深尺寸

四、尺寸的简化注法

为了简化绘图工作，提高效率，清晰图面，国家标准 GB/T 16675.2—1996 中规定了尺寸的若干简化注法。使用简化注法时要注意，简化必须保证不致引起误解和不会产生理解的多意性。在此前提下，应力求制图简便。现摘录如下：

1）标注尺寸时，可使用单边箭头（见图 9-35a），也可采用带箭头的指引线（见图 9-35b），还可采用不带箭头的指引线（见图 9-35c）。

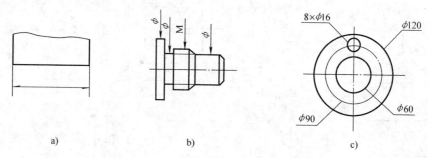

图 9-35 尺寸的简化注法（一）

2）一组同心圆弧（见图 9-36a），一组圆心位于一条直线上的多个不同心圆弧（见图 9-36b），一组同心圆（见图 9-36c），尺寸较多的台阶孔（见图 9-36d），它们的尺寸可用共用的尺寸线和箭头依次表示。

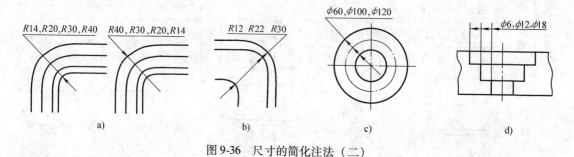

图 9-36 尺寸的简化注法（二）

3）在同一图形中，对于尺寸相同的孔、槽等成组要素，可仅在一个要素上注出其尺寸和数量，并用缩写词"EQS"表示"均布"（见图 9-37a）。当成组要素的定位和分布情况在图形中已明确时，可不标注其角度，并省略"EQS"（见图 9-37b）。

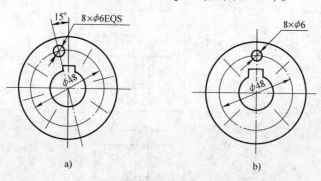

图 9-37 尺寸的简化注法（三）

4）从同一基准出发的尺寸，可按图9-38的形式标注。

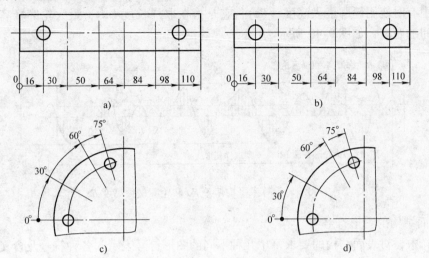

图9-38　尺寸的简化注法（四）

第五节　零件图上的技术要求

零件图除了完整表达零件形状和标注尺寸外，还必须标注和说明零件在制造时应达到的一些技术要求。本节仅对表面结构要求、极限与配合、几何公差等内容，作简单介绍。

一、表面结构的表示法

1. 概述

表面结构是指零件表面的几何形貌。它是表面粗糙度、表面波纹度、表面纹理、表面缺陷和表面几何形状的总称。这里只介绍常用的表面粗糙度表示法。

由于机床、刀具的震动，材料的塑性变形、刀痕等原因，经加工的零件表面，看起来很光滑平整，但在显微镜下观察时，则可看到如图9-39所示的许多微小的高低不平的峰谷。零件加工表面上具有的较小间距和峰谷所组成的微观几何形状特性，称为表面粗糙度。

表面粗糙度直接影响零件的耐磨性、耐蚀性、疲劳强度和配合质量。但是降低表面粗糙度值，需要增加成本，所以应根据零件表面的作用，对其表面结构提出相应要求，选择适当的表面粗糙度。

图9-39　零件表面峰谷示意图

2. 评定表面结构常用的轮廓参数

表面粗糙度参数是评定表面结构要求时普遍采用的主要参数。这里仅介绍国家标准规定的评定表面粗糙度的两个高度参数：轮廓算术平均偏差（Ra），轮廓最大高度（Rz）。

目前生产中最常用的是轮廓算术平均偏差（Ra），它是指在取样长度l内，轮廓偏距绝对值的算术平均值。如图9-40所示，即

$$Ra = \frac{|z_1| + |z_2| + |z_3| + \cdots + |z_n|}{n} = \frac{1}{n}\sum_{i=1}^{n}|z_i|$$

评定参数 Ra 中常用的数值为：0.4、0.8、1.6、3.2、6.3、12.5、25μm。

生产中有时使用轮廓最大高度（Rz），它是指在取样长度 l 内，最大轮廓峰高和最大轮廓谷深之间的距离，如图9-40所示。

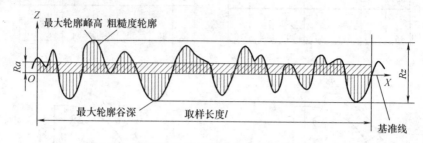

图9-40　轮廓算术平均偏差 Ra 和轮廓最大高度 Rz

3. 表面结构的图形符号

在图样中，对表面结构的要求可用几种不同的图形符号表示。各种符号及含义见表9-3。各种符号的画法和尺寸，如图9-41所示。

表9-3　表面结构的图形符号及其含义（GB/T 131—2006）

名 称	图形符号	含义及说明
基本图形符号		未指定工艺方法的表面。仅用于简化代号的标注，当通过一个注释解释时可单独使用，没有补充说明时不能单独使用
扩展图形符号		要求去除材料的图形符号。在基本符号上加一短横，表示指定表面是用去除材料的方法获得，如通过机械加工获得的表面
		不允许去除材料的图形符号。在基本符号上加一个圆圈，表示指定表面是用不去除材料的方法获得。也可用于表示保持上道工序形成的表面，不管这种状况是通过去除材料或不去除材料形成的
完整图形符号		在上述图形符号的长边上加一横线，用于对表面结构有补充要求的标注。左、中、右符号分别用于"允许任何工艺"、"去除材料"、"不去除材料"方法获得的表面的标注
工件轮廓各表面的图形符号		当在图样某个视图上构成封闭轮廓的各表面有相同的表面结构要求时，应在完整图形符号上加一圆圈，标注在图样中工件的封闭轮廓线上。如果标注会引起歧义时，各表面应分别标注。左图符号是指对图形中封闭轮廓的6个面的共同要求（不包括前后面）

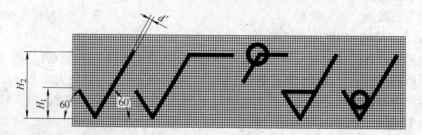

$d' = h/10$　$H_1 \approx 1.4h$　$H_2 = 3h$　h 为字体高度

图9-41　表面结构图形符号的画法和尺寸

在完整符号中，除了标注表面粗糙度参数和数值外，必要时还应标注补充要求，补充要求的内容及其指定标注位置如图 9-42 所示及其说明。

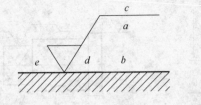

位置 *a*——注写表面结构的单一要求
位置 *a* 和 *b*——注写两个或多个表面结构要求
位置 *c*——注写加工方法
位置 *d*——注写表面纹理方向
位置 *e*——注写加工余量

图 9-42　补充要求的标注位置

4. 表面结构要求在图样中的注法

表面结构要求对每一表面一般只标注一次，并尽可能注在相应的尺寸及其公差的同一视图上。除非另有说明，所标注的表面结构要求是对完工零件表面的要求。

（1）表面结构符号、代号的标注位置与方向　表面结构要求的注写和读取方向与尺寸的注写和读取方向一致（见图 9-43）。

1）表面结构要求可标注在轮廓线上，其符号应从材料外指向并接触表面。必要时，表面结构符号也可以用带箭头或黑点的指引线引出标注（见图 9-43、图 9-44）。

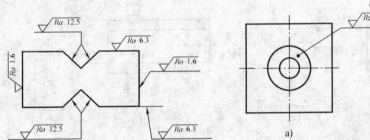

图 9-43　表面结构要求在轮廓线上的标注　　　图 9-44　用指引线引出标注表面结构要求

2）在不致引起误解时，表面结构要求可以标注在给出的尺寸线上（见图 9-45）。

3）表面结构要求可标注在几何公差框格的上方（见图 9-46）。

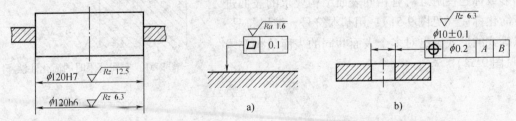

图 9-45　表面结构要求标注在尺寸线上　　　图 9-46　表面结构要求标注在几何公差框格的上方

4）表面结构要求可以直接标注在延长线上，或用带箭头的指引线引出标注（见图 9-43和图 9-47）。

5）圆柱和棱柱表面的表面结构要求只标注一次（见图 9-47）。如果每个圆柱和棱柱表面有不同的表面结构要求，则应分别单独标注（见图 9-48）。

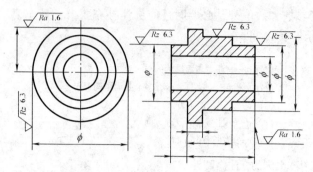

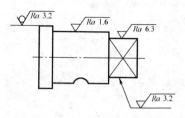

图9-47　表面结构要求标注在延长线上　　　　图9-48　圆柱和棱柱表面结构要求的标注

（2）表面结构要求的简化注法

1）如果工件的多数（包括全部）表面具有相同的表面结构要求时，可将其统一标注在图样的标题栏附近，此时（除全部表面有相同要求的情况外），表面结构要求的符号后面应有：在圆括号内给出无任何其他标注的基本符号（见图9-49）；在圆括号内给出不同的表面结构要求（见图9-50）。

不同的表面结构要求应直接标注在图形中（见图9-49、图9-50）。

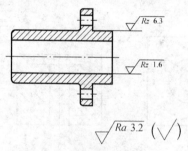

图9-49　大多数表面有相同表面
结构要求的简化注法（一）

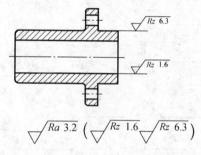

图9-50　大多数表面有相同表面
结构要求的简化注法（二）

2）当多个表面具有相同的表面结构要求或空间有限时，用带字母的完整符号，以等式的形式在图形或标题栏附近对有相同表面结构要求的表面进行简化标注（见图9-51）；用基本符号、扩展符号，以等式的形式给出对多个表面共同的表面结构要求（见图9-52）。

图9-51　空间有限时的简化注法

图9-52　多个表面有共同要求的简化注法
a）未指定工艺方法　b）要求去除材料　c）不允许去除材料

（3）多种工艺获得同一表面的注法　由几种不同工艺方法获得的同一表面，当需要明确每种工艺方法的表面结构要求时，可按图9-53所示进行标注。

二、极限与配合

一批规格相同的零件，不经挑选修配，任取一件就可装入有关部件或机器，并能达到使用要求，这种性质称为互换性。它为大批量和专门化生产、缩短生产周期、提高劳动效率和经济效益、为机器的维修提供了有利条件。

为使零件具有互换性，建立了极限与配合制度。

1. 极限的概念

以图9-54所示相配合的轴孔为例进行说明。

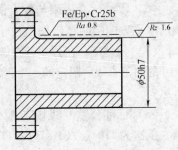

图9-53　同时给出镀覆前后要求的注法

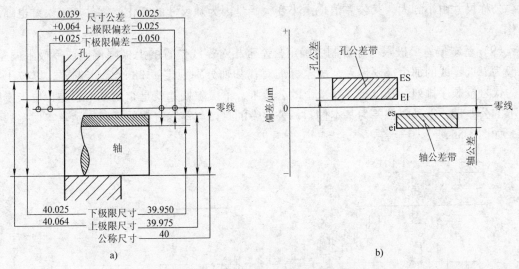

图9-54　术语图解和公差带示意图

（1）公称尺寸　设计时根据零件的结构、力学性质、加工和使用要求而确定的尺寸。通过它应用上、下极限偏差可算出极限尺寸的尺寸，如图9-54a中，孔、轴直径尺寸40。

（2）实际尺寸　通过测量获得的某一孔、轴的尺寸。

（3）极限尺寸　一个孔或轴允许的尺寸变化的两个极限值。

1）上极限尺寸：孔或轴允许的最大尺寸。如图9-54a中，孔为40.064，轴为39.975。

2）下极限尺寸：孔或轴允许的最小尺寸。如图9-54a中，孔为40.025，轴为39.950。

（4）极限偏差　极限尺寸与其公称尺寸的代数差。它包括上极限偏差和下极限偏差。

1）上极限偏差：上极限尺寸减其公称尺寸所得的代数差。其代号孔为ES，轴为es。如图9-54a中，ES = (40.064 − 40)mm = +0.064mm，es = (39.975 − 40)mm = − 0.025mm。

2）下极限偏差：下极限尺寸减其公称尺寸所得的代数差，其代号孔为EI，轴为ei。如图9-54a中，EI = (40.025 − 40)mm = +0.025mm，ei = (39.950 − 40)mm − − 0.050mm。

偏差值可为正、负或零。

（5）尺寸公差（简称公差）　允许尺寸的变动量，即上极限尺寸减下极限尺寸之差，或上极限偏差减下极限偏差之差。公差只能为正值，如图9-54a中，孔的公差 = (40.064 − 40.025)mm = [(+0.064) − (+0.025)]mm = 0.039mm，轴的公差 = (39.975 − 39.950)mm = [(−0.025) − (−0.050)]mm = 0.025mm。

（6）零线 在极限与配合图解中，表示公称尺寸的一条直线（见图 9-54b），通常，零线沿水平方向绘制，正偏差位于其上，负偏差位于其下。

（7）公差带 在公差带图解中，由代表上极限偏差和下极限偏差或上极限尺寸和下极限尺寸的两条直线所限定的一个区域。它是由公差大小和其相对零线的位置来确定，如图 9-54b 所示。

（8）标准公差 极限与配合制中所规定的任一公差。用符号"IT"表示，分 20 个等级，依次为 IT01、IT0、IT1、IT2、…、IT18。其中 IT01 等级最高，IT18 等级最低（见附表 20）。从附表中可以看出，同一公称尺寸，标准公差由 IT01 到 IT18，其公差值也由小变大，表明精度由高到低。而同一公差等级，对所有公称尺寸的一组公差被认为具有同等精确程度。公称尺寸由小到大，其公差值也由小变大，是因为随尺寸的变化，零件加工误差也随之变化。

（9）基本偏差 极限与配合制中确定公差带相对零线位置的上极限偏差或下极限偏差，一般为靠近零线的那个极限偏差。国家标准对孔和轴分别规定了 28 个基本偏差，以拉丁字母为代号按顺序排列，凡位于零线以上的公差带，下极限偏差就是它的基本偏差，位于零线以下的公差带，上极限偏差为基本偏差，公差带的封口与零线之间的区域表示基本偏差的大小，如图 9-55 所示。

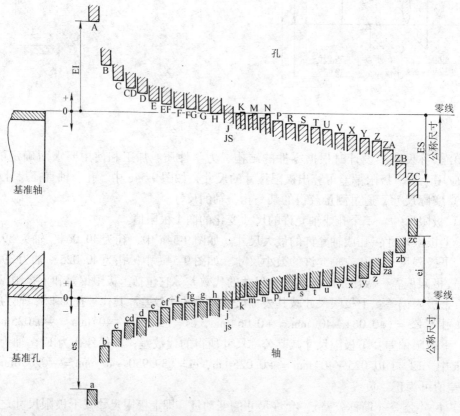

图 9-55 基本偏差系列示意图

（10）公差带代号 由基本偏差代号和标准公差等级代号（省略字母 IT）两部分组成

的。标准公差确定了公差带的大小，而基本偏差确定了公差带相对于零线的位置（见图 9-56）。两种代号并列，位于公称尺寸之后，例如 ϕ40H8，ϕ40f7。

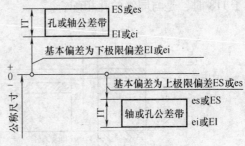

图 9-56　公差带大小和位置

2. 配合的概念

公称尺寸相同的、相互结合的孔和轴公差带之间的关系。

由于轴和孔的实际尺寸不同，配合后会产生"间隙"或"过盈"。孔的实际尺寸减去相配合的轴的实际尺寸之差为正时是间隙，为负时是过盈。

（1）配合分类　根据孔、轴公差带之间的关系，配合分为三类：

1）间隙配合：具有间隙（包括最小间隙等于零）的配合。此时，孔的公差带在轴的公差带之上，如图 9-57a 所示。

2）过盈配合：具有过盈（包括最小过盈等于零）的配合。此时，孔的公差带在轴的公差带之下，如图 9-57c 所示。

3）过渡配合：可能具有间隙或过盈的配合。此时，孔的公差带与轴的公差带相互交叠，如图 9-57b 所示。

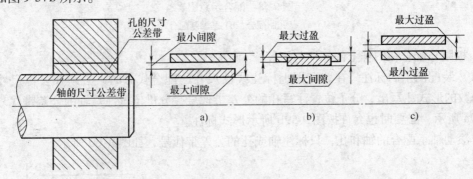

图 9-57　三种配合
a）间隙配合　b）过渡配合　c）过盈配合

（2）配合制度　为了得到孔与轴之间各种不同性质的配合，如果孔和轴公差带都可以任意变动，则会出现很多种配合情况，不便于零件的设计和制造，为此，国家标准规定了两种配合制度。

1）基孔制：基本偏差为一定的孔的公差带与不同基本偏差的轴的公差带形成各种配合的一种制度。基孔制的孔称基准孔，基本偏差代号 H，下偏差为 0，如图 9-58a 所示。基孔制中，a~h 用于间隙配合，j~zc 用于过渡配合和过盈配合。

2）基轴制：基本偏差为一定的轴的公差带与不同基本偏差的孔的公差带形成各种配合的一种制度。基轴制的轴称基准轴，基本偏差代号 h，上偏差为 0，如图 9-58b 所示。基轴制中，A~H 用于间隙配合，J~ZC 用于过渡配合和过盈配合。

为取得较好的经济性和工艺性，国家标准中规定，一般情况下选用基孔制配合。同时规定了优先和常用配合，需要时可查阅相关标准。

当轴的标准公差小于或等于 IT7 时，是与低一级的孔相配合，当轴的标准公差大于或等于 IT8 时，是与同级的孔相配合。

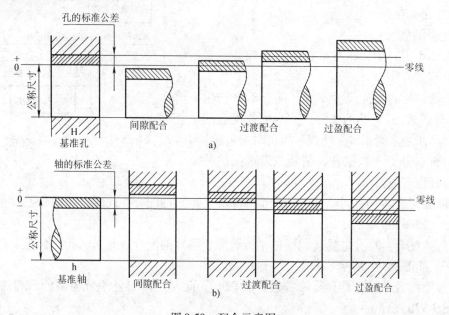

图 9-58　配合示意图

a) 基孔制配合　b) 基轴制配合

3. 极限与配合在图样上的标注与识读

（1）装配图上的标注　在装配图上标注线性尺寸的配合代号时，必须在公称尺寸的右边用分数的形式注写出，分子位置注写孔的公差带代号，分母位置注写轴的公差带代号，如图 9-59a 所示，必要时也允许按图 9-59b 所示形式标注。

与滚动轴承配合的轴和孔，只标注轴或孔的公差带代号，如图 9-60 所示。

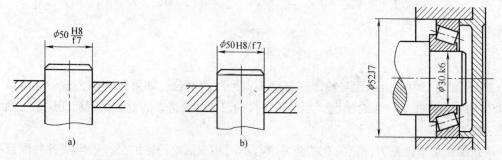

图 9-59　配合代号的标注　　　　图 9-60　与滚动轴承配合的轴、孔标注

（2）零件图上的标注　在零件图上的注写法有三种：

1）在孔或轴的公称尺寸后面标注公差带代号，如图 9-61a 所示。这种标注法，适用大批量生产。

2）在孔或轴的公称尺寸后面标注极限偏差数值，如图 9-61b 所示。这种标注法，适用于小批量生产。

3）在孔或轴的公称尺寸后面同时标注公差带代号和极限偏差数值，此时，后者应加圆括号，如图 9-61c 所示。

标注极限偏差数值时应注意：上极限偏差应注写在公称尺寸的右上方，下极限偏差应与公称尺寸注写在同一底线上，极限偏差数字比公称尺寸数字小一号。上、下极限偏差小数点须对齐，小数点后右端的"0"一般不予注出；如果为了使上、下极限偏差值的小数点后的位数相同，可以用"0"补齐。偏差为"零"时，用数字"0"标出。上、下极限偏差的绝对值相同时，偏差数字可以只注写一次，并应在偏差数字与公称尺寸之间注出符号"±"，且两者数字高度相同，如图 9-61b 所示。

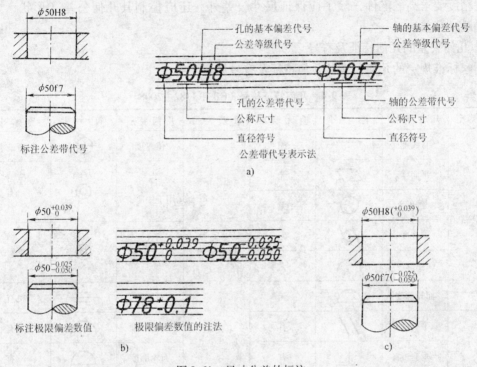

图 9-61　尺寸公差的标注

（3）极限偏差数值的查表　先确定孔和轴的公差带代号，然后查表得出孔和轴的极限偏差。

例 9-1　查表写出 $\phi30H8/f7$ 极限偏差数值。

解　孔的公差带代号为 H8，轴的公差带代号为 f7。$\phi30H8$ 可由附表 22 查得 $^{+33}_{\ 0}$ μm，如图 9-62 所示，所以写成 $\phi30^{+0.033}_{\ \ \ 0}$；$\phi30f7$ 由附表 21 查得 $^{-20}_{-41}$ μm，所以写成 $\phi30^{-0.020}_{-0.041}$。

（4）公差带代号的识读

$\phi30H8/f7$ 读作：公称尺寸为 30，公差等级为 8 级的基准孔，与相同公称尺寸，公差等级为 7 级，基本偏差为 f 的轴所组成的基孔制间隙配合。

$\phi30H8$ 读作：公称尺寸为 30，公差等级为 8 级的基准孔。

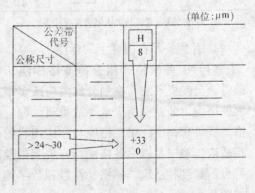

图 9-62　极限偏差数值查表法

ϕ30f7 读作：公称尺寸为 30，公差等级为 7 级，基本偏差为 f 的基孔制间隙配合的轴。

三、几何公差

零件经加工后，不仅会存在尺寸误差，而且会产生几何形状和相对位置等的误差。如圆柱体，可能出现一端大、一端小，或中间粗（或细）、两端细（或粗）以及弯曲等情况，其截面也可能不圆，这属于形状误差；又如阶梯轴，可能出现各段圆柱不同轴线的情况，这属于位置误差。

零件形状、位置、方向等误差超过允许值，会使装配困难，影响机器的工作性能，因此，对精度要求高的零件，除了应保证尺寸公差外，还应控制其几何公差（形状、方向、位置和跳动公差）。

1. 几何公差的几何特征及符号

国家标准规定的几何公差的几何特征及符号见表 9-4。

表 9-4　几何特征符号（GB/T 1182—2008）

公差类型	几何特征	符号	有无基准	公差类型	几何特征	符号	有无基准
形状公差	直线度	—	无	位置公差	位置度	⌖	有或无
	平面度	▱	无		同心度（用于中心点）	◎	有
	圆度	○	无				
	圆柱度	⌭	无		同轴度（用于轴线）	◎	有
	线轮廓度	⌒	无				
	面轮廓度	⌓	无		对称度	⌯	有
方向公差	平行度	//	有		线轮廓度	⌒	有
	垂直度	⊥	有		面轮廓度	⌓	有
	倾斜度	∠	有	跳动公差	圆跳动	↗	有
	线轮廓度	⌒	有		全跳动	⌰	有
	面轮廓度	⌓	有				

注：符号的笔画宽度与字体笔画宽度相等。

2. 几何公差在图样上的标注

（1）公差框格　用公差框格标注几何公差时，公差要求注写在划分成两格或多格的矩形框格内。公差框格应水平或垂直绘制，第一格宽度等于高度，第二格应与标注内容的长度相适应，第三及以后各格须与有关字母及附加符号的宽度相适应。框格、符号和数字的规格如图 9-63 所示。

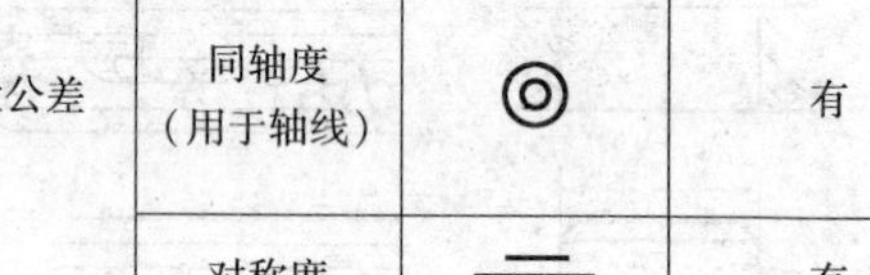

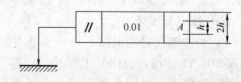

h为图样中所注尺寸数字的字高，符号和框格的线宽d为h/10

图 9-63　框格、符号和数字的规格

1) 框格内从左到右顺序填写以下内容（见图9-64）：

① 几何特征符号。

② 公差值，用线性尺寸单位表示的量值。如公差带是圆形或圆柱形，公差值前应加注"ϕ"；如是球形的则应加注"$S\phi$"。

③ 基准，用一个字母表示单个基准或用几个字母表示基准体系或公共基准（见图9-64b～e）。

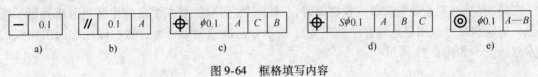

图9-64　框格填写内容

2) 当某项公差应用于几个相同要素时，应在公差框格上方被测要素的尺寸之前注明要素的个数，并在两者之间加上符号"×"，如图9-65所示。

3) 如果需要就某个要素给出几种几何特征的公差，可将一个框格放在另一框格的下面，如图9-66所示。

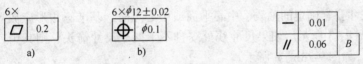

图9-65　相同要素的注法　　　　图9-66　同一部位多项要求的注法

（2）被测要素　用指示箭头指向被测要素的轮廓线或其延长线上，并用指引线与框格相连（见图9-63）。指示箭头的方向应与几何公差值的方向一致。

1) 当公差涉及轮廓线或轮廓面时，箭头指向该要素的轮廓线或其延长线，但应与尺寸线明显地错开，如图9-67所示。箭头也可指向引出线的水平线，引出线引自被测面，如图9-68所示。

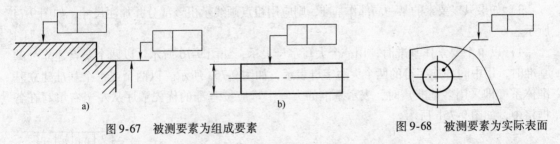

图9-67　被测要素为组成要素　　　　图9-68　被测要素为实际表面

2) 当公差涉及要素的中心线、中心面或中心点时，箭头应位于相应尺寸线的延长线上，如图9-69所示。

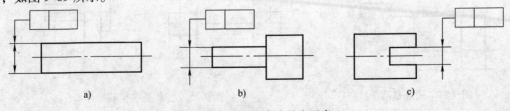

图9-69　被测要素为导出要素

（3）基准要素　与被测要素相关的基准用一个大写字母表示。字母标注在基准方格内，与一个涂黑的或空白的三角形相连以表示基准；表示基准的字母也应注写在公差框格内，如图 9-70 所示。涂黑的和空白的基准三角形含义相同。为了不引起误解，基准字母不用 E、I、J、M、O、P、L、R、F。

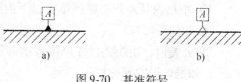

图 9-70　基准符号

1）当基准要素是轮廓线或轮廓面时，基准三角形应放置在要素的轮廓线上或其延长线上，但应与尺寸线明显地错开，如图 9-71 所示。基准三角形也可放置在该轮廓面引出线的水平线上，如图 9-72 所示。

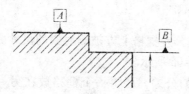

图 9-71　基准要素为组成要素

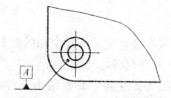

图 9-72　基准要素为实际表面

2）当基准是尺寸要素确定的轴线、中心平面或中心点时，基准三角形应放置在该尺寸线的延长线上，如图 9-73 所示。如果尺寸线处安排不下两个尺寸箭头，则其中一个箭头可用基准三角形代替，如图 9-73b、c 所示。

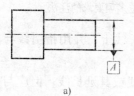

a)

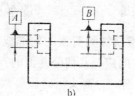

b)

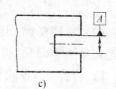

c)

图 9-73　基准要素为导出要素

3）如果只以要素的某一局部作基准，则应用粗点画线示出该部分并加注尺寸，如图 9-74 所示。

4）以单个要素作基准时，用一个大写字母表示，如图 9-76 所示。以两个要素建立公共基准时，用中间加连字符的两个大写字母表示，如图 9-75a 所示。以两个或三个基准建立基准体系（即采用多基准）时，表示基准的大写字母应按基准的优先顺序从左至右填写在各框格中，如图 9-75b 所示。

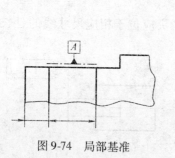

图 9-74　局部基准

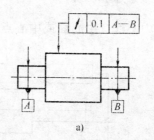

a)

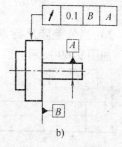

b)

图 9-75　公共基准和基准体系

（4）几何公差的标注与识读举例　图 9-76 中各几何公差的含义：

$\boxed{\cancel{\bigcirc}\ \vert\ 0.005}$　表示 $\phi16f8$ 圆柱面的圆柱度公差为 0.005mm。

$\boxed{\bigodot\ \vert\ \phi0.1\ \vert\ A}$　表示 M8×1 螺孔的轴线对 $\phi16f8$ 轴线的同轴度公差为 $\phi0.1$mm。

$\boxed{\nearrow\ \vert\ 0.03\ \vert\ A}$　表示 SR750 的球面对 $\phi16f8$ 轴线的圆跳动公差为 0.03mm。

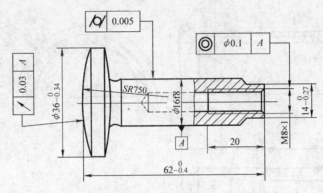

图 9-76　几何公差标注示例

第六节　零件测绘

零件测绘是根据已有零件，进行分析，目测比例，徒手或部分使用绘图仪器画出它的草图，然后经整理画成零件图的过程。改革现有设备，维修、仿造机器及配件等，都需要进行测绘。

一、零件测绘的方法和步骤：

（1）了解分析零件　了解零件的名称、用途、材料及它在机器中的位置，分析零件的结构形状。如图 10-5 中所示滑动轴承的上轴瓦，材料是铸锡青铜，通过轴承盖与装在轴承座孔中的下轴瓦一起支撑传动轴，属于轴套类零件。

（2）确定表达方案　根据零件的结构形状特征、工作位置和加工位置，应选择反映上轴瓦主要加工位置和长度方向作为主视图投射方向，并采用全剖，为反映上轴瓦的孔槽和外形结构，又选用了全剖的左视图和 A—A 局部剖视图。

（3）绘制零件草图

1）选比例，画出各主要视图的作图基准线，确定各视图的位置；画出轴瓦的基本轮廓（见图 9-77a）。

2）详细画出零件的内外结构形状。零件上的工艺结构，应全部画出；零件上的缺陷，不应画出（见图 9-77b）。

3）画上尺寸界线、尺寸线等（见图 9-77c）。

4）测量、标注零件的全部尺寸。

5）注写技术要求。

6）检查、填写标题栏，完成草图（见图 9-77d）。

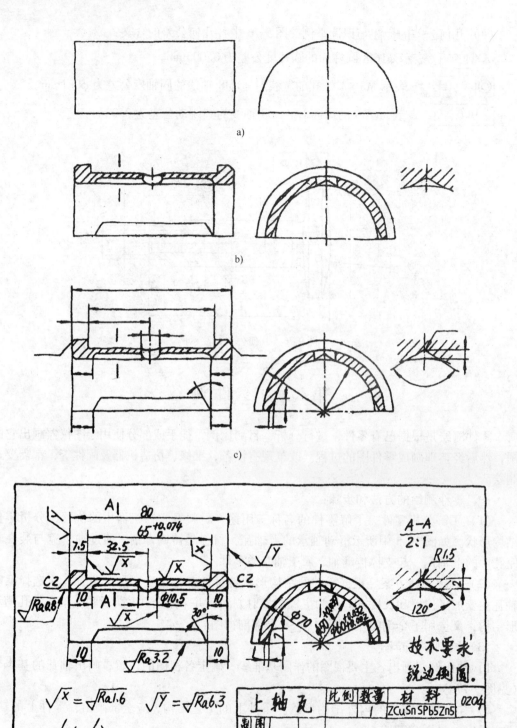

图 9-77　上轴瓦零件草图的绘制步骤

a）根据目测比例关系，画出基本轮廓　b）完成视图底稿

c）画出尺寸界线、尺寸线和箭头　d）测量并填写尺寸数字，加深，完成草图

　　零件草图必须具备零件图的全部内容，应做到：内容完整，表达正确，图线清晰，比例均匀，要求合理，字体工整。

　　（4）画零件图　画零件图前，要对零件草图进行校核，对视图表达、尺寸标注、技术要求等进行查对、修改、补充完整，然后画零件图。零件图的绘图方法和步骤同前。

二、零件尺寸的测量

　　零件图上尺寸的测量，应在画完草图图形之后集中进行，这样可以提高效率、避免尺寸错误和遗漏。

　　常见量具的使用和常见的直接测量方法，在模型测绘与下工厂实习中已经了解。对于不能直接测量的尺寸，可利用工具间接测量，如图 9-78 所示。对于圆角、螺距，可按图 9-79 所示用圆角规和螺纹规测量。

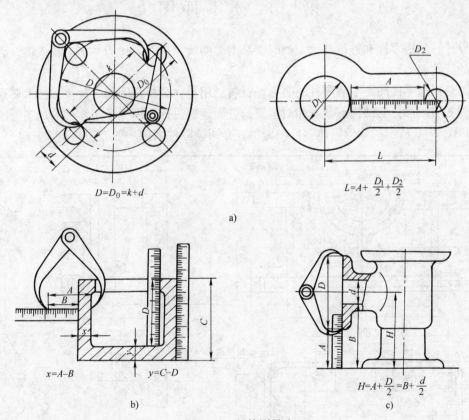

$$D=D_0=k+d$$

$$L=A+\frac{D_1}{2}+\frac{D_2}{2}$$

$$x=A-B \qquad y=C-D$$

$$H=A+\frac{D}{2}=B+\frac{d}{2}$$

图 9-78　间接测量法

a) 测量孔距　b) 测量壁厚　c) 测量中心高

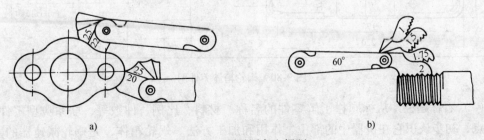

图 9-79　测量圆角和螺距

测量尺寸时应注意：

1）零件上的重要尺寸，要精确测量，并须进行必要的计算、核对，不应随意圆整。

2）与相邻零件的相关尺寸要协调一致。

3）有配合关系的尺寸，一般只测出其公称尺寸，再判断其配合性质，从极限与配合表中查出其极限偏差值。

4）零件上损坏或磨损的那部分尺寸，不能直接准确测量时，应进行分析，参照相关零件和有关资料进行确定。

5）对于零件上的标准结构要素，如螺纹、键槽、倒角、退刀槽、螺栓通孔、锥度、中心孔等，应将所测量的尺寸按有关标准圆整为标准值。不可标注该部分结构要素的实际尺寸。

第七节 读零件图

在设计、制造零件和进行技术交流时，都需要阅读零件图。作为一名工程人员，必须具备一定的读图能力。

读图是根据零件图，了解零件的名称、材料、用途，分析其图形、尺寸、技术要求，想象出零件各组成部分的结构形状和相对位置，进而理解设计意图，了解零件的加工方法。

现以图9-80所示的蜗轮箱体零件图为例，介绍读零件图的一般方法与步骤。

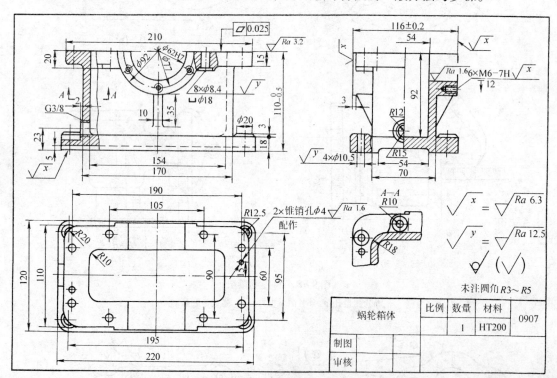

图9-80 蜗轮箱体零件图

（1）看标题栏 从标题栏了解零件的名称、材料、比例、件数等，联系典型零件的分类特点，初步认识它在机器中的部位、作用和加工方法。蜗轮箱体，是蜗轮减速器的主体，属箱体类零件，它在部件中起支承和包容轴承、轴和齿轮等零件的作用，有支承、包容、安装等结构。形状中等复杂，材料为铸铁，须由铸件经机加工而成。

（2）分析视图　分析视图时，首先要找出主视图，然后弄清各视图名称、投射方向、剖切位置、表示目的。蜗轮箱体零件图共有四个视图，即主视图、俯视图、左视图和 *A—A* 局部剖视图。三个基本视图表示了箱体的外形结构，主视图的两处局部剖、左视图的半剖和局部剖以及 *A—A* 剖视，表明了箱体内腔壁厚和螺栓孔、放油孔等结构形状，*A—A* 局部剖视图同时表明凸台形状，通过上述分析，对箱体的轮廓有了初步概念。

（3）分析形体　应用形体分析法与线面分析法以及剖视图的读图方法，仔细分析，逐一读懂，最后综合想象出零件的整体结构形状。对于蜗轮箱体，应用形体分析法，大致可分为底板、箱壁、支承和连接板四部分。箱壁基本形状是中空的长方体，前后两箱壁的上方开了一对半圆柱孔，底板基本形状为长方体，较箱壁宽，为了减少加工面，底面由左到右从中间挖一空槽，其上四个通孔用来安装地脚螺栓。为了在支承孔内安装滚动轴承和端盖等零件，增加了支承孔的宽度，肋板用以加强凸缘的刚度。矩形连接板用于箱体和箱盖的牢固连接。通过上述分析，对蜗轮箱体的结构形状和作用就比较清楚了（见图 9-81）。

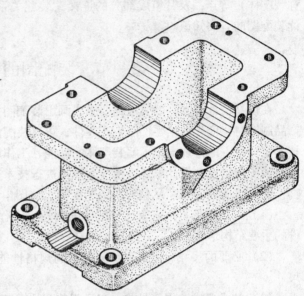

图 9-81　蜗轮箱体轴测图

（4）分析尺寸　分析尺寸时，首先要找出尺寸基准，然后从基准出发，弄清各部分的定位尺寸和定形尺寸，分清主要尺寸与次要尺寸。蜗轮箱体的长度方向尺寸主要基准是 $\phi62H7$ 的中心线，从该基准出发标注螺栓通孔与销孔的定位尺寸 195mm、190mm 和 105mm 以及 M6 螺孔定位尺寸 $\phi77$mm 等；宽度方向尺寸主要基准是箱体前后对称平面，从该基准出发标出底板总宽 120mm、内腔宽 54mm、螺栓通孔与销孔的定位尺寸 95mm、60mm、90mm 等；箱体的上表面既是箱体与箱盖的安装接触面，又是箱体轴承孔加工时的测量基准面，因此，它是箱体高度方向尺寸的主要基准，从该基准出发标注总高尺寸 110mm、上板厚度 15mm 等。底面为高度方向尺寸的辅助基准，从此出发标注 G3/4 的定位尺寸 23mm、底板厚度尺寸 18mm 等。支承滚动轴承的半圆孔是箱体和箱盖连接在一起进行加工的，所以要标注直径尺寸。

（5）分析技术要求　根据图上标注的表面粗糙度、尺寸公差、几何公差及其他技术要求，加深了解零件的结构特点和作用。蜗轮箱体的技术要求，集中于支承滚动轴承的半圆孔和上端面，因此这些轴孔和端面的表面粗糙度、尺寸精度和几何公差将直接影响着减速器的质量。

（6）归纳总结　通过以上几方面分析，对零件的结构形状、尺寸大小、技术要求等全貌有了全面的认识。

第十章 装 配 图

机器或部件是由若干零件按一定的装配关系和要求装配而成的。表示机器或部件（统称装配体）等产品及其组成部分的连接、装配关系的图样称为装配图。本章介绍绘制和阅读装配图的有关知识。

第一节 装配图的作用和内容

在产品设计时，一般要根据要求先画出装配图，然后再根据装配图设计画出零件图。在产品制造时，应先根据零件图生产零件，再以装配图指导装配成部件或机器。在产品使用和技术交流中，通过装配图了解装配体的性能、工作原理、传动路线、使用和维修方法等。因此，装配图是反映设计思想，指导生产及进行技术交流的重要技术文件。

图 10-1 是图 9-1 所示铣刀头的装配图，从图中可以看出，一张装配图应包括下列内容：

（1）一组图形　用来表达装配体的构造、工作原理、各零件间的装配连接关系以及零件的主要结构形状。

（2）必要的尺寸　用来表示装配体的规格性能及装配、安装、外形大小等有关的重要尺寸。

（3）技术要求　用符号或文字说明装配体在装配、检验、安装和使用等方面的要求。

（4）零件序号、明细栏和标题栏　为便于看图和生产管理，须对装配体上的每种零件按顺序编号，并填写明细栏和标题栏。

第二节 装配图的表示方法

前面介绍的零件的各种表示法，同样适合于装配体的表达。但由于装配图和零件图所表达的侧重点不同，它要表达装配体的结构、工作原理、装配连接关系以及零件的主要结构形状。因此，制图国家标准对装配图的画法又作了相应的规定。

一、规定画法

（1）相邻零件的轮廓线画法　相邻两零件的接触面或配合面，规定只画一条线，但相邻两零件的非接触面或非配合面（公称尺寸不同），不论间隙大小，均应画两条线，如图 10-2 所示。图 10-1 中，件 7 外圆与件 6 孔配合，件 1 端面与件 4 端面接触，只画一条线；件 7、件 10 与件 11 不接触，均画两条线。

（2）相邻零件的剖面线画法　相邻两零件的剖面线，其倾斜方向应相反，或方向一致而间隔不同。但同一零件在同一张图纸上的各个视图中的剖面线方向、倾斜角度、间隔应一致，如图 10-1、图 10-3 所示。

断面厚度小于 2mm 时，允许以涂黑代替剖面线（见图 10-7 中的垫片）。

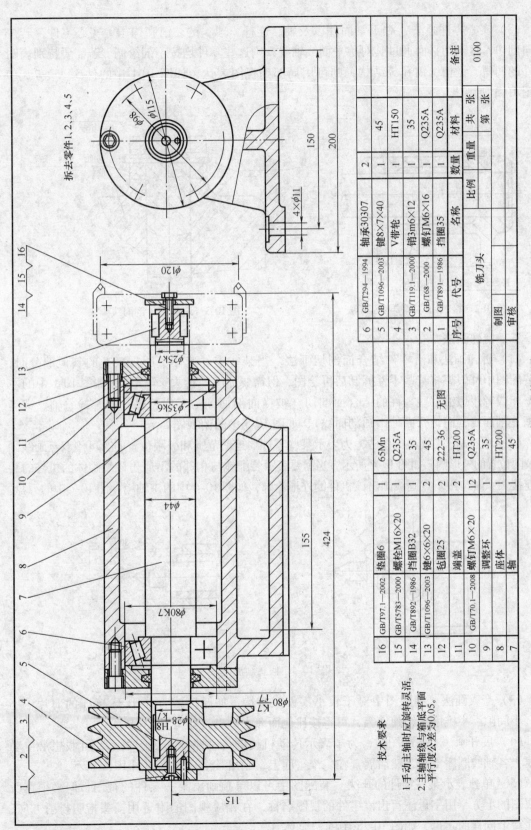

图 10-1　铣刀头装配图

拆去零件1,2,3,4,5

技术要求
1.手动主轴时应旋转灵活。
2.主轴轴线与箱底座平面
平行度公差为0.05。

16	GB/T97.1—2002	垫圈6	1		65Mn
15	GB/T5783—2000	螺栓M16×20	1		Q235A
14	GB/T892—1986	挡圈B32	1		35
13	GB/T1096—2003	键6×6×20	2		45
12		毡圈25	2	222—36	
11		端盖	2		HT200
10	GB/T70.1—2008	螺钉M6×20	12		Q235A
9		调整环	1		35
8		座体	1		HT200
7		轴	1		45
序号	代号	名称	数量		材料

无图

6	GB/T294—1994	轴承30307	2		
5	GB/T1096—2003	键8×7×40	1		45
4		V带轮	1		HT150
3	GB/T119.1—2000	销3m6×12	1		35
2	GB/T68—2000	螺钉M6×16	1		Q235A
1	GB/T891—1986	挡圈35	1		Q235A
序号	代号	名称	数量	重量	材料

铣刀头

		比例			共　张	备注
制图					第　张	0100
审核						

（3）实心零件画法　对于紧固件以及轴、连杆、球、键、销和钩子等实心零件，若按纵向剖切，且剖切平面通过其对称平面或轴线，则这些零件均按不剖绘制。若需要特别表明零件的凹槽、键槽、销孔等结构，则可用局部剖视图表达，如图 10-1 中的件 3、5、7、10 及图 10-3 所示。

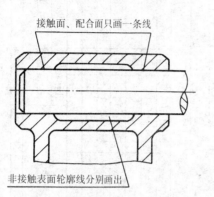

图 10-2　接触面与非接触面画法

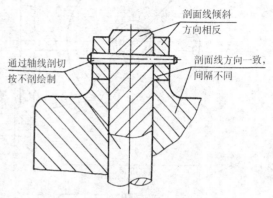

图 10-3　装配图中剖面线画法

二、特殊画法

（1）拆卸画法和沿零件结合面剖切画法　当某些零件遮住了所需表达的其他部分时，在装配图中可假想将某些零件拆卸后再绘图，但需要加注"拆去××等"，如图 10-1 中的左视图。或者假想沿某些零件的结合面剖切（被横向剖切到的实心杆件，如螺栓、轴、销等需画上剖面线，而结合面处不画剖面线），如图 10-5 中的俯视图。

（2）假想画法　在装配图中，为表示某些零件的运动范围和极限位置时，可用双点画线画出极限位置的外形图，如图 10-4 所示。当需要表示装配体与相邻的不属于该装配体的机件的装配连接关系时，用双点画线画出该机件的外形轮廓，如图 10-6 中的主轴箱、图 10-7 中的刀盘。

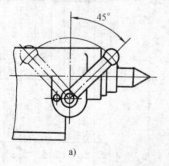

a)

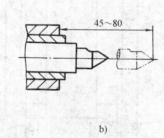

b)

图 10-4　假想画法

（3）夸大画法　装配图中对于较小零件或结构，如厚度或直径小于 2mm 的薄片、小孔、小间隙、小锥度、细弹簧等，可不按比例而夸大画出，如图 10-7 所示。

（4）展开画法　装配图中，为了表示传动机构的传动路线和装配关系，可假想沿传动路线上各轴线顺序剖切，然后展开在一个平面上，画出其剖视图，如图 10-6 所示。

（5）单独表示某一零件的画法　装配图中可以单独画出某一零件的视图，但必须在所画视图的上方，用字母注写出该零件的视图名称，在相应视图的附近用箭头指明投射方向，并注写上同样的字母，如图 10-25 中的"泵体 A"。

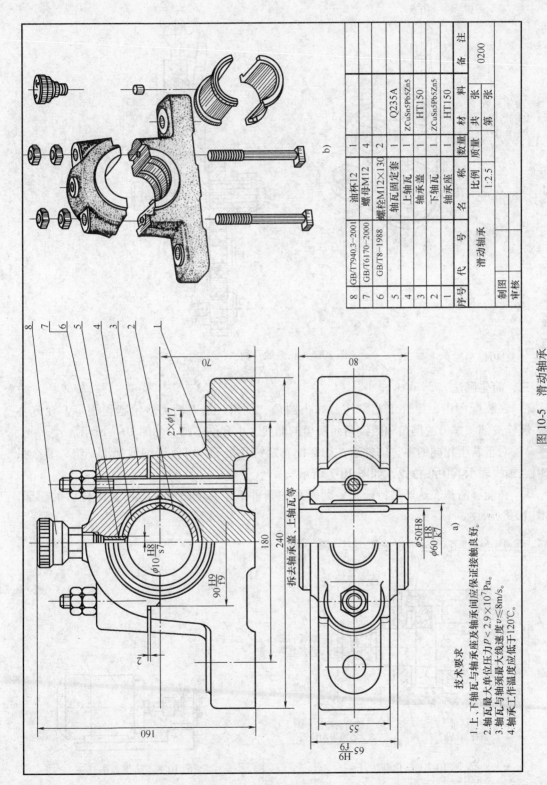

序号	代 号	名 称	数量	材 料	备 注
8	GB/T7940.3—2001	油杯12	1		0200
7	GB/T6170—2000	螺母M12	4		
6	GB/T8—1988	螺栓M12×130	2		
5		轴瓦固定套	1	Q235A	
4		上轴瓦	1	ZCuSn5Pb5Zn5	
3		轴承盖	1	HT150	
2		下轴瓦	1	ZCuSn5Pb5Zn5	
1		轴承座	1	HT150	

滑动轴承		比例	质量	共 张	
		1:2.5		第 张	
制图					
审核					

技术要求

1. 上轴瓦与轴承盖，下轴瓦与轴承座及轴承间应保证接触良好。
2. 轴瓦最大单位压力 $p < 2.9 \times 10^7$ Pa。
3. 轴瓦与轴颈最大线速度 $v \leqslant 8$m/s。
4. 轴承工作温度应低于120℃。

图 10-5 滑动轴承

a) 滑动轴承装配图 b) 滑动轴承轴测图

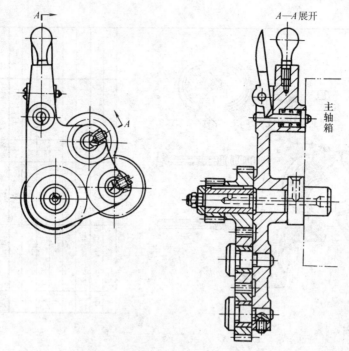

图 10-6　轮系展开画法

三、简化画法

1）在装配图中，零件工艺结构，如小圆角、倒角、退刀槽、砂轮越程槽等，允许不画，螺栓头部、螺母的倒角和因倒角而产生的曲线，也允许不画，如图 10-7 所示。

2）对于若干相同的零、部件组，如螺栓、螺钉联接等，可仅详细地画出一组，其余只需用点画线表示其中心位置，如图 10-7 所示。

3）在能够清楚表达产品特征和装配关系的条件下，装配图可仅画出其简化后的轮廓，如图 10-8 所示。

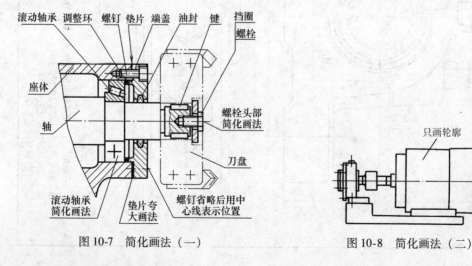

图 10-7　简化画法（一）　　　　图 10-8　简化画法（二）

4）当剖切平面通过某些标准产品（如油杯、油标等）或该部件已由其他图形表示清楚时，可按不剖绘制，如图10-5中的油杯8。

四、装配工艺结构

为了保证装配质量和装拆方便，应注意装配结构的合理性。

（1）接触面与配合面的结构

1）两零件接触时，在同一方向上只能有一对接触面，这样既可保证接触良好，又可降低加工要求，如图10-9所示。

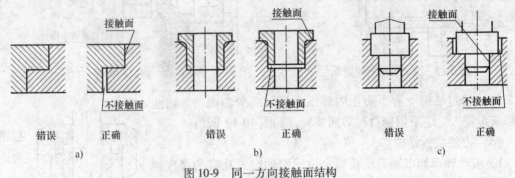

图10-9 同一方向接触面结构

2）两零件接触面转折处应加工成圆角、倒角或退刀槽，以保证两零件接触良好，如图10-10所示。

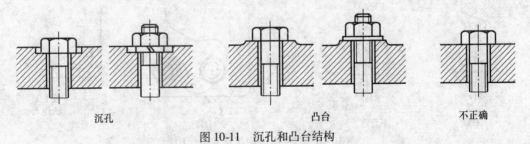

图10-10 接触面转折处结构

3）为保证紧固件有良好的接触面，在被联接件上作出凸台或沉孔，如图10-11所示。

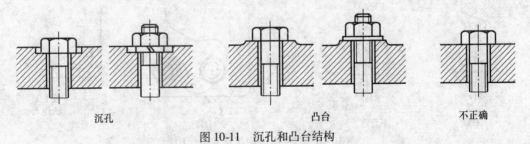

图10-11 沉孔和凸台结构

（2）滚动轴承的固定结构 滚动轴承内圈在轴上的固定，常采用轴肩、弹性挡圈、套筒、轴端挡圈、圆螺母及止退垫圈等，图10-12中，采用轴肩、套筒和弹性挡圈固定。滚动轴承外圈的固定，常采用箱体上孔肩、套筒、轴承盖、弹性挡圈等，图10-13中，采用孔肩、轴承盖固定。

（3）并紧装置 轮子孔的长度应大于装轮子部分的轴的长度，这样便于并紧，如图10-13所示。

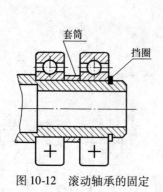

图 10-12　滚动轴承的固定

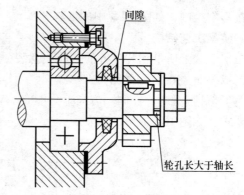

图 10-13　固定和密封

（4）密封结构　为了防止内部压力油、润滑油流出，防止外部灰尘侵入，应采用密封和防漏装置，如图 10-14 所示。

（5）方便装拆结构

1）滚动轴承如以轴肩或孔肩定位，则轴肩或孔肩的高度须小于轴承内圈或外圈的厚度，或在轴肩与孔肩上加工出放置拆卸工具的槽、孔等，以保证维修时便于拆卸，如图 10-15 所示。

2）画螺纹联接时，要考虑到拆装方便，留有扳手活动空间，如图 10-16 所示。

3）销联接中，为便于拆卸出销，销孔常钻成通孔。

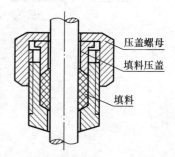

图 10-14　密封结构

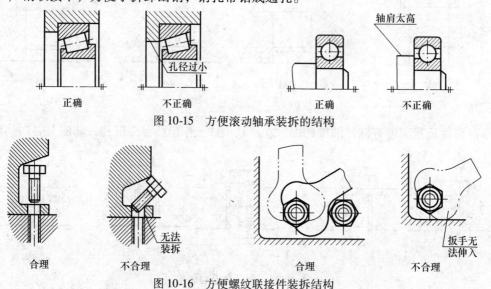

图 10-15　方便滚动轴承装拆的结构

图 10-16　方便螺纹联接件装拆结构

第三节　装配图上的尺寸标注和技术要求

一、尺寸标注

装配图与零件图不同，不必标注出零件的全部尺寸，只要标注出与装配体有关的几类主要尺寸。

（1）性能（规格）尺寸　表示装配体性能或规格的尺寸，如图 10-1 中的中心高 115 及刀盘直径 ϕ120；图 10-5a 中的孔径 ϕ50H8 等。

（2）装配尺寸

1）配合尺寸。零件间有配合要求的尺寸。如图 10-1 中 ϕ28H8/k7，ϕ80K7；图 10-5a 中的 ϕ60H8/k7，65H9/f9 等。

2）相对位置尺寸。表示装配时需要保证的零件间较重要的相对位置尺寸。如图 10-5a 中的中心高 70。

（3）安装尺寸　装配体在安装时所需要的尺寸。如图 10-1 中的螺栓孔直径 4×ϕ11、中心距 155、150；图 10-5a 中的安装孔直径 2×ϕ17 及孔距 180。

（4）外形尺寸　装配体外形轮廓和所占空间大小的尺寸，即总长、总宽、总高。如图 10-1 中的 424、200；图 10-5a 中的 240、80 和 160。

（5）其他重要尺寸　在设计中经过计算或根据需要而确定的其他一些重要尺寸。如图 10-1 中的 ϕ44，图 10-5a 中轴瓦宽度 80、底板宽度 55 等。

以上五类尺寸，并不是所有装配体都应具备，有时同一个尺寸可能有不同含义。因此，装配图上到底要标注哪些尺寸，需要根据具体情况而定。

二、技术要求

由于装配体的性能、用途各不相同，因此其技术要求也不同。拟定技术要求时，一般从以下三个方面考虑：

（1）装配要求　指装配过程中的注意事项，装配后应达到的要求，如图 10-5 中的技术要求 1。

（2）检验要求　指对装配体基本性能的检验、试验、验收方法的说明等。

（3）使用要求　对装配体的性能、维护、保养、使用注意事项的说明，如图 10-5 中的技术要求 2、3 和 4。

装配图上的技术要求，一般用文字注写在明细栏的上方或图样下方的空白处。

第四节　装配图中零、部件的序号和明细栏

为便于读图和图样管理，必须对装配体中的每种零、部件编写序号，并在标题栏上方编制相应的明细栏。

一、序号

（1）序号的编注方法　在所指零、部件的可见轮廓内画一圆点，然后从圆点开始画指引线（细实线），在指引线的另一端仍用细实线画一水平基准线或圆圈，在水平基准线上或圆圈内注写序号（见图 10-17a），序号也可注写在指引线的端部附近（见图 10-17b），序号字高比图中所注尺寸数字的字号大一号或两号。同一装配图上编写序号的形式应一致。

（2）序号的编写规定

1）装配图中所有零、部件均应编号，并与明细栏中的序号一致。相同的零、部件一般也只编写一个序号。

2）序号应注写在视图外明显处，并应按顺时针或逆时针方向水平或垂直顺次排列整齐。如在整个图上无法连续排列时，可只在每个水平或垂直方向顺次排列，如图 10-1 所示。

3）若所指部位（很薄的零件或涂黑的剖面）内不便画圆点时，可在指引线的末端画出箭头，并指向该部分的轮廓，如图 10-18 所示。

4）指引线不能相交；当通过剖面区域时，它不应与剖面线平行；必要时，指引线可画成折线，但只可曲折一次，如图 10-19 所示。

5）一组紧固件以及装配关系清楚的零件组，可以采用公共指引线，如图 10-20 所示。

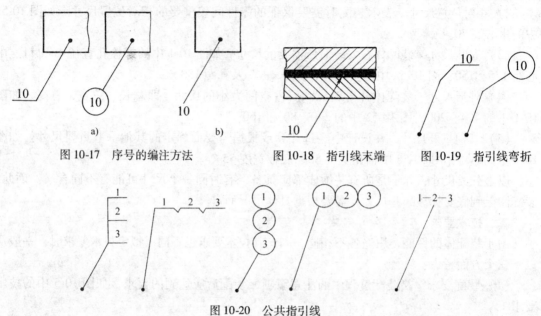

图 10-17 序号的编注方法   图 10-18 指引线末端   图 10-19 指引线弯折

图 10-20 公共指引线

二、明细栏

明细栏一般应配置在装配图中标题栏的上方，按由下而上的顺序填写，当其上方位置不够时，可紧靠在标题栏左边自下而上延续，如图 10-1 所示。国家标准规定的明细栏格式，如图 10-21 所示。学生作业用明细栏，建议采用图 10-1、图 10-5 所示格式。若不能在标题栏的上方配置明细栏时，可作为装配图的续页按 A4 幅面单独给出，但其顺序应是由上而下填写。

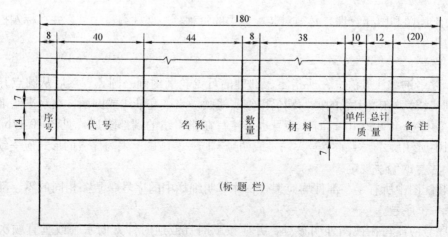

图 10-21 明细栏格式

第五节　部件测绘和装配图画法

一、部件测绘

部件测绘是对部件进行分析、研究、测量并画出零件草图，然后根据零件草图绘制出装配图，再由装配图拆画出零件图的过程。

现以图 10-1 所示铣刀头为例，说明部件测绘的方法和步骤。

（1）了解、分析部件　测绘前，对部件进行观察分析，查阅有关资料和同类产品的图样，向有关人员了解其使用情况，分析部件的构造、功用、工作原理，拆、装顺序以及零件之间的装配关系，为测绘工作打好基础。

铣刀头是铣床上的专用部件，铣刀装在铣刀盘上，铣刀盘通过键 13 与轴 7 连接，动力通过带轮 4 经键 5 传递到轴 7，从而带动铣刀盘旋转，对零件进行铣削加工。

（2）拆卸零件，画装配示意图　拆卸前，应先测量一些重要的尺寸，如部件的总体尺寸、极限尺寸、装配间隙等，并按一定顺序拆卸零件。拆卸时，为防止丢失和混淆，应将零件编号；不便拆卸的连接（如过盈配合）尽量不拆，以免损坏零件或影响装配精度；标准件和非标准件宜分类保管。对零件较多的部件，为便于拆卸后装配复原和为画装配图提供参考，在拆卸过程中应画装配示意图。

装配示意图是用规定符号和简单线条绘制的图样，是示意性的图示方法，用以记录零件间的相互位置、连接关系和配合性质，图中要注明零件的名称、数量、编号等，如图 10-22 所示。

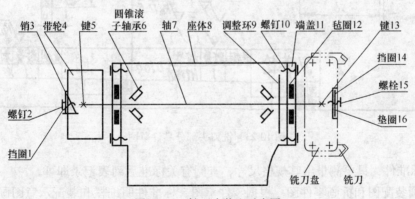

图 10-22　铣刀头装配示意图

装配示意图的画法：对一般零件，可按其外形和结构特点形象地画出零件的大致轮廓。一般应从主要零件和较大的零件入手，按装配顺序和零件的位置逐个画出。画示意图时，可将零件当做透明体，其表示可不受前后层次的限制，并尽量把所有零件都集中在一个图上表示出来。实在无法表示时，才画出第二个图（应与第一个图保持投影关系）。

拆卸后，要妥善保管零件，避免碰坏、生锈或丢失。

（3）画零件草图　除标准件外，组成部件的每一零件都应画出草图。零件草图的画法在前面的章节已作过介绍。零件间有配合、连接关系的尺寸要协调一致。铣刀头的部分零件草图，如图 10-23 所示；铣刀头的轴、端盖和座体的零件图，如图 9-2、图 9-9、图 9-12 所示。

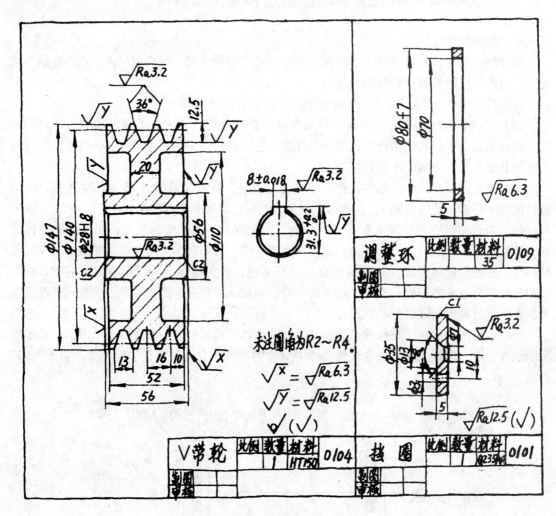

图 10-23　铣刀头部分零件草图

对于标准件，只要测量出其规格尺寸，查阅有关标准后列表记录即可。

（4）画装配图和拆画零件图　根据零件草图、标准件明细栏和装配示意图画出装配图，再由装配图拆画出每个零件的零件图。

二、装配图的画法

1. 选择表示方案

（1）主视图的选择　一般按部件的工作位置选择，并使主视图能清楚地反映部件的工作原理、传动路线、主要装配关系，并尽可能多地反映出各个零件结构形状和相对位置。

铣刀头座体水平放置，主视图为通过轴 7 轴线的全剖视图，并在轴两端作局部剖视。为反映铣刀头的主要功能，右端用假想画法将铣刀盘画出，这样各零件之间的相互位置、主要的装配关系和工作原理就都表达清楚了，如图 10-1 所示。

（2）其他视图的选择 补充主视图上没有表示出来或者没有表示清楚而又必须表示的内容。所选视图要重点突出，互相配合，避免不必要的重复。

为进一步表达清楚铣刀头座体的形状，以及它与其他零件的安装情况，又采用了拆卸画法的左视图，并取局部剖，如图 10-1 所示。

2. 画图步骤

1）根据视图数量和大小，选择适当的画图比例和图幅大小。

2）画出图框，预留标题栏和明细栏的位置。画出各视图的主要作图基准线（轴线、中心线、主要零件的基面或端面），注意留足标注尺寸、编写序号以及注写技术要求的位置。如图 10-24a 所示，画出铣刀头的底面、轴线、中心线等作图基准线，画出主要装配干线上轴的主视图。

3）由主视图开始，几个视图配合进行，以装配干线为准，由内向外逐个画出零件的投影（也可由外向内，视画图方便而定）。先画主要零件（如轴、座体），后画次要零件；先画大体轮廓，后画局部细节；先画可见轮廓，被遮部分可不画出。对零件草图上的漏错和有关零件间的不协调处，要及时予以纠正，如图 10-24b、c、d 所示。

4）校核，修正，加深，画剖面线。

5）标注尺寸，编写序号，填写标题栏、明细栏，注写技术要求，完成全图（见图 10-1）。

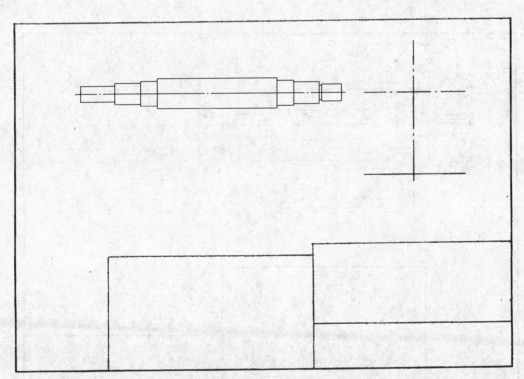

a)

图 10-24　铣刀头装配图画图步骤

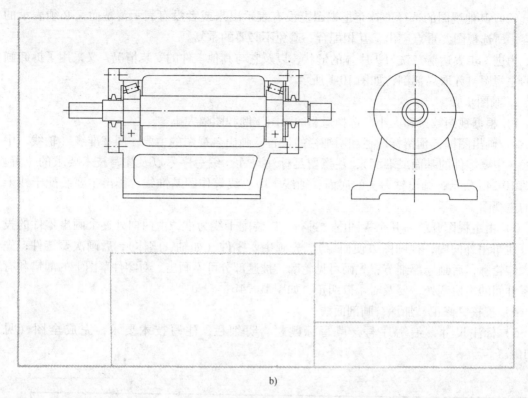

b)

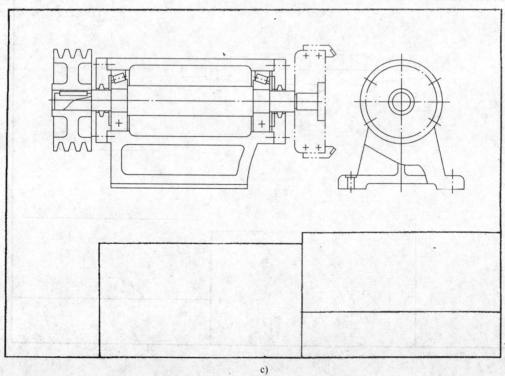

c)

图 10-24　铣刀头装配图画图步骤（续）

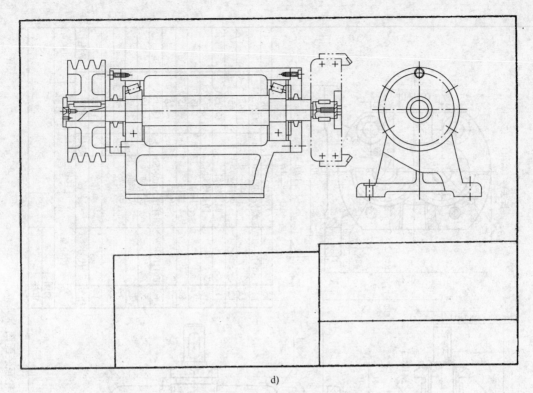

d)

图 10-24　铣刀头装配图画图步骤（续）

第六节　读装配图和由装配图拆画零件图

一、读装配图

1. 读装配图的要求

1）了解装配体的名称、用途、性能、工作原理和结构特点。

2）搞清各零件之间的相互位置、装配连接关系和装拆顺序。

3）搞清各零件的结构形状和作用。

2. 读装配图的方法与步骤

下面以图 10-25 所示的齿轮泵装配图为例，说明读装配图的方法与步骤。

（1）概括了解　根据标题栏上装配体的名称、阅读说明书和有关技术资料，了解其大致用途；由明细栏了解零件数量，大致了解装配体的复杂程度；由总体尺寸，了解装配体的大小和所占空间。齿轮泵是机床润滑系统的供油泵，由 15 种零件组成，其中标准件 2 种，不复杂，体积也不大。

分析各视图的表达方法、各视图之间的投影关系，明确各视图的表达重点。齿轮泵主视图采用全剖，表达了主要装配关系；沿泵体与泵盖结合面局部剖开的左视图，表达了工作原理和内外结构形状；局部剖的俯视图，表达了油压调节装置和泵体底板形状。此外，D—D 剖视图表达了泵体与泵盖间的螺栓联接，A 局部视图表达了泵体的右端外形。

196

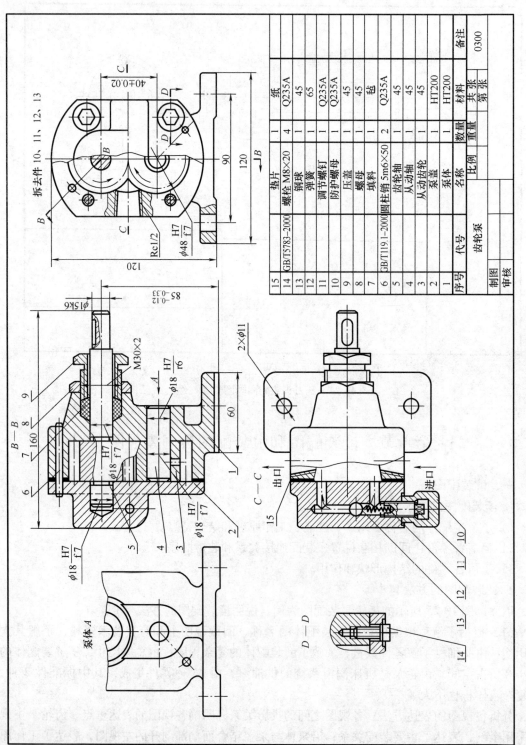

15		垫片	1	纸		备注
14	GB/T5783-2000	螺栓 M8×20	4	Q235A		0300
13		钢球	1	45		
12		弹簧	1	65		
11		调节螺钉	1	Q235A		
10		防护螺母	1	Q235A		
9		压盖	1	45		共 张
8		螺母	1	45		第 张
7		填料	1	毡		
6	GB/T119.1-2000	圆柱销 5m6×50	2	Q235A		
5		齿轮轴	1	45		
4		从动齿轮	1	45		
3		从动轴	1	45		
2		泵盖	1	HT200		
1		泵体	1	HT200		
序号	代号	名称	数量	材料	重量	
		齿轮泵		比例		
制图						
审核						

图 10-25　齿轮泵装配图

（2）分析工作原理、装配关系　分析工作原理，可参考产品说明书和有关资料。图10-25所示齿轮泵，当主动齿轮轴5在外力驱动下按逆时针方向旋转时，从动齿轮3则按顺时针方向旋转，如图10-26所示。此时，齿轮啮合区前边压力降低，油池中的油液在大气压力作用下，沿进口进入泵腔内。随着齿轮的旋转，齿槽中的油液不断沿箭头方向送到后边，然后从出口将油液压出去。泵盖上的调压装置，用以控制输油管路的油压。

分析装配关系，通常从反映装配轴线的那个视图入手。要弄清各零件间的连接与固定、定位与调整、密封与润滑、配合关系、运动关系和拆装顺序等。泵体与泵盖通过四个螺栓联接和两个圆柱销定位；主动齿轮轴伸

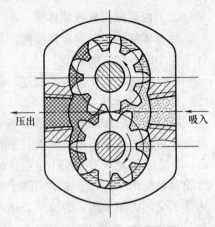

图10-26　齿轮泵工作示意图

出端有填料和填料压盖密封装置；齿轮轴与泵体、泵盖为基孔制间隙配合等。齿轮泵的拆卸顺序为：松开螺栓14，将泵盖2卸下，从左边抽出齿轮轴5、从动齿轮3及从动轴4，松开螺母8，拧下压盖9，取出填料7等。

（3）分析零件　首先要分离出零件。正确区分各零件在有关图形中的投影范围，需利用装配图的规定画法（如剖面线的倾斜方向和间隔、实心零件纵向剖切的规定画法等）和特殊表示法，零件的编号，相配合零件的形状、尺寸符号，以及借助丁字尺、三角板、分规一一对应投影关系。如齿轮泵中的压盖9，在主视图中根据剖面线可把它从装配图中分离出来，再根据投影关系，找出俯视图的对应投影，可知其左端为螺纹，右端为六角头部，中心为孔。查明细栏，可知其名称为压盖，材料为45钢。它的作用是压紧填料7。

（4）综合归纳　通过上述了解和分析之后，对尺寸、技术要求等进行研究，就能对装配体的工作原理、装配连接关系、零件的结构形状，有一个比较完整的认识。想象出整个部件的形状和结构，如图10-27所示。

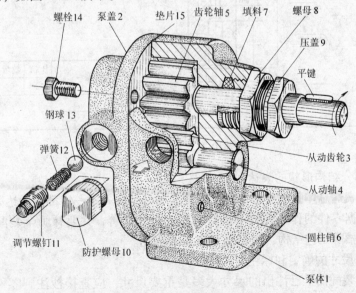

图10-27　齿轮泵轴测图

二、由装配图拆画零件图

拆画零件图，要在看懂装配图的基础上进行。拆图实际上是继续设计零件的过程，是设计工作中的一个重要环节。

零件图画法，第九章已叙述，现以拆画齿轮泵泵盖为例，说明拆图时应注意的问题。

1. 零件表示方案的选定

零件图与装配图表示的重点不一样。装配图的表示方案是从整个装配体来考虑，无法符合每个零件的表示需要。因此，拆图时零件的表示方案应根据零件本身的结构特点重新考虑，不能机械地照抄装配图中零件的视图方案。图 10-28 所示泵盖零件图是从图 10-25 所示齿轮泵装配图中拆画下来的，除了按加工位置、反映厚度的全剖主视图外，为表示内部孔，选择了全剖的俯视图，为清楚表达左方外形和泵盖上孔的分布，又选用了左、右视图。

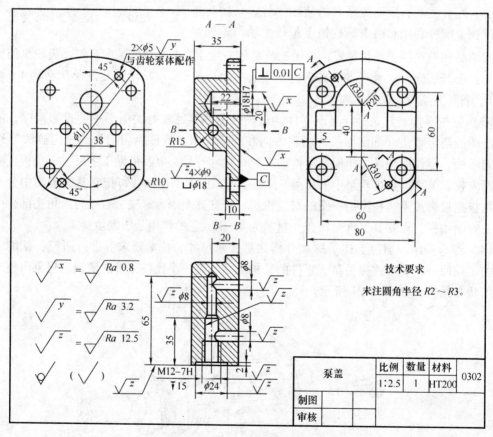

图 10-28　泵盖零件图

2. 零件上部分结构形状的表达

装配图主要表达总体装配关系，对于零件的局部结构并不一定都能表达完全，需要在拆画零件图时，根据零件的作用和要求进行构思，设计完善，并要补画全装配图中省略的倒角、圆角、退刀槽等工艺结构，如泵盖上的 $\phi18$ 沉孔。

3. 零件图上尺寸的确定和标注

（1）抄注　装配图上已注出的尺寸大多是重要尺寸，应直接抄注到零件图上。凡注有配合代号的尺寸，应直接抄注或查表找出极限偏差值，填写在零件图上，如泵盖上的直径尺

寸 $\phi18H7$。

（2）查找　标准结构如倒角、圆角、退刀槽、螺纹孔、键槽、沉孔等，应从有关标准或明细栏中查得。

（3）计算　需要计算确定的尺寸应由计算而定，如齿轮的齿顶圆、分度圆、中心距等尺寸。

（4）量取　装配图上没有标出的其他尺寸，按装配图的比例直接量得，如泵盖的外径尺寸 $\phi110$、宽 80 等。

（5）协调　有装配关系的尺寸，要注意相互协调一致，如泵盖的外形轮廓尺寸，4 个 $\phi9$ 孔的位置尺寸等，要与泵体协调一致。

4. 零件图上技术要求的确定

根据零件表面的作用和要求，还要运用类比法参考同类产品的图纸资料来确定。如有相对运动和配合要求的表面，表面粗糙度要求较严，Ra 值应小于 $3.2\mu m$；有密封和耐腐蚀要求的表面，表面粗糙度要求更严些，Ra 值应小于 $1.6\mu m$；尺寸公差要求较高的，表面粗糙度值也要适当降低，等等，如图 10-28 所示。

*第十一章　展开图和焊接图

在工业生产中，经常需要用金属板材制作零部件或设备，如管道、容器、防护罩、船体等，如图 11-1 所示。制造这类板件时，应先在金属薄板上画出放样图，然后再经下料，弯曲成形，最后经焊接或铆接制作而成。本章简要介绍常见立体表面的展开图画法和焊接图表示法。

第一节　展　开　图

将立体各表面按其实际形状和大小依次摊平在同一个平面上，称为立体表面展开。展开所得的图形称为表面展开图，简称展开图。图 11-2 所示为图 11-1 中喇叭管的展开示例。

立体表面分为可展表面和不可展表面。平面立体的表面都是可展表面；曲面立体中的圆柱面、圆锥面属可展表面，而球面、环面等是不可展表面。对于不可展的立体表面，常采用近似展开的方法画出其展开图。

绘制展开图，可采用图解法和计算法。图解法作图简便，能满足生产要求，应用广泛。所以本节仅介绍图解法。

一、求一般位置线段的实长

绘制展开图的实质是作立体表面的实形，关键是求一般位置线段的实长。求线段实长的方法除了换面法外，还常用直角三角形法和旋转法。

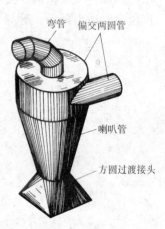

图 11-1　集粉筒

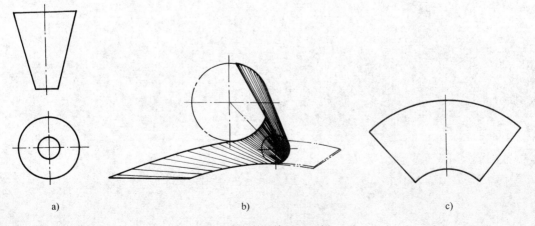

a)　　　　　　　　　　b)　　　　　　　　　　c)

图 11-2　喇叭管展开示例

a）视图　b）展开过程　c）展开图

（1）直角三角形法求线段实长　图 11-3a 中，过 A 作 $AC /\!/ ab$ 得直角三角形 ABC，其斜边 AB 就是线段实长，底边 $AC = ab$，即水平投影长度，对边 $BC = z_B - z_A$，即等于线段两端点的 z 坐标差。如图 11-3b、c 所示，以线段的某一投影作为直角三角形的一直角边，用其另一投影的坐标差作为另一直角边，则斜边即为实长。

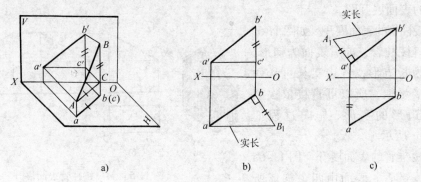

图 11-3　直角三角形法求线段实长

（2）旋转法求线段实长　根据正投影的规律，若线段平行投影面，则在该投影面上的投影反映该线段的实长。因此，求一般位置线段实长，可将线段绕垂直于某一投影面的直线为轴，旋转到与另一投影面平行的位置，其投影即可反映实长。

如图 11-4a 所示，AB 为一般位置线段，以过 A 点垂直于 H 面的直线 OO_1 为轴，将 AB 绕该轴旋转到平行于正面得 AB_1，其新的正面投影 $a'b_1'$ 即反映实长。

作图步骤（见图 11-4b）：

1）过 a' 作轴线 $O'O_1'$ 垂直于 H 面。

2）在水平面上以 a 为圆心，以 ab 为半径画圆弧，使 $ab_1 /\!/ OX$ 轴，得 b_1。

3）过 b' 作水平线求得 b_1'，连接 $a'b_1'$ 即为直线 AB 的实长。

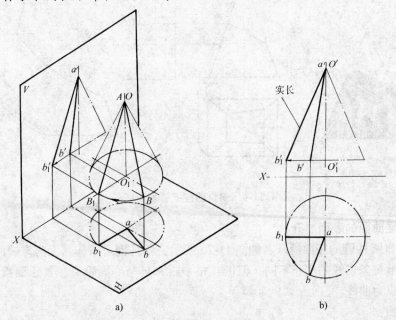

图 11-4　旋转法求线段实长

由此可知点的旋转规律：当一点绕垂直于某投影面的轴旋转时，其运动轨迹在该投影面上的投影为一圆，在另一投影面上的投影为一平行于投影轴的直线。

二、平面立体的表面展开

由于平面立体的表面均为平面，因此将各表面的实形依次求作在一个平面上，即可得到平面立体的表面展开图。

（1）棱柱管的表面展开 如图 11-5a 所示的斜口棱柱管，前后表面为梯形，左右表面为长方形，各边实长可从两视图中直接量取，所以可直接依次画出四个四边形的实形。作图过程如图 11-5b、c 所示。

（2）棱锥管的表面展开 图 11-6a 为斜口四棱锥管。表面由四个梯形所组成，这四个梯形在投影图中均不反

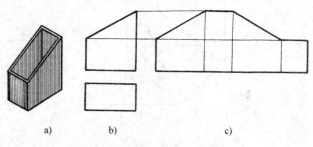

图 11-5 斜口棱柱管表面展开

映实形。为此，将各棱线延长之后交于点 S，先求出整个四棱锥各侧面实形，画出整个四棱锥表面展开图，然后在每条棱线上减去截去部分的实长，即得斜口四棱锥管的展开图。

如图 11-6b、c 所示，首先利用旋转法求侧棱的实长 $s'c_1'$ 或者用直角三角形法求侧棱实长 S_0C_0，过点 $f'(e')$、$g'(h')$ 作水平线与 $s'c_1'$ 或 S_0C_0 相交，可得四个梯形侧棱的实长。以侧棱实长（S_0C_0）为半径画圆弧，在圆弧上分别截取 $BC=bc$、$CD=cd$、…，依次画出整个四棱锥表面展开图。然后在各侧棱上截取各点 F、G、…，依次连接 F、G、…，即可得斜口四棱台展开图。

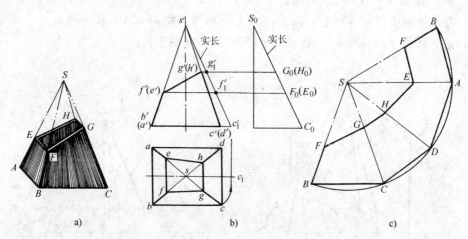

图 11-6 斜口四棱锥管表面展开

三、可展曲面的表面展开

（1）斜口圆柱管的表面展开 如图 11-7a 所示，圆柱面可看作是无穷多棱的棱柱。斜口圆柱管表面上每条素线的实长不同，但仍互相平行，且与底面垂直，其正面投影反映实长，斜口展开后成为曲线。

作图步骤：

1）将底圆分成若干等分，并过各等分点画出圆柱的素线（本例为 12 等分），如图 11-7b 所示。

2）将底圆展开成直线，并将它等分，使它们的间距等于底圆上相邻两等分点间的弧长；过这些等分点作垂线，在垂线上量取相应素线的实长，依次光滑连成曲线，如图 11-7c 所示。

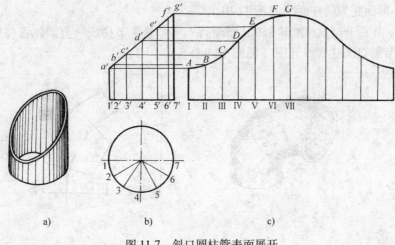

图 11-7　斜口圆柱管表面展开

（2）直角三通管的表面展开　等径直角三通管是由两个等径的圆柱管垂直相交而成的。画展开图时，应以相贯线为界，分别画出两圆柱管的展开图。由于两圆柱管的轴线都与正面平行，其表面素线的正面投影均反映实长，故可按斜口圆柱管展开图画法将其展开，如图 11-8 所示。

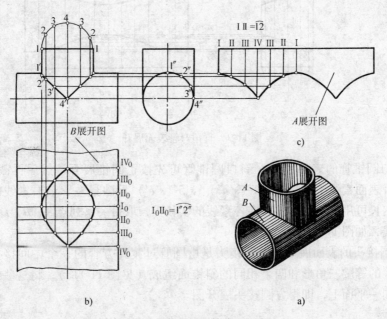

图 11-8　直角三通管表面展开

（3）直角弯管的表面展开　工程上有时需要用环形弯管将两个等径且轴线相互垂直的

管子连接起来。由于环形面的弯管为不可展曲面，故设计时采用几段斜口圆柱管连接在一起，近似代替环形管。如图11-9a所示，中间两节是两面倾斜的全节，两端管口平面相互垂直是中间节的半节。为简化作图和省料，可把四节拼成一个直圆柱管来展开。

作图步骤：

1）把环形弯管分为四节，Ⅰ、Ⅳ为两个半节，Ⅱ、Ⅲ为两个全节，过四节圆弧分别作切线，即将环形面变为圆柱面（见图11-9b）。

2）把Ⅱ、Ⅳ两节绕轴线旋转180°，按顺序与Ⅰ、Ⅲ两节拼成一直圆柱管（见图11-9c）。

3）作各节斜口圆柱管展开图（见图11-9d）。

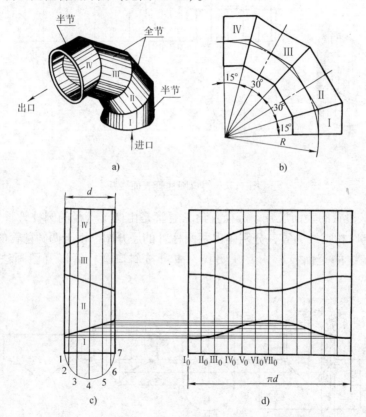

图11-9　直角弯管表面展开

（4）斜口圆锥管的表面展开　斜口圆锥管可先按正圆锥展开，然后再截去斜口部分。在斜口圆锥管表面素线中，只有 $s'1'(s'a')$、$s'5'(s'e')$ 反映最左、最右素线的实长，其他位置素线的实长可用旋转法求出。在各素线的实长上，取得一系列点 A、B、C、…，将各点连成光滑曲线，如图11-10所示。

（5）方圆接头的表面展开　方圆接头是由圆管过渡到方管的一个中间接头制件，其表面由四个全等的等腰三角形和四个相同的斜锥面组成（见图11-11a），将这些组成部分的实形顺次画在同一平面上，即得方圆接头展开图。

作图步骤：

1）将俯视图1至4分成三等分，得点2、3，这样斜圆锥面被分成三个三角形（见图11-11b）。用直角三角形法求出各素线的实长 A Ⅰ = A Ⅳ，A Ⅱ = A Ⅲ。

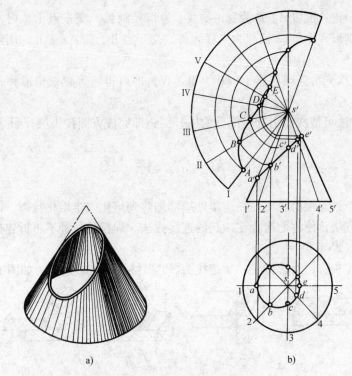

a)

b)

图 11-10 斜口圆锥管表面展开

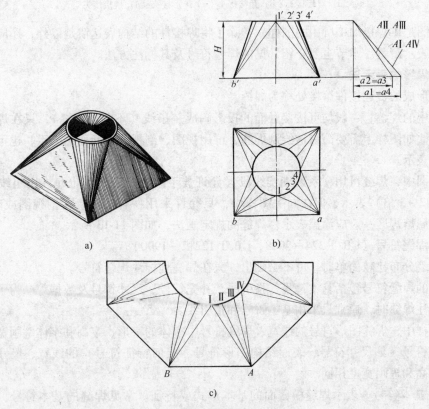

a)

b)

c)

图 11-11 方圆接头表面展开

2）取 $AB = ab$，分别以 A、B 为圆心，AⅠ 为半径画弧，交于点Ⅰ，得△ABⅠ，再以 A 和Ⅰ为圆心，分别以 AⅡ和 12 弧长为半径画弧，交于点Ⅱ，得△AⅠⅡ，用同样方法可依次作出其他三角形。

3）用曲线依次光滑连接各点Ⅰ、Ⅱ、Ⅲ、Ⅳ，即可得一等腰三角形和一局部斜锥面的展开图。

4）用相同方法可依次作出其余部分的展开图，即完成方圆接头展开图（见图 11-11c）。

第二节　焊　接　图

焊接是将两个被连接的金属件在连接处局部加热到熔化或半熔化状态，同时通过填充熔化金属或加压等方法，使它们熔合在一起的连接方法。焊接是一种不可拆连接。常用的焊接方法有电弧焊、气焊等。

常见的焊接接头有：对接接头、角接接头、T 形接头和搭接接头，如图 11-12 所示。

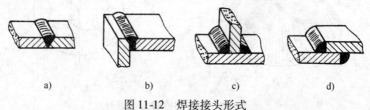

图 11-12　焊接接头形式

a）对接接头　b）角接接头　c）T 形接头　d）搭接接头

焊接图是供焊接加工所用的图样，它除了将焊接件的结构表达清楚以外，还应将焊接的有关内容表示清楚。本节主要介绍常见的焊缝符号及其标注方法。

一、焊缝的表示法

焊接形成的被连接件熔接处称为焊缝。

图样中的焊缝，一般均可按接触面的投影画成一条线（不画出焊缝），只在焊缝处标注焊缝符号。如图样上需要简易地绘制焊缝，可用视图、剖视图或断面图表示，也可以用轴测图示意地表示。

在视图中，焊缝可用一系列细实线段（允许徒手绘制）表示，也允许用粗线（宽度为粗实线的 2～3 倍）表示，但在同一图样中，只允许采用一种画法。在剖视图或断面图上，焊缝的金属熔焊区一般应涂黑表示。焊缝的规定画法，如图 11-13 所示。

二、焊缝符号（GB/T 324—2008，GB/T 12212—1990）

当焊缝分布比较简单时，可不必画出，只在焊缝处标注焊缝符号。

完整的焊缝符号包括基本符号、指引线、补充符号、尺寸符号及数据等。为了简化，在图样上标注焊缝时，通常只采用基本符号和指引线。

在图样中，焊缝图形符号的线宽、焊缝符号中字体的字形、字高和字体笔画宽度应与图样中其他符号（如尺寸符号、表面结构图形符号、几何特征符号）的线宽、尺寸、字体的字形、字高和笔画宽度相同。

（1）基本符号　表示焊缝横截面的基本形式或特征。常见焊缝的基本符号、图示法及标注示例见表 11-1。

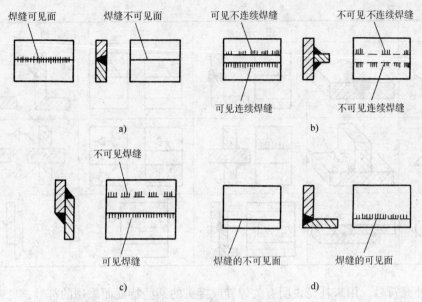

图 11-13　焊缝的规定画法

标注双面焊焊缝或接头时，基本符号可以组合使用。

表 11-1　常见焊缝的基本符号、图示法及标注示例

名称	符号	示　意　图	图　示　法		标　注　示　例	
I 形焊缝	‖					
V 形焊缝	V					
单边 V 形焊缝	V					
带钝边 V 形焊缝	Y					
带钝边单旁 V 形焊缝	Y					

（续）

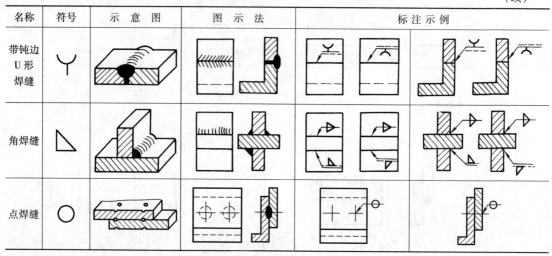

名称	符号	示 意 图	图 示 法	标 注 示 例
带钝边U形焊缝	Y			
角焊缝	◺			
点焊缝	○			

（2）补充符号　用来补充说明有关焊缝或接头的某些特征而采用的符号，见表 11-2。

表 11-2　补充符号

序　号	名　　称	符　号	说　明
1	平面	▬	焊缝表面通常经过加工后平整
2	凹面	⌣	焊缝表面凹陷
3	凸面	⌢	焊缝表面凸起
4	圆滑过渡	⌣	焊缝表面过渡圆滑
5	永久衬垫	M	衬垫永久保留
6	临时衬垫	MR	衬垫在焊接完成后拆除
7	三面焊缝	⊏	三面带有焊缝
8	周围焊缝	○	沿着工作周边施焊的焊缝 标注位置为基准线与箭头线的交点处
9	现场焊缝	⚑	在现场焊接的焊缝
10	尾部	<	可以表示所需的信息

（3）指引线　由箭头线（带箭头的细实线）和基准线（相互平行的一条细实线和一条虚线，实线和虚线的位置可根据需要互换）组成，如图 11-14a 所示。必要时可在基准线的细实线上增加尾部符号，在其后标注表示焊接方法的数字代号或焊缝条数等内容，如图 11-14b 所示。基准线一般与图样中的底边平行，必要时也可与底边垂直。

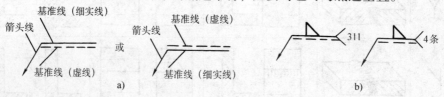

图 11-14　指引线

（4）尺寸符号　必要时，可以在焊缝符号中标注尺寸。常见尺寸符号见表11-3。

表11-3　常见尺寸符号

名　称	符号	示　意　图	名　称	符号	示　意　图
坡口角度 根部间隙 钝边 坡口深度	α b p H		焊脚尺寸	K	
工件厚度 焊缝宽度 根部半径 焊缝有效厚度 余高	δ c R S h		焊缝长度 焊缝间距 焊缝段数	l e n	
			熔核直径	d	

三、焊缝的标注

（1）箭头线与焊缝位置的关系　箭头线
可以标注在有焊缝一侧，也可以标注在没有
焊缝一侧，如图11-15所示，并参见表11-1。
但在标注 V 形焊缝、带钝边单边 V 形焊缝、
带钝边 U 形焊缝时，箭头线应指向带有坡口
一侧的工件。

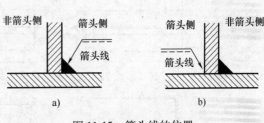

图11-15　箭头线的位置

（2）基本符号与基准线的相对位置　如果焊缝在箭头侧，基本符号标在基准线的细实
线侧（见图11-16a）；如果焊缝在非箭头侧，基本符号标在基准线的虚线侧（见图11-16b）；
标注对称焊缝时，可省略虚线（见图11-16c）。

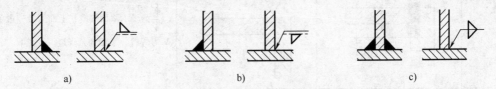

图11-16　基本符号相对基准线的位置

上述基本符号在指引线上的位置，见表11-1。

（3）尺寸符号及数据的标注　尺寸符号及数
据的标注规则（见图11-17）：横向尺寸标注在基
本符号的左侧；纵向尺寸标注在基本符号的右侧；
坡口角度 α、坡口面角度 β、根部间隙 b，标注在
基本符号的上侧或下侧；相同焊缝数量标注在尾
部；当尺寸较多不易分辨时，可在尺寸数据前标注相应的尺寸符号。

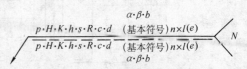

图11-17　焊缝尺寸的标注规则

确定焊缝位置的尺寸不在焊缝符号中标注，应将其标注在图样上。当基本符号的右侧无

任何尺寸标注又无其他说明时，意味着焊缝在工件的整个长度方向上是连续的。在基本符号的左侧无任何尺寸标注又无其他说明时，意味着对接焊缝要完全焊透。塞焊缝、槽焊缝带有斜边时，应标注其底部的尺寸。

焊缝的标注示例见表 11-4。

表 11-4　焊缝的标注示例

接头形式	焊缝形式	标注示例	说　明
对接接头	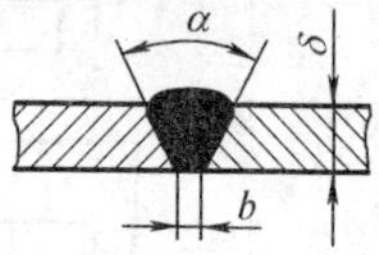	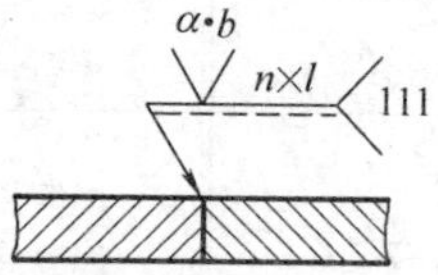	111 表示用焊条电弧焊，V 形坡口，坡口角度为 α，根部间隙为 b，有 n 段焊缝，焊缝长度 l
T 形接头	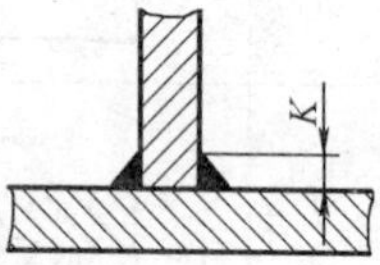	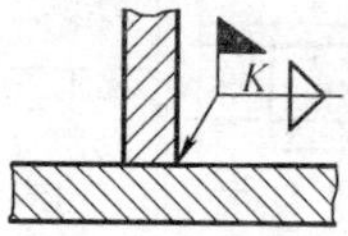	⚑ 表示在现场装配时进行焊接 ▷ 表示双面角焊缝，焊角尺寸为 K
T 形接头	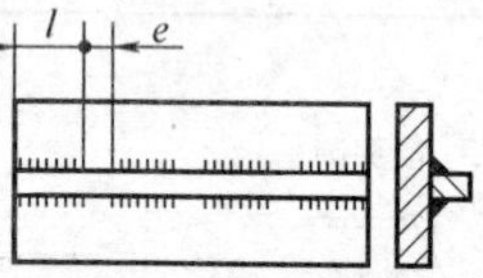	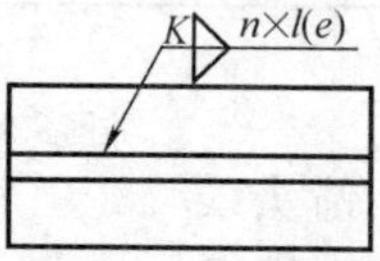	$\frac{}{}n\times l(e)$ 表示有 n 段断续双面角焊缝，l 表示焊缝长度，e 表示断续焊缝的间距
角接接头	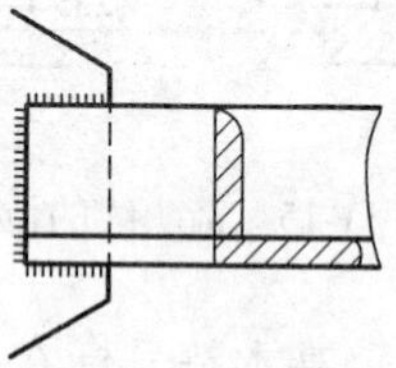	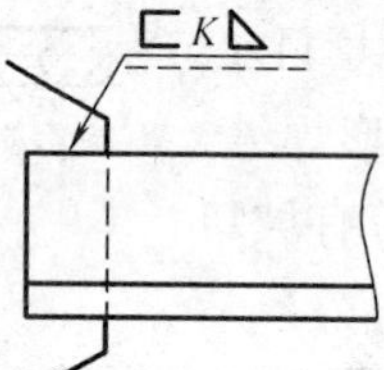	⊏ 表示三面焊接 ◺ 表示单面角焊缝
角接接头	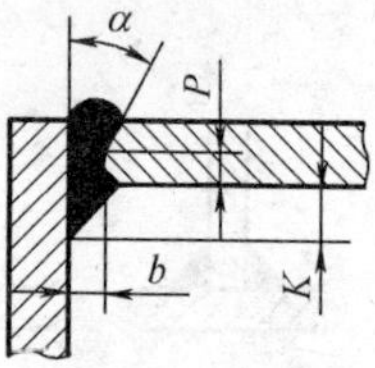	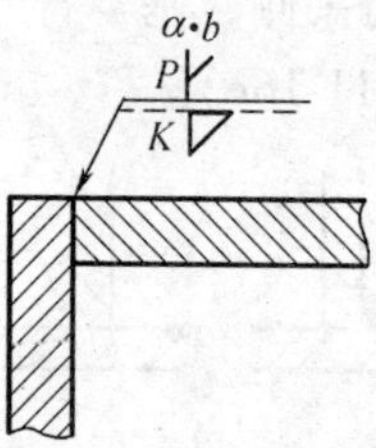	⊻ 表示双面焊缝，上面为带钝边单边 V 形焊缝，下面为角焊缝
搭接接头	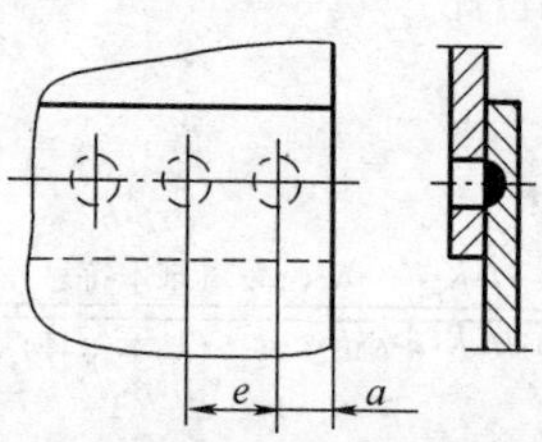	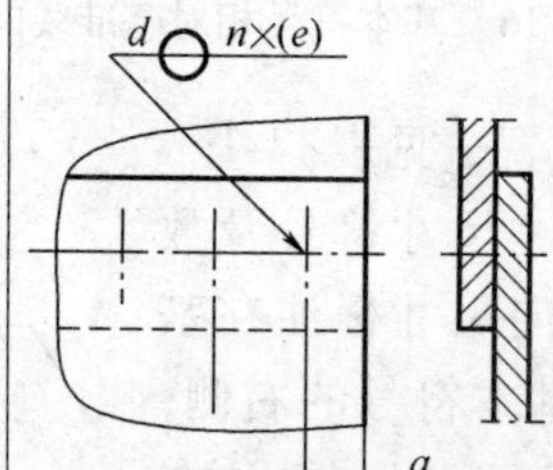	○ 表示点焊缝，d 表示焊点直径，e 表示焊点的间距，a 表示焊点至板边的间距

四、焊接图示例

焊接图是焊接件的装配图，它应包含装配图的所有内容，还应标注焊缝符号。若焊接件较简单，应将各组成构件的全部尺寸直接标注在焊接图中，不必画出各组成构件的零件图，如图 11-18 所示。若焊接件较复杂，则可按装配图要求标注尺寸，这时应画出各组成构件的零件图。

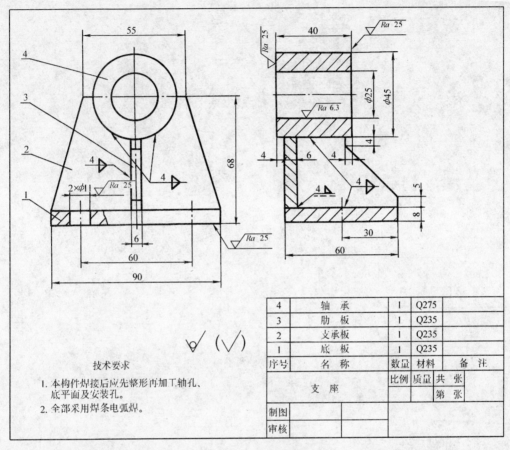

4	轴　承	1	Q275	
3	肋　板	1	Q235	
2	支承板	1	Q235	
1	底　板	1	Q235	
序号	名　称	数量	材料	备　注
支　座		比例	质量	共　张
				第　张
制图				
审核				

技术要求
1. 本构件焊接后应先整形再加工轴孔、底平面及安装孔。
2. 全部采用焊条电弧焊。

图 11-18　支座焊接图

下篇　计算机绘图

第十二章　计算机绘图基本知识

第一节　计算机绘图概述

图形一直是人类传递信息的重要方式，在工程界，图形是表达设计思想、指导生产、进行技术交流的工程语言。过去，人们一直用尺规手工绘制图形，效率低，精度差，劳动量大。随着计算机的发展，出现了计算机辅助绘图，即通常所说的计算机绘图。计算机绘图是利用计算机及其外围设备绘制各种图样的技术，它使人们逐渐摆脱了繁重的手工绘图，使甩图板、无纸化生产成为可能。

目前，各种计算机绘图软件层出不穷，版本不断更新，功能不断完善，广泛应用于各个领域。同时对于工程技术人员来说，学习什么样的计算机绘图软件已成为目前亟待解决的问题。当前世界最流行的二维绘图软件，应属于 AutoCAD 软件，它是美国 Autodesk 公司推出的通用计算机绘图设计软件包，广泛应用于建筑、机械、电子、服装等工程设计领域。它具有良好的工作界面和强大的二维、三维绘图及编辑功能，并且具有简便易学，精确无误，体系结构开放等优点，一直深受广大工程设计人员的青睐。另外，在国内也有适合各行业需求的各种专业绘图软件，如北京数码大方科技有限公司的 CAXA 电子图板、浩辰软件股份有限公司的浩辰 CAD、广州中望龙腾软件股份有限公司的中望 CAD 等。

本教材以 AutoCAD 2010 为软件环境，介绍二维图形的绘制和编辑，以及简单的三维绘图功能。

第二节　AutoCAD 2010 基本操作

一、AutoCAD 2010 的启动和退出

1. AutoCAD 2010 的启动

1）双击桌面上的 AutoCAD 2010 图标。

2）单击桌面左下角的"开始"／"程序"／"Autodesk"／"AutoCAD 2010-Simplified Chinese"／"AutoCAD 2010"命令。

2. AutoCAD 2010 的退出

1）单击界面右上角的 ⊠ "关闭"按钮。

2）单击界面左上角的 ▲ "菜单浏览器"按钮，在弹出的菜单中选择"退出 AutoCAD"命令，按提示保存数据。

二、AutoCAD 2010 的工作空间

中文版 AutoCAD 2010 提供了"二维草图与注释"、"三维建模"、"AutoCAD 经典"三种工作空间模式，要在三种工作空间模式中进行切换，可在状态栏中单击 ⚙ 二维草图与注释 ▼

"切换工作空间"按钮，在弹出的菜单中选择相应的命令即可，如图 12-1 所示。

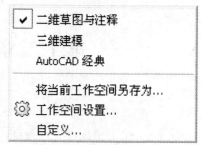

图 12-1　"切换工作空间"按钮菜单

1. 二维草图与注释空间

默认状态下，AutoCAD 2010 打开"二维草图与注释"空间，在该空间中可方便地绘制二维图形，其界面主要由"菜单浏览器"按钮、快速访问工具栏、标题栏、"功能区"选项板、绘图窗口、命令窗口和状态栏等元素组成，如图 12-2 所示。

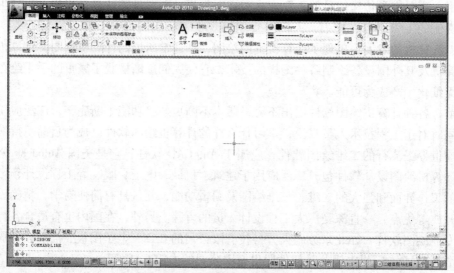

图 12-2　"二维草图与注释"空间

2. 三维建模空间

使用"三维建模"空间，可以更加方便地在三维空间中绘制图形。其空间"功能区"选项板中集成了"建模"、"视觉样式"、"光源"、"材质"、"渲染"、"导航"等面板，从而为绘制观察三维图形提供了非常便利的环境，如图 12-3 所示。

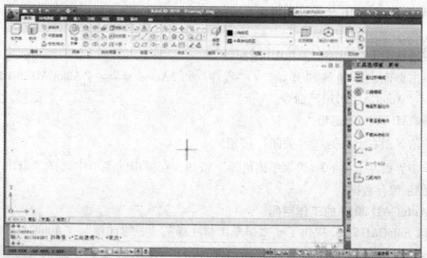

图 12-3　"三维建模"空间

3. AutoCAD 经典空间

对习惯于 AutoCAD 传统界面的用户来说，可以使用"AutoCAD 经典"空间，其界面主要由"菜单浏览器"按钮、快速访问工具栏、标题栏、菜单栏、工具栏、绘图窗口、命令窗口和状态栏等元素组成，如图 12-4 所示。

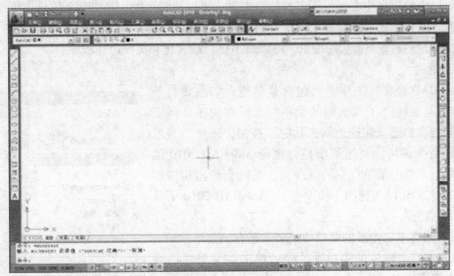

图 12-4 "AutoCAD 经典"空间

三、工作空间的基本组成

AutoCAD 的各个工作空间都包含"菜单浏览器"按钮、快速访问工具栏、标题栏、菜单栏、"功能区"选项板、绘图窗口、命令窗口和状态栏等元素。

1. "菜单浏览器"按钮

"菜单浏览器"按钮位于界面的左上角。单击该按钮，系统弹出 AutoCAD 菜单（见图 12-5），该菜单可以搜索命令以及访问用于创建、打开、保存和发布 AutoCAD 文件等。

2. 快速访问工具栏

AutoCAD 2010 的快速访问工具栏中包含最常用操作的快捷按钮，方便用户使用。默认状态快速访问工具栏包含 6 个快捷按钮（见图 12-6），还可以单击右端 "自定义快速访问工具栏"按钮，系统弹出"自定义快速访问工具栏"菜单，此菜单可用来添加或删除其他快捷按钮。

图 12-5 "菜单浏览器"按钮菜单

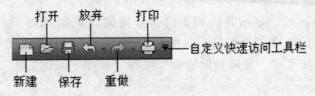

图 12-6 快速访问工具栏

3. 标题栏

标题栏位于应用程序窗口最上面，用于显示软件的名称"AutoCAD 2010"和当前正在运行的图形文件名称。如果是 AutoCAD 默认的图形文件，其名称为"DrawingN. dwg（N 为数字）"。

标题栏中的信息中心提供了多种信息来源，可以搜索帮助，获得最新的软件更新、产品支持通告等服务，还可以保存一些重要的信息。

单击标题栏右端的 — □ × 按钮，可以最小化、最大化和关闭应用程序。

4. 菜单栏

"AutoCAD 经典"工作空间包含菜单栏，如果要打开"二维草图与注释"工作空间的菜单栏，可在快速访问工具栏中单击"自定义快速访问工具栏"按钮，选择"显示菜单栏"命令即可。利用菜单栏可执行 AutoCAD 2010 的大部分命令，单击菜单栏中的某一项，系统会弹出相应的下拉菜单（见图 12-7 视图下拉菜单）。AutoCAD 2010 下拉菜单有以下特点：

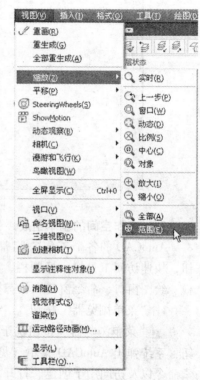

图 12-7 "视图"下拉菜单

1）右侧有小三角形的菜单项，表示还有子菜单。

2）右侧有省略号的菜单项，表示单击该菜单项后系统会弹出相应的对话框。

3）右侧没有符号的菜单项，即执行相应的 AutoCAD 命令，其中右边有"Ctrl + 字母"的命令选项表示可用此快捷键执行该命令。

5. "功能区"选项板

"功能区"选项板位于绘图窗口的上方，用于显示与基于任务的工作空间关联的按钮和控件。默认状态下，在"二维草图与注释"空间中，"功能区"选项板有 7 个选项卡："常用"、"插入"、"注释"、"参数化"、"视图"、"管理"和"输出"。每个选项卡包含若干个面板，每个面板又包含许多由图标表示的命令按钮，如图 12-8 所示。

图 12-8 "功能区"选项板

如果某个面板中没有足够的空间显示所有的命令按钮，单击面板下方的 ▼ 三角按钮，可以展开折叠区域，显示其他相关的命令按钮（见图 12-9 展开"绘图"面板）。如果某个命令按钮后面有三角按钮，表明该按钮下面还有其他的命令按钮，单击 ▼ 三角按钮，系统会弹出菜单，显示其他的命令按钮（见图 12-10 "圆"命令按钮下的其他按钮）。

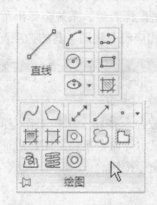

图 12-9　展开"绘图"面板　　　　　图 12-10　　"圆"按钮下的其他按钮

6. 绘图窗口

在 AutoCAD 中，绘图窗口是绘图工作区域，所有的绘图结果都反映在这个窗口中。绘图窗口可以认为没有边界，可利用绘图窗口缩放命令，使绘图窗口无限增大或缩小，无论多大的图形，都可置于其中。

绘图窗口的右边和下边分别有两个滚动条，可使窗口上下或左右移动，便于观察。

绘图窗口的左下方有 3 个标签，即"模型"、"布局 1"、"布局 2"，它们用于模型空间和图纸空间的切换。

当光标移到绘图窗口时，便出现了十字光标，其交点反映当前光标的位置。在一些特殊情况下，光标形状也会相应改变。十字光标是绘图的主要工具，用于绘图、选择对象等。

绘图窗口的左下角，有两个互相垂直的箭头组成的图形，这是当前所绘图形的坐标系形式及坐标方向。

7. 命令窗口

命令窗口位于绘图窗口的底部，由两部分组成：命令行和命令历史窗口（见图 12-11）。命令行用于显示从键盘输入的命令，命令历史窗口含有 AutoCAD 启动后用过的命令和提示信息等，该窗口有垂直滚动条，可上下滚动查看，也可用"F2"键打开 AutoCAD 文本窗口，查看历史操作及提示信息。

图 12-11　"命令"窗口

命令窗口是用户和 AutoCAD 进行对话的窗口，通过该窗口输入绘图命令，与使用菜单命令和按钮命令操作等效。在绘图时，需特别注意这个窗口输入命令后的提示信息，如错误信息、命令选项及其他提示信息等，都将在该窗口显示。

8. 状态栏

状态栏用来显示 AutoCAD 2010 当前的状态（见图 12-12），状态栏最左端显示绘图窗口中十字光标所在位置的三维坐标，中间部分包含 AutoCAD 的 10 个常用绘图辅助工具的状态转换按钮（"捕捉"、"栅格"、"正交"、"极轴"、"对象捕捉"、"对象追踪"、"动态 UCS"、"动态输入"、"线宽"、"快捷特性"）。单击状态栏上的状态转换按钮，可切换打开或关闭其所对应的绘图辅助工具状态，在状态转换按钮上单击鼠标右键，系统会弹出菜单，单击设置命令，系统会弹出"草图设置"对话框，用来设置相应绘图辅助工具的选项配置。

图 12-12 状态栏

状态栏还包含了平移、缩放等常用的绘图窗口缩放命令按钮、切换工作空间命令按钮、快速查看布局、快速查看图形、注释操作命令、全屏显示等命令按钮。用户可通过单击状态栏右端的 ▼ 三角按钮，来设置显示和关闭状态栏上的命令按钮。

四、执行 AutoCAD 命令方式

执行 AutoCAD 2010 命令，一般可通过下列三种方法进行操作：

（1）键盘输入命令 在命令行的提示"命令："后直接输入命令，再按"回车"键或"空格"键来执行该命令，这种方式要求用户记住 AutoCAD 命令。

（2）单击命令按钮 单击面板或工具栏中的命令按钮，即可执行对应的 AutoCAD 命令。

（3）单击菜单命令 单击菜单栏中的菜单命令，也可执行对应的 AutoCAD 命令。

对执行 AutoCAD 命令的方式，本教材中可能只介绍其中一两种比较快捷的操作方式，其他方式不作介绍，总之在执行 AutoCAD 命令时，应尽可能选择方便、快捷的执行方式。

五、AutoCAD 2010 文件操作

AutoCAD 2010 绘制的图形是以文件（＊.dwg）的形式储存在计算机上，用户应懂得如何进行图形文件管理。

1. 新建图形

单击快速访问工具栏 "新建"按钮，系统会弹出"选择样板"对话框（见图 12-13）。通过此对话框选择对应的样板文件（初学者一般选择默认样板文件 acadiso.dwt），单击"打开"按钮，AutoCAD 2010 就会以对应的样板文件为模板建立一新图形。

图 12-13 "选择样板"对话框

2. 打开图形

单击快速访问工具栏 ▷ "打开"按钮，系统会弹出"选择文件"对话框（见图 12-14）。该对话框与 Windows 中相应对话框的格式及操作相同，利用该对话框选择图形文件所在的磁盘、目录及文件，单击"确定"按钮，或在列表框中双击文件来打开图形。AutoCAD 2010 支持多文档操作，即可以同时打开多个图形文件。

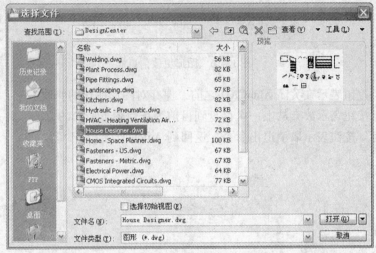

图 12-14　"选择文件"对话框

3. 保存图形

使用计算机绘图需牢记的是将所绘图形存盘，以免造成文件丢失。单击快速访问工具栏的 █ "保存"按钮，如果当前图形已被命名，AutoCAD 2010 将直接以已命名好的名称保存文件，若当前图形文件尚未命名，系统会弹出"图形另存为"对话框（见图 12-15），和"选择文件"对话框一样，选择图形文件的存储磁盘、目录、文件类型，及在文件名文本框中输入所保存图形文件的文件名，单击"保存"按钮即可实现保存。

对于已保存的文件，想将当前图形以别的文件名存储到指定位置，可单击"菜单浏览器"按钮下的"另存为"命令来实现操作。

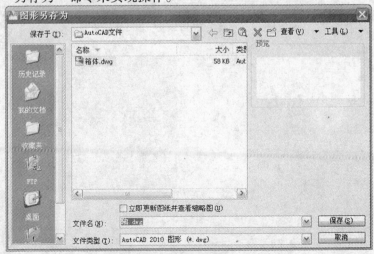

图 12-15　"图形另存为"对话框

如果在退出 AutoCAD 2010 时，没有将所画的图形存盘，AutoCAD 2010 则会弹出警告信息框（见图 12-16）。该信息框提供了三个按钮，从左到右其作用分别是：

图 12-16　图形更改信息框

1）"是"按钮表示在关闭 AutoCAD 之前，保存对图形所作的修改。

2）"否"按钮表示放弃从上一次存盘到目前为止对图形所作的修改，并关闭 AutoCAD。

3）"取消"按钮表示取消退出命令，返回到 AutoCAD 绘图环境。

第十三章 平面图形的画法

第一节 绘图环境设置

一、绘图区域、单位的设置

仪器绘图时，通常在标准图幅上进行绘制。同理使用计算机绘图时，通常也要设定绘图区域和使用单位，然后开始绘制一张新图。

1. 设置图形界限

例13-1 将图形界限设置成竖放 A4 图幅，并使所设图形界限有效。

具体步骤如下：

单击"格式"/"图形界限"菜单命令，或在命令行输入"Limits"，命令行会出现提示：

命令：'_ limits

重新设置模型空间界限：

指定左下角点或［开（ON）/关（OFF）］<0.0000，0.0000>：（按"回车"键或"空格"键，表示接受< >里的默认值）

指定右上角点 <420.0000，297.0000>：210，297（此值是绝对坐标，也可输入相对坐标@210，297）

单击"视图"/"缩放"/"全部"菜单命令，使所设绘图范围充满绘图窗口，可打开状态栏中"栅格"状态转换按钮来查看图形界限区域。

2. 设置绘图单位格式

单击"格式"/"单位"菜单命令，系统会弹出"图形单位"对话框（见图13-1），可以通过此对话框设置长度、角度的格式和精度等（初学者通常不作改动设置）。

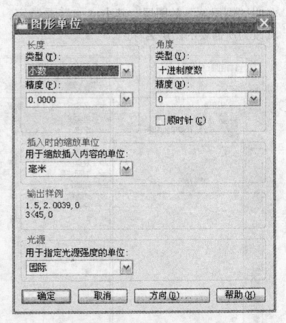

图 13-1 "图形单位"对话框

二、图层、线型的设置

AutoCAD 2010 使用图层来管理和控制复杂的图形。在绘图中，可以将不同种类和用途的图形分别置于不同的图层中，从而实现对相同种类图形的统一管理。形象地说，一个图层就像一张透明的纸，可以在上面分别绘制不同的实体，最后再将这些透明的纸叠加起来。

在 AutoCAD 2010 中，图层设置包括创建和删除图层，设置每一图层的颜色、线型、线宽和控制图层状态等内容。国家标准统一规定了 CAD 图样中的图层、线型、颜色和线宽，可参照表 13-1 进行设置。对于要输出打印的图形，通常全部线型设置成白色。

表 13-1　CAD 图样中图层、线型、颜色和线宽设置规定

图 层 名	线 型	颜 色	线 宽	内 容
01（粗实线）	Continuous	绿色	0.70	粗实线
02（细实线）	Continuous	白色	0.35	细实线、细波浪线、细折线
04（细虚线）	Hidden	黄色	0.35	细虚线
05（细点画线）	Center	红色	0.35	细点画线
07（双点画线）	Phontom	粉红	0.35	细双点画线
08（尺寸）	Continuous	白色	0.35	尺寸线、尺寸值、公差
10（剖面符号）	Continuous	白色	0.35	剖面符号
11（文字）	Continuous	白色	0.35	文字
14、15、16（辅助）	自定	自定	自定	自定

1. 新建图层

单击"常用"/"图层"面板中的 ■ "图层特性"按钮，系统会弹出"图层特性管理器"对话框（见图 13-2）。单击该对话框 ■ "新建图层"按钮，AutoCAD 会自动生成一个名叫"图层×"的图层，其中"×"是数字，表明它是所创建的第几个图层，可以直接将其改为所需要的图层名称。

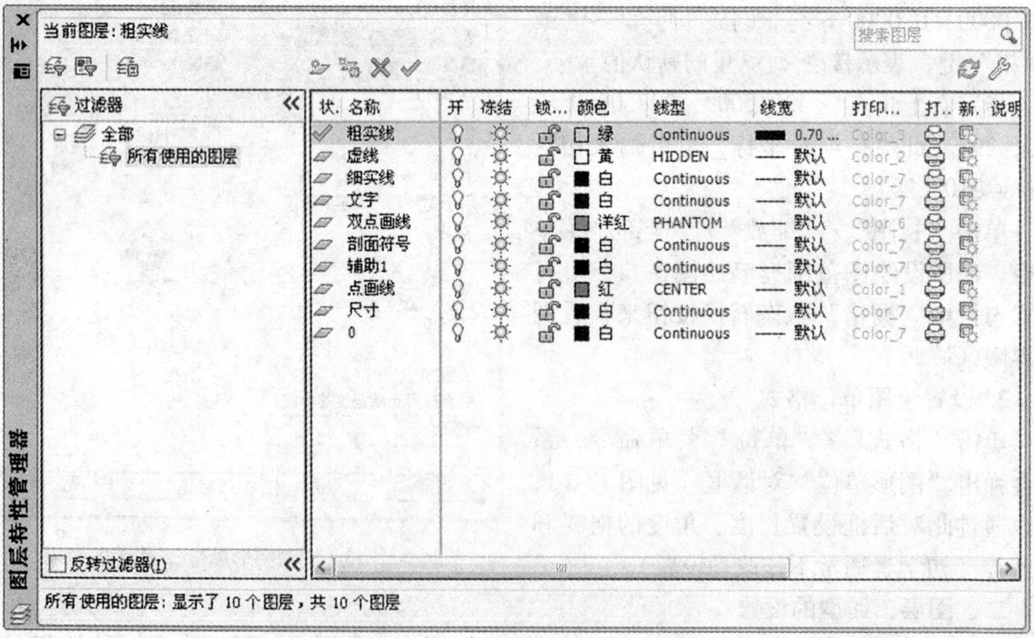

图 13-2　"图层特性管理器"对话框

在 AutoCAD 2010 中，当前正在使用的图层称为当前层。由于用户只能在当前层中绘制图形，因此要使用某图层绘制图形时，需把该图层设置为当前层。选择某一图层，单击该对话框 ✓ "置为当前"按钮，或双击所选图层都可以把该层设置为当前层。

2. 设置线型

可以为每个图层分配一种线型。AutoCAD 2010 提供多种线型，这些线型都存放在"support"目录下"acad.lin"文件中，在默认情况下，线型为连续实线"Continuous"。

（1）装载线型　在使用一种线型前，必须先把它装载到当前图形文件中。在"图层特性管理器"对话框选定一个图层，单击该图层的初始线型名称，系统会弹出"选择线型"对话框（见图 13-3）。单击"加载"按钮，系统会弹出"加载或重载线型"对话框（见图 13-4）。移动滚动条，选择需加载的线型，单击"确定"按钮，这样在"加载和重载线型"对话框的线型列表框中就可看到刚才所选择的线型，表示当前图形文件已加载该线型。

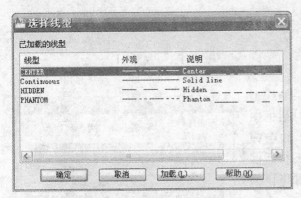

图 13-3　"选择线型"对话框

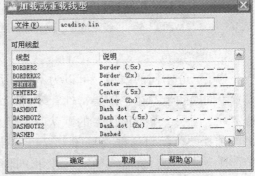

图 13-4　"加载或重载线型"对话框

（2）设置线型　加载线型后，可在"图层特性管理器"对话框中将其赋予某一图层。在"图层特性管理器"对话框中选定一个图层，单击该图层的初始线型名称，在弹出的"选择线型"对话框中选择所需要的线型，单击"确定"按钮。这样在"图层特性管理器"对话框中该图层的线型名会变成所选择的线型。单击"确定"按钮，结束线型设置操作。

（3）线型比例　AutoCAD 2010 线型是由一系列的短线和空格组成，可用"Ltscale"命令更改线型的短线和空格的相对比例，其中线型比例的初始默认值为"1"。绘图时线型比例应和绘图比例相协调，如果绘图比例是 1∶10，则线型比例应设为"10"。

如果要改变线型比例，可在命令行中输入"Ltscale"，并回车，命令行会出现提示："输入新线型比例因子 <1.0000>:"。只需在提示后输入新的线型比例值，并按回车即可，AutoCAD 会自动以新的线型比例值重新生成图形。

（4）线宽设置　AutoCAD 2010 可以为每一个图层的线型定制实际线宽和显示线宽。右键单击状态栏中"线宽"状态转换按钮，单击弹出菜单的设置命令，系统会弹出"线宽设置"对话框（见图 13-5）。在该对话框的"显示线宽"复选框中打"√"，默认文本框中选择"0.35mm"，移动滑动条，调整线宽显示比例到合适位置，单击"确定"按钮完成设置。单击状态栏中"线宽"状态转换按钮，可打开或关闭绘图窗口的线宽显示功能。

对于每一图层的实际线宽设置，可在"图层特性管理器"对话框中选定一个图层，单击该图层的默认线宽，系统会弹出"线宽"对话框（见图 13-6），移动滚动条选择线宽数值，单击"确定"按钮，即可将该线宽赋予所选图层。一般只需设置粗实线层线宽为"0.70mm"，其他图层均采用默认值"0.35mm"。

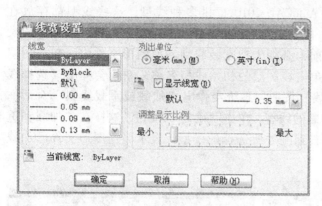

图 13-5 "线宽设置"对话框

图 13-6 "线宽"对话框

3. 设置颜色

为了区分不同的线型，可以为不同图层的线型设置不同的颜色。在"图层特性管理器"对话框中选定一个图层，单击该图层的默认颜色，系统会弹出"选择颜色"对话框（见图 13-7），在该对话框中选择一种颜色，单击"确定"按钮，即可将该颜色赋予所选图层。

4. 控制图层状态

AutoCAD 2010 提供了一组🔆 ☼ 🔒状态开关用以控制图层状态属性。它们分别是"打开"/"关闭"、"冻结"/"解冻"、"上锁"/"解锁"。如果关闭某图层，则该层上的实体将不能在屏幕显示或由输出设备输出，打开反之。在"图层特性管理器"对话框中选定一个图层，单击该图层的开关灯泡，灯泡颜色变成灰色，表示所选图层关闭，其他状态属性同之。

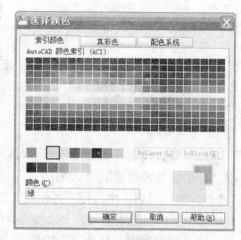

图 13-7 "选择颜色"对话框

三、绘图辅助功能的设置

在计算机绘图中，用鼠标虽然方便快捷，但精度不高，绘制的图形不是很精确，远远不能满足工程制图的要求。因此 AutoCAD 2010 提供了一些绘图辅助工具，如对象捕捉、对象追踪、极轴追踪、动态 UCS、动态输入和快捷特性等工具，可帮助用户绘图更方便直观、更快、更精确。

1. 对象捕捉及追踪

对象捕捉是一个十分有用的工具，当它打开时，十字光标可以被强制性地准确定位已存在实体的特定点或特定位置上，并且十字光标交点处出现该点对象捕捉形状。右键单击状态栏中"对象捕捉"状态转换按钮，单击弹出菜单的设置命令，系统会弹出"草图设置"/"对象捕捉"对话框（见图 13-8）。AutoCAD 2010 共有 13 种对象捕捉，其中最常用 8 种方式的功能见表 13-2。

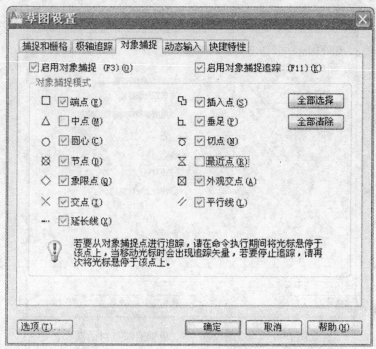

图 13-8 "草图设置"/"对象捕捉"对话框

表 13-2 常用对象捕捉功能

方　式	功　能
端点	捕捉线段或圆弧的端点
中点	捕捉线段或圆弧的中点
圆心	捕捉圆或圆弧的圆心
象限点	捕捉圆或圆弧上可见部分的象限点（四分点）
交点	捕捉实体在视图平面上的交点，但它们在三维空间不相交
垂足	捕捉在线段、圆或圆弧上，或在它们的延长线上，与最后生成的一个点的连线形成正交且离光标最近的点
切点	捕捉在圆或圆弧上，与最后生成的一个点的连线形成相切的离光标最近的点
最近点	捕捉拾取点最近的线段、圆、圆弧等实体上的点

　　在"草图设置"/"对象捕捉"对话框中，可以有选择地在 13 种对象捕捉复选框前打"√"，表示在绘图期间，AutoCAD 2010 会自动在屏幕上捕捉已存在实体的这些特定点。可通过单击状态栏中"对象捕捉"状态转换按钮，来实现打开及关闭对象捕捉方式。

　　对象捕捉追踪是指光标可以沿基于对象捕捉点的水平或垂直对齐路径进行追踪。即选定对象捕捉点，水平或者垂直移动鼠标可以看到一条虚线（追踪路径），可以捕捉路径上的所有点（可以输入数值精确定位）。可通过单击状态栏中"对象追踪"状态转换按钮，来实现打开及关闭对象捕捉追踪方式。

　　2. 极轴追踪及正交方式

　　极轴追踪指光标沿极轴角路径追踪。右键单击状态栏中"极轴"状态转换按钮，单击弹出菜单的设置命令，系统会弹出"草图设置"/"极轴追踪"对话框（见图 13-9）。通常在该选项卡的"增量角"文本框中选择"15"，表示光标可沿着 15 的倍数极轴角路径追踪。

图 13-9 "草图设置" / "极轴追踪" 对话框

正交方式指在绘制图线时，橡皮筋不是第一点与第二点的连线，而是与十字光标平行的线，即水平线或垂直线，并且是较长的那段线。在 AutoCAD 2010 中，如果打开极轴追踪，那么正交方式自动关闭。

3. 动态输入

右键单击状态栏中"动态输入"状态转换按钮，单击弹出菜单的设置命令，系统会弹出"草图设置" / "动态输入"对话框（见图 13-10）。

图 13-10 "草图设置" / "动态输入" 对话框

"启用指针输入"复选框表示在绘图时十字光标附近会动态显示出坐标工具（见图 13-11），用户可以直接在坐标工具中输入坐标值，而不必通过命令行输入。"启用指针输入"选项中的设置按钮用来设置坐标工具中点的显示格式（极轴格式或笛卡尔格式、相对坐标或绝对坐标）及何时显示坐标工具。

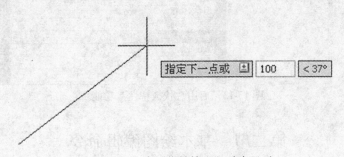

图 13-11　"启用指针输入"动态显示

"可能时启用标注输入"复选框用于确定是否启用标注输入，即当 AutoCAD 提示输入第二个点或距离时，将分别动态显示出标注提示、距离值与角度值的坐标工具（见图 13-12）。同理也可通过设置按钮进行相关设置。需要说明的是，如果同时启用指针输入和标注输入，则标注输入有效时会取代指针输入。

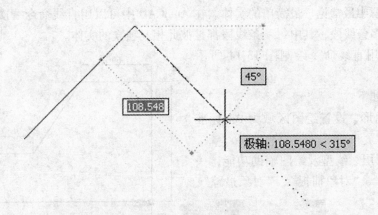

图 13-12　"可能时启用标注输入"动态显示

可通过单击状态栏中"动态输入"状态转换按钮，来实现打开及关闭动态输入功能。为了叙述讲解方便，后面章节都是以不启用动态输入状态来表述，以减少篇幅。可以这么理解，教材中的命令行输入，等同于在"动态输入"状态下的坐标工具输入，所得效果完全一样。

4. 快捷特性

在 AutoCAD 2010 中，提供了快捷特性功能，当用户选择对象时，同时显示"快捷特性"对话框（见图 13-13），从而方便修改对象的属性。可通过单击状态栏中"快捷特性"状态转换按钮，来实现打开及关闭快捷特性功能。

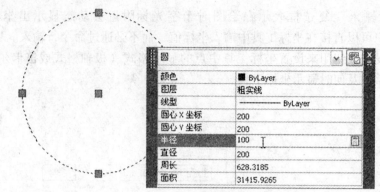

图 13-13　启用"快捷特性"功能

第二节　基本绘图编辑命令

在绘图命令执行过程中，经常要确定点的位置，用户可通过输入点的坐标或捕捉屏幕上已有实体的特殊点来确定点。点的坐标输入方式主要有两种：绝对坐标和相对坐标，每一种又可分为直角坐标或极坐标。在绘图中应尽量采用相对坐标，从而不用去计算每个点的坐标，提高绘图速度。本节主要介绍几个常用的基本绘图编辑命令。

1. 直线（L）

直线是图形中最常见、最简单的实体。在 AutoCAD 中可以用直线命令一次画一条线段，也可以连续画多条线段，其中每一条线段都是彼此相互独立的实体。

例 13-2　用直线命令绘制图 13-14 所示图形。

具体步骤如下：

1）新建图形，设置绘图区域为 A4 标准图幅。

2）设置图层、线型及绘图辅助功能，一般打开"极轴"、"对象捕捉"、"对象追踪"、"线宽"功能。

3）设置粗实线层为当前层（单击图层面板中的 ⟨ 粗实线 ⟩ "图层"按钮，选择粗实线层）。

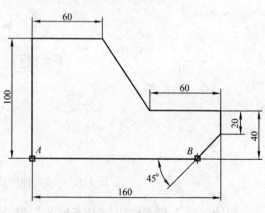

图 13-14　平面图形（一）

4）单击绘图面板 ╱ "直线"命令按钮，或在命令行输入"L"，并回车，命令行会出现提示：

命令：_ line 指定第一点：点 A（在绘图区点取适当位置点）

指定下一点或 [放弃（U）]：100（利用极轴追踪功能，角度为 90°）

指定下一点或 [放弃（U）]：@60 < 0（采用相对极坐标，"60"表示两端点的距离，"0"表示两端点连线与水平 0°方向线的夹角）

指定下一点或 [闭合（C）/放弃（U）]：@40，-60（采用相对直角坐标，"40"表示两端点 X 方向坐标差，"-60"表示两端点 Y 方向坐标差）

指定下一点或［闭合（C）/放弃（U）］：60（利用极轴追踪功能，角度为0°）

指定下一点或［闭合（C）/放弃（U）］：20（利用极轴追踪功能，角度为270°）

指定下一点或［闭合（C）/放弃（U）］：点 B（利用极轴追踪功能，角度为225°，利用对象追踪功能，对特定位置点 A 水平对齐路径进行追踪）

指定下一点或［闭合（C）/放弃（U）］：C（选择闭合选项）

5）保存图形文件。

执行 AutoCAD 命令时，命令行可能会出现多个操作选项。如执行直线命令时，命令行会出现"指定下一点"或"［闭合（C）/放弃（U）："的提示，这时提示有三个操作选项，其中"指定下一点"是默认选项。如果要选择其他操作选项，可输入其选项括号内的字母，并回车，表示选择该选项，执行每一个选项，AutoCAD 会出现不同的提示。

2. 圆（C）

圆是工程绘图中另一种最常见的基本实体，AutoCAD 2010 提供了 6 种画圆方式，这些方式是根据圆心、半径、直径和圆上的点等参数来控制。

例 13-3 绘制图 13-15 所示图形。

绘制一张新图形，同例 13-2 一样，也要设置绘图区域，设置图层和线型，设置绘图辅助功能和保存图形等，为了节省篇幅，以后章节的例子，都不再重复这些步骤。实际上，在 AutoCAD 2010 中，可以定制样板图，样板图可以包括绘图时所需的常用设置。在开始一张新图时，用户可以直接调入样板图，不必每开始一张新图，都要重复设置这些内容，这样可大大提高绘图效率，第十四章将详细介绍样板图相关内容。

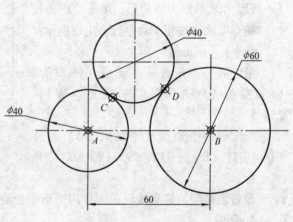

图 13-15　平面图形（二）

具体步骤如下：

1）设置点画线层为当前层，使用直线命令画出下面两个圆的中心线。

2）设置粗实线层为当前层，单击绘图面板 ⊙ "圆"命令按钮，或在命令行输入"C"，并回车，命令行会出现提示：

命令：_ circle 指定圆的圆心或［三点（3P）/两点（2P）/相切、相切、半径（T）］：点 A（捕捉图 13-15 交点 A）

指定圆的半径或［直径（D）］：20（默认选项，输入圆的半径）

命令：（回车表示重复上一命令）

CIRCLE 指定圆的圆心或［三点（3P）/两点（2P）/相切、相切、半径（T）］：点 B（捕捉图 13-15 交点 B）

指定圆的半径或［直径（D）］<20.0000>：D（选择直径选项）

指定圆的直径 <40.0000>：60

命令：

CIRCLE 指定圆的圆心或［三点（3P）/两点（2P）/相切、相切、半径（T）］：T（选择

相切、相切、半径选项)

指定对象与圆的第一个切点：点 C（理论切点的附近点）

指定对象与圆的第二个切点：点 D（理论切点的附近点）

指定圆的半径 < 30.0000 >：20

3）设置点画线层为当前层，使用直线命令画出上面圆的中心线。

画圆时，选用相切、相切、半径选项，提示指定切点时，由于存在许多种相切形式，应选取欲画圆理论切点的附近点，否则所画圆并不是希望得到的圆。

3. 矩形

例 13-4 绘制 A3 标准图幅图纸边框（见图 13-16）。

AutoCAD 2010 可用矩形命令绘制出矩形，所画出来的矩形是一个实体。

具体步骤如下：

设置粗实线层为当前层，单击绘图面板 ⬜ "矩形" 命令按钮，命令行会出现提示：

命令：_ rectang

指定第一个角点或［倒角（C）/标高（E）/圆角（F）/厚度（T）/宽度（W）］：25，5

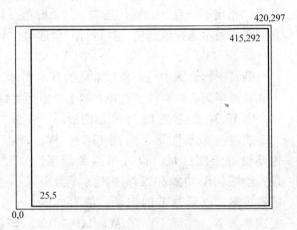

图 13-16　图纸边框

指定另一个角点或［面积（A）/尺寸（D）/旋转（R）］：415，292（输入对应角点坐标）

设置当前层为细实线层，同样用矩形命令绘制图幅界线。

4. 圆弧

圆弧是图形中另一重要的实体，AutoCAD 2010 提供了多种不同的画圆弧方式。这些方式是根据圆弧的起点、终点、圆心、角度、方向、弦长等来确定。

例 13-5 绘制图 13-17 所示图形（点画线不画，不标注尺寸）。

具体步骤如下：

单击绘图面板 ◠ "圆弧" 命令按钮，命令行会出现提示：

命令：_ arc 指定圆弧的起点或［圆心（C）］：C（选择圆心选项）

指定圆弧的圆心：点 A（在绘图区点取适当位置点）

指定圆弧的起点：@ 70，0（见图 13-17 点 C）

指定圆弧的端点或［角度（A）/弦长（L）］：A（选择角度选项）

指定包含角：60

命令：

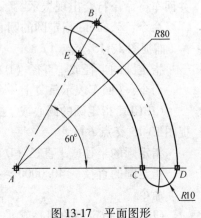

图 13-17　平面图形

ARC 指定圆弧的起点或［圆心（C）］：C

指定圆弧的圆心：点 *A*（捕捉图 13-17 点 *A*）

指定圆弧的起点：90（利用极轴追踪功能，角度为 0°）

指定圆弧的端点或［角度（A）/弦长（L）］：点 B（利用极轴追踪功能，角度为 60°）

命令：

ARC 指定圆弧的起点或［圆心（C）］：点 *C*（捕捉图 13-17 点 *C*）

指定圆弧的第二点或［圆心（C）/端点（E）］：E（选择端点选项）

指定圆弧的端点：点 D（捕捉图 13-17 点 *D*）

指定圆弧的圆心或［角度（A）/方向（D）/半径（R）］：A

指定包含角：180

命令：

ARC 指定圆弧的起点或［圆心（C）］：点 *B*（捕捉图 13-17 点 *B*）

指定圆弧的第二点或［圆心（C）/端点（E）］：E

指定圆弧的端点：点 E（捕捉图 13-17 点 *E*）

指定圆弧的圆心或［角度（A）/方向（D）/半径（R）］：R（选择半径选项）

指定圆弧半径：10

在 AutoCAD 2010 中，默认的画圆弧方向是沿逆时针方向，从起始点画到终止点。否则画出的是另一段圆弧。

5. 放弃/重做上一次操作

单击"快速访问"工具栏工具条 ↰ "放弃"命令按钮，即可放弃上一次操作，可以多次放弃以前的操作。另外，可单击"快速访问"工具栏 ↱ "重做"命令按钮，重做被放弃的操作，但重做命令相对于刚执行的放弃上一次操作命令，只能重做一次。

6. 删除（E）

在绘图过程中，经常会产生一些中间阶段的实体，可能是一些辅助线或错误的图线。删除命令为用户提供了删除这些实体的方法，也可用键盘上的"Delete"键实现删除操作。

在执行删除命令时，要对实体进行目标选择，被选择的实体将呈高亮度显示，即组成实体的边界轮廓线由原先的图线变成虚线，十分明显地与那些未被选中的实体区分开来。

例 13-6 删除图 13-18 所示图形的一些实体。

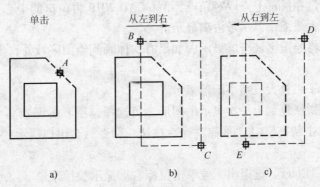

图 13-18 实体选择方式

具体操作如下：

（1）单击选取　单击修改面板 ✐ "删除" 命令按钮或在命令行输入 "E"，并回车，命令行会出现提示：

命令：＿erase

选择对象：点 A（见图 13-18a）找到 1 个（直线）

选择对象：（结束选择）

（2）窗口方式　窗口方式的矩形框窗口是从左向右定义的，全在窗口内的实体才被选中，而位于窗口外部以及与窗口相交的实体均未被选中。执行删除命令，命令行会出现提示：

命令：＿erase

选择对象：点 B（见图 13-18b）指定对角点：点 C（图 13-18b）找到 2 个（2 根直线）

选择对象：

（3）交叉方式　交叉方式的矩形框窗口是从右向左定义的，不仅位于窗口内部的对象被选中，而且与窗口边界相交的对象也被选中。执行删除命令，命令行会出现提示：

命令：＿erase

选择对象：点 D（见图 13-18c）指定对角点：点 E（见图 13-18c）找到 5 个（4 根直线、1 个矩形）

选择对象：

在选择实体过程中，还可以对已被选择的实体进行删除，只需在选择扣除实体的同时按键盘的 "shift" 键即可，那么被删除的实体高亮度显示将消失。

7. 显示缩放平移

在绘图过程中，绘图窗口中显示的图形可能显示区域太大或不够，不利于准确地绘制、编辑，AutoCAD 2010 提供了显示缩放平移命令，可对图形的显示大小进行缩放、平移。

（1）缩放　单击状态栏 🔍 "缩放" 命令按钮，命令行会出现提示：

命令：'＿ZOOM

指定窗口的角点，输入比例因子（nX 或 nXP），或者［全部（A）/中心（C）/动态（D）/范围（E）/上一个（P）/比例（S）/窗口（W）/对象（O）］＜实时＞：

实时缩放方式通常可用鼠标中键来实现，向前滚动表示放大，向后滚动表示缩小。

窗口缩放是通过在屏幕上点取对角点，AutoCAD 2010 将窗口的中心变成新的显示中心，窗口内的区域被放大或缩小以尽量占满显示屏幕。

全屏缩放是指将绘图区域全屏显示，如果有实体画到绘图区域外，则显示全部图形，可选择选项 A 实现。

可输入比例因子来放大或缩小图形显示。

缩放上一个是指恢复到上一次显示的图形，可选择选项 P 实现。

（2）平移　单击状态栏 ✋ "平移" 命令按钮，命令行会出现提示：

命令：'＿PAN

按 "Esc" 或 "Enter" 键退出，或单击鼠标右键显示快捷菜单。

这时 AutoCAD 2010 屏幕上的十字光标会变成一小手，可通过拖动鼠标的方式移动整个图形，按 "Esc" 或 "Enter" 键退出平移状态。

第三节　绘制平面图形

绘制平面图形是绘制机件视图的基础。任何平面图形都是由各种直、曲线段组成的，平面图形内的线段之间可能彼此相交、等距或相切等。

图 13-19 是一个典型的平面几何图形，通过绘制这个图形（不标注尺寸），可学习"复制对象"、"夹点"、"修剪"、"正多边形"、"旋转"等命令。

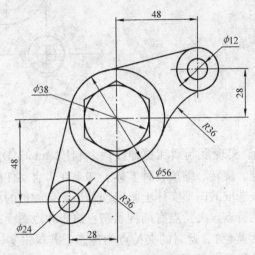

图 13-19　平面图形

具体步骤如下：

1）新建图形，设置绘图区域为 A4 标准图幅。

2）设置图层、线型及绘图辅助功能，一般打开极轴、对象捕捉、对象追踪、线宽功能。

3）设置点画线层为当前层，绘制图 13-20 所示的细点画线。

4）复制点画线。单击修改面板 "复制"命令按钮，命令行会出现提示：

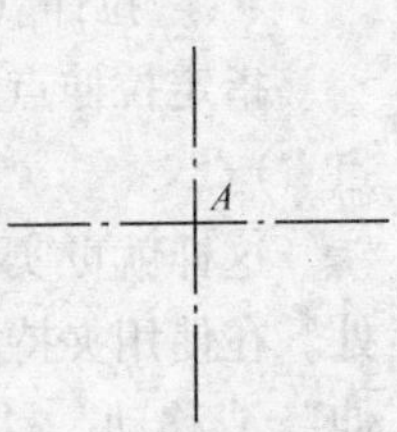

命令：_ copy

选择对象：指定对角点：找到 2 个（实体选择方式选中图 13-20 的 2 条点画线）

选择对象：（结束选择）

当前设置：　复制模式 = 多个

图 13-20　绘制点画线

指定基点或［位移（D）/模式（O）］＜位移＞：点 A（捕捉图 13-20 交点 A）

指定第二个点或 ＜使用第一个点作为位移＞：@48，28（相对坐标）

指定第二个点或［退出（E）/放弃（U）］＜退出＞：@ - 28，- 48

指定第二个点或［退出（E）/放弃（U）］＜退出＞：（回车结束多重复制）

这样会得到图 13-21 所示的图形。

5）绘制图 13-22 所示的圆。

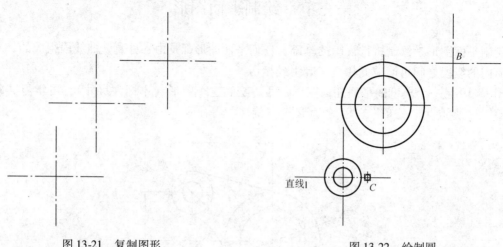

图 13-21　复制图形　　　　　　　　　　图 13-22　绘制圆

6）利用夹持点功能、实现复制圆和拉伸线段。利用 AutoCAD 2010 的夹持点功能可以快捷地复制、移动、拉伸、旋转、缩放各种实体。如果在未启动任何命令的情况下，选择要编辑的实体目标，那么被选取的图形实体上将出现若干个带颜色的小方框，这些小方框是图形实体的特征点，称为夹持点。夹持点有两种状态：热态和冷态。选择图形实体后，实体上出现若干夹持点（通常为蓝色），此时的夹持点为冷态。若单击实体上的某个夹持点，将看到该夹持点呈高亮度颜色显示（通常为红色），此时夹持点就是热态。

选取图 13-22 中 $\phi 24$ 的圆（点 C 左边的大圆），会出现 5 个夹持点，单击圆心处的夹持点，使之处于热态，命令行会出现提示：

命令：

＊＊拉伸＊＊

指定拉伸点或［基点（B）/复制（C）/放弃（U）/退出（X）］：C（选择复制选项）

＊＊拉伸（多重）＊＊

指定拉伸点或［基点（B）/复制（C）/放弃（U）/退出（X）］：点 B（捕捉图 13-22 交点 B）

这样就可实现复制 $\phi 24$ 的圆到点 B 处，同理复制 $\phi 12$ 的圆（点 C 左边的小圆）到点 B 处。在使用夹持点功能时，如果在提示后输入 ST、MO、RO、SC、MI，分别表示执行"拉伸"、"移动"、"旋转"、"缩放"和"镜像"等命令操作。

选取图 13-22 上"直线 1"，系统会出现 3 个夹持点，单击右边的夹持点，使之处于热态，命令行会出现提示：

命令：

＊＊拉伸＊＊

指定拉伸点或［基点（B）/复制（C）/放弃（U）/退出（X）］：点 C（用最近点捕捉图 13-22 点 C，保证点画线长出轮廓线 3mm 左右）

同理拉伸其他点画线，这样会得到图 13-23 所示的图形。

7）绘制图 13-24 所示切线和连接弧。绘制切线时，切线的起始点、终点都需对象捕捉切点；绘制连接弧，采用圆命令的相切、相切、半径（T）选项来完成。

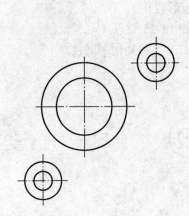

图 13-23　复制圆和拉伸点画线

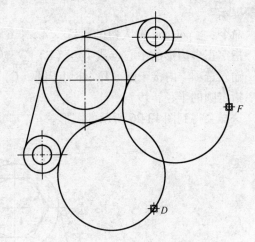

图 13-24　绘制切线及连接弧

8）修剪图形。单击修改面板 "修剪" 命令按钮，命令行会出现提示：

命令：_ trim

当前设置：投影 = UCS，边 = 无

选择剪切边 ...

选择对象或 ＜全部选择＞：找到 1 个（选取 ϕ56 的圆作为剪切边界的实体）

选择对象：找到 1 个，总计 2 个（选取上端 ϕ24 圆作为剪切边界的实体）

选择对象：找到 1 个，总计 3 个（选取下端 ϕ24 圆作为剪切边界的实体）

选择对象：（结束选择）

选择要修剪的对象，或按住 "Shift" 键选择要延伸的对象，或［栏选（F）/窗交（C）/投影（P）/边（E）/删除（R）/放弃（U）］：点 D（选取欲修剪切实体多余的部分）

选择要修剪的对象，或按住 "Shift" 键选择要延伸的对象，或［栏选（F）/窗交（C）/投影（P）/边（E）/删除（R）/放弃（U）］：点 F（选取欲修剪切实体多余的部分）

选择要修剪的对象，或按住 "Shift" 键选择要延伸的对象，或［栏选（F）/窗交（C）/投影（P）/边（E）/删除（R）/放弃（U）］：（结束选择）

这样会得到图 13-25 所示的图形。

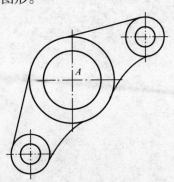

图 13-25　修剪图形

9）绘制正多边形。单击绘图面板展开折叠区域的⬡"正多边"形命令按钮，命令行会出现提示：

命令：_ polygon 输入边的数目 <4>：6（输入多边形数）

指定正多边形的中心点或［边（E）］：点 A（捕捉图 13-25 交点 A）

输入选项［内接于圆（I）/外切于圆（C）］<I>：C（选择外切于圆选项）

指定圆的半径：19

这样会得到图 13-26 所示的图形。

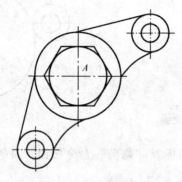

图 13-26　绘制正六边形

10）旋转多边形。单击修改面板⟳"旋转"按钮，命令行会出现提示：

命令：_ rotate

UCS 当前的正角方向：ANGDIR = 逆时针　ANGBASE = 0

选择对象：找到 1 个（选择图 13-26 正多边形）

选择对象：

指定基点：点 A（捕捉图 13-26 交点 A）

指定旋转角度，或［复制（C）/参照（R）］<0>：30（输入旋转角度）

这样会得到图 13-19 所示的图形。

11）保存图形文件。

第十四章 视图的画法

第一节 定义样板图

工程技术人员用手工绘图时，通常是先确定图纸的图幅，然后选取相应大小的带边框及标题栏的白图纸，进而开始绘图，这样的白图纸就是样板图。计算机绘图也有同样的选择样板图过程，与手工绘图使用白图纸作样板图所起的作用不同的是，计算机绘图中的样板图不仅仅是一些已绘好图框及标题栏的标准图幅，而且这些样板图文件中还包含绘图时计算机所需的常用绘图变量及参数的设置信息、图层及线型的设置信息、图形的初始化信息和图形显示管理信息等。样板图能使用户方便、准确地绘图，并且大大提高绘图速度。

例 14-1 绘制 A3 标准图幅样板图。

具体操作如下：

1）新建图形，设置绘图区域为 A3 标准图幅。

2）设置绘图时的长度、角度单位与格式。

3）根据国家标准设置图层、线型，设置适合的线型比例。

4）设置绘图辅助功能，一般打开"极轴"、"对象捕捉"、"对象追踪"、"线宽"功能。

5）设置文字式样（第十五章介绍）。

6）设置尺寸式样（第十五章介绍）。

7）绘制图框及标题栏。标题栏的格式和尺寸，见本书第一章的图 1-3、图 1-4 所示。

8）存盘为样板图文件。

单击"菜单浏览器"按钮，单击弹出菜单的"另存为"命令，系统会弹出图 12-15 所示的"图形另存为"对话框，在文件类型下拉列表中选取 AutoCAD 图形样板文件（ *.dwt），AutoCAD 2010 会将文件自动保存在 AutoCAD 2010/R18.0/chs/Template/目录下，在文件名文本框输入"A3"，单击"保存"按钮，这样就建立了一个文件名为"A3.dwt"的A3 标准图幅样板图。

下次使用新建命令开始一张新图时，会发现在图 12-14"选择文件"对话框的文件列表中就存在"A3.dwt"样本文件，用户就可以直接调用这个样板图，而没有必要每开始一张新图，都要重复设置这些内容。同理，用户可以建立不同图幅的样板图，以适应于不同的绘图需要。

第二节 机件视图的画法

本节通过介绍机件视图画法的具体实例，学习 AutoCAD 2010 的一些常用绘图和编辑命令。

一、绘制轴的视图

例 14-2　图 14-1 所示是一轴的零件图，通过绘制这个图形，学习"镜像"、"倒角"、"用户坐标系"、"多段线"、"样条曲线"、"填充图案"、"移动"等命令。文字标注，将在第十五章详细介绍。

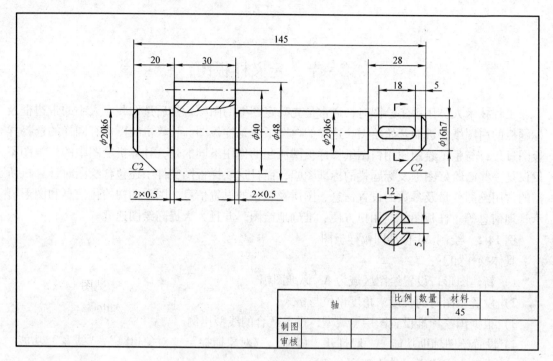

图 14-1　轴零件图

具体步骤如下：

（1）新建图形　调用 A3 标准图幅样板图，绘制图 14-2 所示图形。

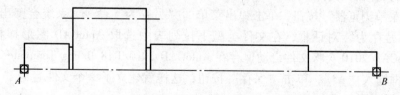

图 14-2　绘制轴主视图

（2）镜像图形　单击修改面板 ⚎ "镜像"命令按钮，命令行会出现提示：

命令：_ mirror

选择对象：指定对角点：找到 19 个（实体选择方式，选取欲镜像的图形）

选择对象：

指定镜像线的第一点：点 A（见图 14-2）

指定镜像线的第二点：点 B（见图 14-2）

是否删除源对象？［是（Y）/否（N）］＜N＞:（不删除源对象）

这样会得到图 14-3 所示图形。

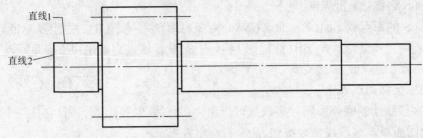

图 14-3　镜像图形

（3）绘制倒角　单击修改面板 ⌐·"倒角"命令按钮，命令行会出现提示：

命令：_ chamfer

（"修剪"模式）当前倒角距离 1 = 0.0000，距离 2 = 0.0000

选择第一条直线或［放弃（U）/多段线（P）/距离（D）/角度（A）/修剪（T）/方式（E）/多个（M）］：　d（选择距离选项）

指定第一个倒角距离 <0.0000>：2（输入倒角距离）

指定第二个倒角距离 <2.0000>：

选择第一条直线或［放弃（U）/多段线（P）/距离（D）/角度（A）/修剪（T）/方式（E）/多个（M）］：直线 1（见图 14-3）

选择第二条直线，或按住"Shift"键选择要应用角点的直线：直线 2（见图 14-3）

当进行倒角时，若设置的倒角距离太大或两条直线平行、发散等，AutoCAD 2010 都无法进行倒角，并提示错误信息。当两个倒角距离均为零时，倒角命令延伸选定的两条直线使之相交，但不产生倒角。

同理，对其他直线进行倒角，再画出倒角处的两条直线，这样会得到图 14-4 所示图形。

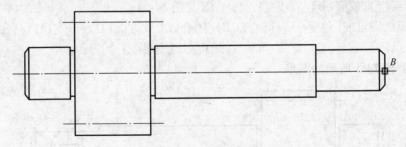

图 14-4　绘制倒角

（4）定义用户坐标系　AutoCAD 2010 中有两种坐标系，一种是世界坐标系，另一种是用户坐标系。世界坐标系是固定的，不能在 AutoCAD 2010 中加以改变的坐标系，这个坐标系的点由唯 的 X、Y、Z 坐标确定。用户坐标系简单地说就是用户自己定义的专用坐标系。用户可以通过命令设置新用户坐标系原点，新的坐标方向等，并且可以对用户坐标命名，在不同的用户坐标系中转换。

用户坐标系命令配置在"视图"/"坐标"面板上，单击坐标面板 ⌐ "UCS"命令按钮，或在命令行输入"UCS"，并回车，命令行会出现提示：

命令：ucs

当前 UCS 名称：＊世界＊

指定 UCS 的原点或 [面(F)/命名(NA)/对象(OB)/上一个(P)/视图(V)/世界(W)/X/Y/Z/Z 轴(ZA)] ＜世界＞：点 B(捕捉图 14-4 点 B,设置该点为新用户坐标系原点)

指定 X 轴上的点或 ＜接受＞：

UCS 图标会移到点 B 上。

(5)用多段线绘制键外形图　多段线可以由许多直线、圆弧组成,并且它是一个实体。

单击绘图面板 多段线命令按钮,命令行会出现提示：

命令：_pline

指定起点：−7.5,2.5(用新的用户坐标系计算图 14-5 点 C 的坐标)

当前线宽为 0.000

指定下一个点或 [圆弧(A)/半宽(H)/长度(L)/放弃(U)/宽度(W)]:13(利用极轴追踪功能,角度为 180°)

指定下一点或 [圆弧(A)/闭合(C)/半宽(H)/长度(L)/放弃(U)/宽度(W)]:A(选择圆弧选项)

指定圆弧的端点或[角度(A)/圆心(CE)/闭合(CL)/方向(D)/半宽(H)/直线(L)/半径(R)/第二个点(S)/放弃(U)/宽度(W)]:5(利用极轴追踪功能,角度为 270°,二点画弧)

指定圆弧的端点或[角度(A)/圆心(CE)/闭合(CL)/方向(D)/半宽(H)/直线(L)/半径(R)/第二个点(S)/放弃(U)/宽度(W)]:L(选择直线选项)

指定下一点或 [圆弧(A)/闭合(C)/半宽(H)/长度(L)/放弃(U)/宽度(W)]:13(利用极轴追踪功能,角度为 0°)

指定下一点或 [圆弧(A)/闭合(C)/半宽(H)/长度(L)/放弃(U)/宽度(W)]:A

指定圆弧的端点或[角度(A)/圆心(CE)/闭合(CL)/方向(D)/半宽(H)/直线(L)/半径(R)/第二个点(S)/放弃(U)/宽度(W)]:点 C(见图 14-5)

指定圆弧的端点或[角度(A)/圆心(CE)/闭合(CL)/方向(D)/半宽(H)/直线(L)/半径(R)/第二个点(S)/放弃(U)/宽度(W)]:(结束多段线命令)

这样得到图 14-5 所示的图形。

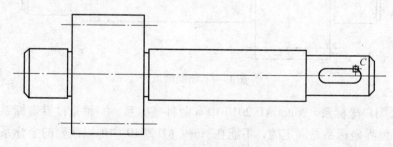

图 14-5　绘制键外形图

(6) 绘制样条曲线（波浪线）　单击绘图面板展开折叠区域的 "样条曲线"命令按钮，命令行会出现提示：

命令：_ spline

指定第一个点或 [对象 (O)]: 点 D (最近点捕捉图 14-6 点 D)

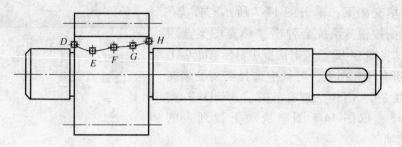

图 14-6　绘制样条曲线

指定下一点：点 E（适当位置的点）

指定下一点或［闭合（C）/拟合公差（F）］＜起点切向＞：点 F（适当位置的点）

指定下一点或［闭合（C）/拟合公差（F）］＜起点切向＞：点 G（适当位置的点）

指定下一点或［闭合（C）/拟合公差（F）］＜起点切向＞：点 H（最近点捕捉图 14-6 点 *H*）

指定下一点或［闭合（C）/拟合公差（F）］＜起点切向＞：

指定起点切向：

指定端点切向：

再画出齿根线，得到如图 14-6 所示的图形。

（7）绘制剖面线　在工程制图过程中，经常要把某种图案（如机械制图中的剖面线）填入某一封闭区域。单击绘图面板 □ "图案填充"命令按钮，系统会弹出"边界填充和渐变色/图案填充"对话框，如图 14-7 所示。

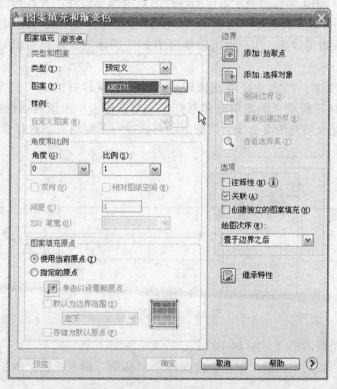

图 14-7　"图案填充和渐变色"对话框

1) 选择填充图案：单击图 14-7 所示"图案"选项右边的 ▭ 按钮，系统会弹出"填充图案选项板"对话框（见图 14-8），该对话框中显示 AutoCAD 2010 默认的所有填充图案，可从中选择需要的填充图案。剖面线是"ANSI"选项卡的"ANSI31"类型，也可直接选取图 14-7 图案选项下拉列表的"ANSI31"选项。

2) 输入填充图案的角度和比例：每种填充图案在初始定义时的旋转角为零，初始比例为 1。在图 14-7 所示"角度"文本框中输入角度值，对于剖面线相当于改变剖面线的方向。同样在图 14-7 所示"比例"文本框中输入比例值，对于剖面线，比例不同相当于剖面线间隔不同。

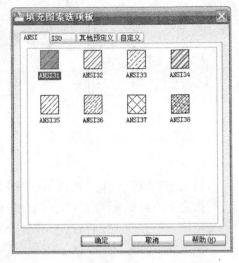

图 14-8　"填充图案选项板"对话框

3) 确定填充区域的边界：单击图 14-7 所示 ⊞ "拾取点"命令按钮，该按钮是以拾取点的形式自动确定填充区域的边界。这时 AutoCAD 2010 会临时切换到作图屏幕，并在命令提示行出现提示：

命令：_ bhatch

拾取内部点或［选择对象（S）/删除边界（B）］：点 I（选择图 14-9 所示填充区域内一点）

这时 AutoCAD 2010 会自动确定出包围该点的封闭填充边界，并且被选中的填充边界会以高亮度显示，还可以多次选择填充区域。如果所选区域不能形成一封闭的填充边界，AutoCAD 2010 会提示错误信息。用户也可以单击图 14-7 所示 ▦ "选择对象"命令按钮来选择指定的填充区域。

4) 执行填充图案：当定义好填充区域后，按一下鼠标右键或"回车"键，AutoCAD 2010 会切换回图 14-7 所示"图案填充和渐变色"对话框，单击该对话框的"确定"按钮，AutoCAD 2010 则结束填充图案命令，按指定的方式进行图案填充。这样会得到图 14-9 所示的图形。

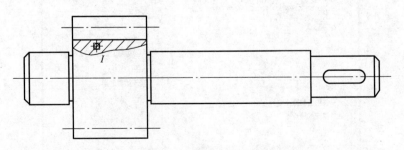

图 14-9　填充剖面线

（8）绘制键槽断面图（见图 14-10）。

（9）移动图形到适当位置　单击修改面板 ✛ "移动"命令按钮，命令行会出现提示：

命令：_ move

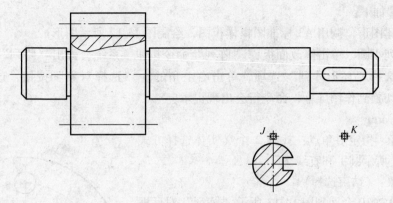

图 14-10　绘制轴断面图

选择对象：指定对角点：找到 8 个（实体选择方式，选取轴的断面图）

选择对象：

指定基点或［位移（D）］＜位移＞：点 J（见图 14-10）

指定第二个点或 ＜使用第一个点作为位移＞：点 K（见图 14-10）

这样会得到图 14-1 所示的图形。

二、绘制圆盘的视图

例 14-3　图 14-11 是圆盘的两视图。通过绘制这个图形，学习"阵列"、"圆角"、"延伸"等命令。

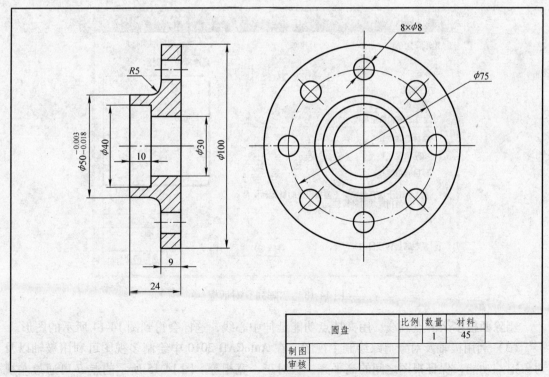

图 14-11　圆盘零件图

具体步骤如下：

（1）新建图形　调用 A3 标准图幅样板图，绘制图 14-12 所示图形。

（2）阵列小圆　单击修改面板 ⊞ "阵列"命令按钮，系统会弹出"阵列"对话框（见图 14-13），选择"环形阵列"选项，单击右上角的 ⚃ "选择对象"按钮，这时 AutoCAD 2010 会临时切换到作图屏幕，命令行会出现提示：

命令：_ array

选择对象：指定对角点：找到 2 个（实体选择方式选择图 14-12 所示圆 1 和直线 2）

选择对象：（结束选择）

AutoCAD 2010 会回到图 14-13 所示"阵列"对话框上，单击该对话框的 ⚃ "拾取中心点"按钮，这时 AutoCAD 2010 又会临时切换到作图屏幕，命令行会出现提示：

指定阵列中心点：点 A（捕捉图 14-12 所示圆心点 A）

AutoCAD 2010 再次回到图 14-13 所示"阵列"对话框上，设置该对话框中项目总数为 8，填充角度为 360°，选择复制时旋转项目选项，单击"确定"按钮，结束阵列命令。

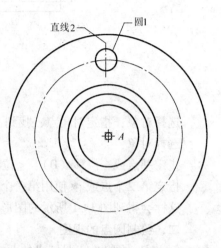

图 14-12　绘制圆盘左视图

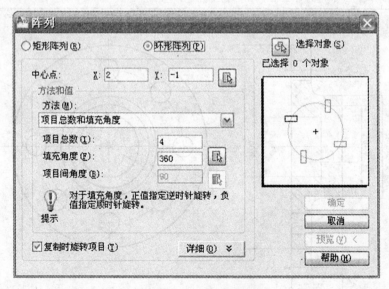

图 14-13　"阵列"对话框

删除两根多余的点画线，用夹持点功能延伸中心线，这样会得到图 14-14 所示的图形。

（3）利用极轴及对象追踪绘制主视图　在 AutoCAD 2010 中绘制多视图可利用极轴以及对象追踪功能，保证视图之间的高平齐、长对正、宽相等。图 14-15 所示的点 B 可通过左视图的点 C 对象追踪在适当位置点取点得到，而点 D 则可通过点 B 极轴追踪、点 E 对象追踪

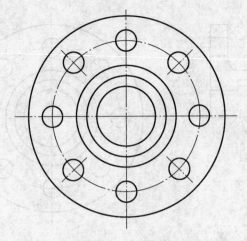

图 14-14　阵列图形

得到，其他点同理。这样能迅速地绘出图 14-15 所示图形。

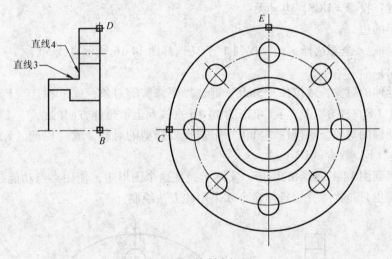

图 14-15　绘制主视图

（4）倒圆角　单击修改面板 □ "圆角"命令按钮，命令行会出现提示：

命令：_ fillet

当前设置：模式 = 修剪，半径 = 0.0000

选择第一个对象或［放弃（U）/多段线（P）/半径（R）/修剪（T）/多个（M）］：　R（选择半径选项）

指定圆角半径 <0.0000> : 5

选择第一个对象或［放弃（U）/多段线（P）/半径（R）/修剪（T）/多个（M）］：直线 3（见图 14-15）

选择第二个对象，或按住 Shift 键选择要应用角点的对象：直线 4（见图 14-15）

这样会得到图 14-16 所示的图形。

（5）延伸直线　单击修改面板 -/ "延伸"命令按钮，命令行会出现提示：

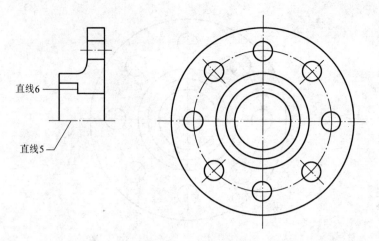

图 14-16　倒圆角

命令：_ extend

当前设置：投影 = UCS，边 = 无

选择边界的边 …

选择对象或 ＜全部选择＞：　找到 1 个（选择图 14-16 所示直线 5）

选择对象：

选择要延伸的对象，或按住"Shift"键选择要修剪的对象，或［栏选（F）/窗交（C）/投影（P）/边（E）/放弃（U）］：（单击图 14-16 直线 6 上欲延伸方向的点）

选择要延伸的对象，或按住"Shift"键选择要修剪的对象，或［栏选（F）/窗交（C）/投影（P）/边（E）/放弃（U）］：

这样会得到图 14-17 所示的图形。实际上，在这个图形中，使用夹点功能或直线命令绘图更快捷，这里只是为了介绍延伸命令才采用此方法绘制。

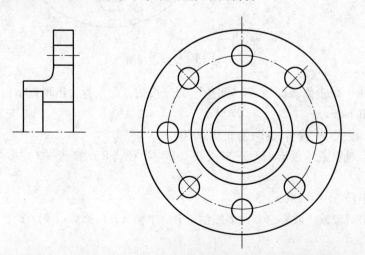

图 14-17　延伸直线

（6）镜像、绘制剖面线、保存图形　这样会得到图 14-11 所示的图形。

第三节　特性管理

每个图形、每一线条都有其不同的粗细、形式（实线、虚线或中心线）等，实体的这些特性被称为属性。在 AutoCAD 2010 中，可以通过"特性"对话框对实体属性进行修改，"特性"对话框中实体的所有属性一目了然，修改起来极为方便。如果只是编辑修改实体的常用特性，可打开状态栏"快捷特性"状态转换按钮即可，通常选择实体后，同时在绘图窗口就会显示"快捷特性"对话框。

单击特性面板右下角的"特性"命令按钮，系统会弹出"特性"对话框（见图 14-18），通常双击实体也可弹出"特性"对话框。打开"特性"对话框后，如果没有选中实体对象，对话框会显示当前的主要绘图环境设置；如果选择单一实体对象，对话框会显示该实体的全部特性及其当前设置；如果选择多个实体对象，对话框会显示这些实体的公共特性及其当前设置。用户只需更改实体属性的值，就可完成对实体编辑。

例 14-4　修改图 14-19 所示圆的圆心、半径及线型。

打开状态栏"快捷特性"状态转换按钮，选择图 14-19 的圆实体，系统会弹出"快捷特性"对话框，如图 14-20 所示。

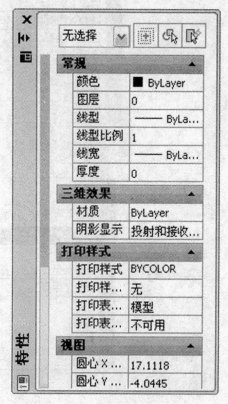

图 14-18　"特性"对话框

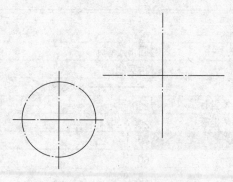

图 14-19　平面图形（一）

（1）修改图层　选择图 14-20"快捷特性"对话框的"图层"选项，单击右端的下拉列表，选择"粗实线"层（见图 14-21），这样圆的线型就会变成粗实线。

（2）修改半径值　选择图 14-20"快捷特性"对话框的"半径"选项，在右端的文本框中输入"30"（见图 14-22），这样圆的半径会变成"30"。

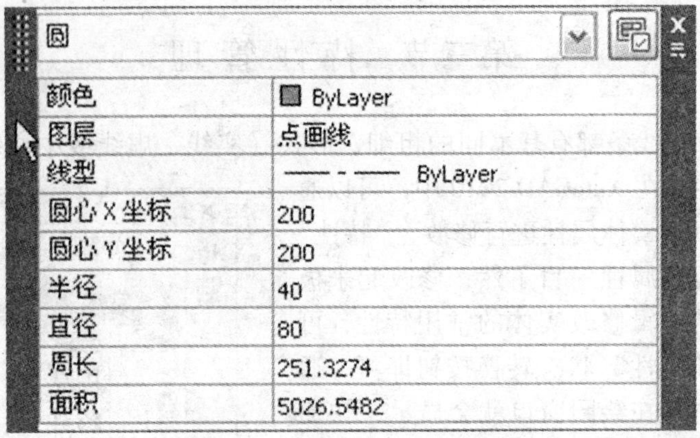

图 14-20　"快捷特性"对话框

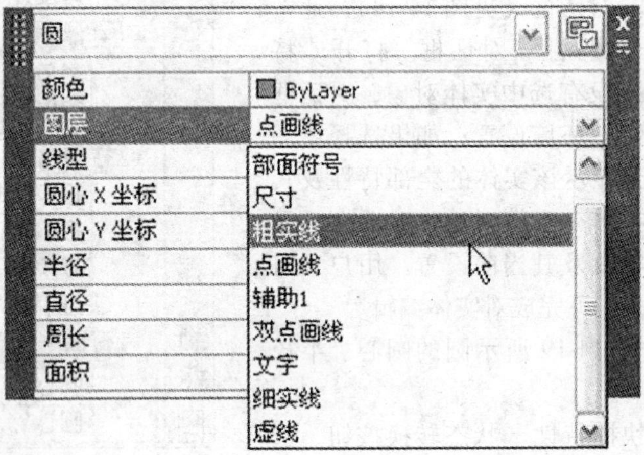

图 14-21　修改图层

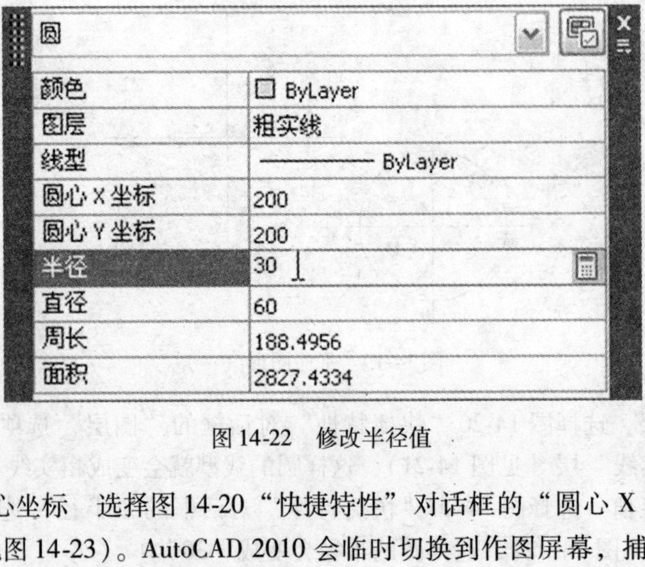

图 14-22　修改半径值

（3）修改圆心坐标　选择图 14-20 "快捷特性"对话框的"圆心 X 坐标"选项，单击右端的 按钮（见图 14-23）。AutoCAD 2010 会临时切换到作图屏幕，捕捉图 14-24 所示点

A，这样圆的圆点会变成点 *A*。用户也可以直接在其右边的文本框中输入数值进行修改。

这样会得到图 14-24 所示的图形。

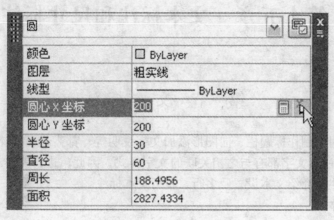

图 14-23　修改圆心坐标

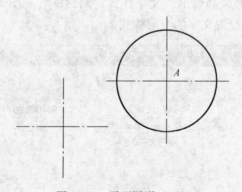

图 14-24　平面图形（二）

第十五章 文本标注和尺寸标注

第一节 文 本 标 注

在绘制图形时，制作标题栏、向图形添加文字说明等，都需进行文本标注。对于 Auto-CAD 2010 而言，所有文字都有与之相关联的文字样式，因此，进行文本标注时必须先设置文字样式。本节主要介绍文本设置及多行、单行文本标注。

一、设置文本

单击"注释"/"文字"面板右下角的 "文字样式"命令按钮，或单击"格式"/"文字样式"菜单命令，系统会弹出"文字样式"对话框（见图 15-1），利用该对话框可以修改或创建文字样式，并设置文字的当前样式。

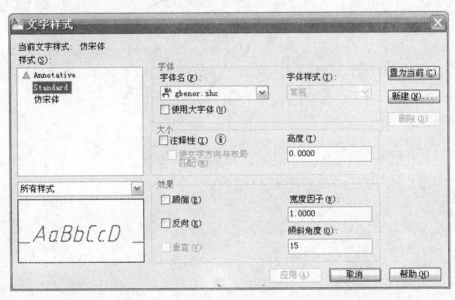

图 15-1 "文字样式"对话框

该对话框样式列表框列出了当前可以使用的文字样式，系统默认样式为"Standard"，它的字体文件默认为宋体。根据国家标准，"Standard"文字样式通常用来书写字母和数字，字体文件通常更改为"gbenor. shx"，字体倾斜角度设置为15°。

绘图时用户还需进行中文标注，因此必须新建一个中文字体文字样式，单击"文字样式"对话框的新建按钮，系统会弹出"新建文字样式"对话框（见图 15-2），输入样式名：仿宋体，单击"确定"按钮，AutoCAD 2010 会回到"文字样式"对话框，

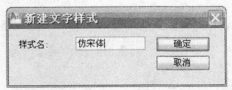

图 15-2 "新建文字样式"对话框

设置字体文件为"仿宋 GB2312"。

这样在绘图时就有两种文字样式供选择，选择其中一种文字样式，单击"文字样式"对话框的"置为当前"按钮，表示此样式作为文本标注时默认的文字样式。用户也可通过单击文字面板文字样式管理按钮，在弹出的文字样式菜单中选择其中一种样式作为文本标注时默认的文字样式（见图 15-3）。

图 15-3　设置当前文字样式

在图 15-1"文字样式"对话框中，字体大小高度设置为 0，表示在使用文本标注命令时可自行设置高度，国家标准规定 A4、A3 号图幅标准字体高度为"3.5"，大于 A3 图幅标准字体高度为"5"。

二、单行文本标注 DTEXT

设置仿宋体为当前文字样式，单击注释面板多行文本按钮下的三角按钮，在弹出的菜单中单击 A 单行文字 "单行文本"命令按钮，或在命令提示行输入"dtext"，并回车，命令行会出现提示：

命令：_ dtext

当前文字样式：　"仿宋体"　文字高度：　2.5000　注释性：　否

指定文字的起点或［对正（J）/样式（S）］：点 A

指定高度 ＜2.5000＞：5

指定文字的旋转角度 ＜0＞：

这时在绘图区 A 点位置出现一个矩形框，直接输入文字"技术要求"，换行直接用"回车"键。可用鼠标单击其他位置继续进行文字标注，用"ESC"键结束命令。

则在绘图窗口显示如下文字：

技术要求

AutoCAD 2010 中为文字行定义了顶线、中线、基线和底线四条线，用于确定文字行的位置。如下所示：

单行文字命令提示第三步"对正（J）"选项用于设置文本对齐方式，选择"对正（J）"时将出现如下提示：

输入选项

[对齐（A）/调整（F）/中心（C）/中间（M）/右（R）/左上（TL）/中上（TC）/右上（TR）/左中（ML）/正中（MC）/右中（MR）/左下（BL）/中下（BC）/右下（BR）]:

这些选项用于设置文本串或文本的放置方式。此提示中的常用选项含义见表15-1。

表15-1　文字标注位置命令说明

对齐	要求确定所标注文字行基线的始点位置与终点位置。输入文字均匀分布于两点之间，文字行的旋转角度由两点间连线的倾斜角度确定；字高、字宽根据两点间的距离和字符的多少按宽度比例自动确定
调整	要求用户确定文字行基线的始点位置、终点位置以及文字的字高。文字均匀分布于指定的两点之间，文字行的旋转角度由两点间连线的倾斜角度确定；字符高度由用户指定，字宽根据两点间的距离和字符的多少自动确定
中心	要求用户确定一点，该点即为所标注文字行基线的中点
中间	要求用户确定一点，该点即为所标注文字行中线的中点
右	要求用户确定一点，该点即为所标注文字行基线的右端点
左上	要求用户确定一点，该点即为所标注文字行顶线的始点
其他	执行命令时，均会提示用户确定相应的插入点、文字高度、文字行的旋转角度等，然后输入文字

实际绘图时，有时需要标注一些特殊符号，如在一段文字的上方或下方加划线、标注°（度）、±、φ等符号，由于这些特殊符号不能从键盘上直接输入，因此，AutoCAD 2010提供了相应的控制符，见表15-2。

表15-2　特殊符号说明

％％O	打开或关闭文字上划线
％％U	打开或关闭文字下划线
％％D	标注度（°）符号
％％P	标注正负公差（±）符号
％％C	标注直径（φ）符号

例如，在绘图区矩形框内输入"在％％UAutoCAD％％U中提供了相应的％％O控制符％％O"则显示如下所示的文字：

在<u>AutoCAD</u>中提供了相应的控制符

三、多行文本标注 MTEXT

设置仿宋体为当前文字样式，单击注释面板的 **A** "多行文本"命令按钮，命令行会出现提示：

命令：_ mtext 当前文字样式："仿宋体"文字高度："3.5"注释性："否"

指定第一角点：点 A（见图15-4）

指定对角点或[高度（H）/对正（J）/行距（L）/旋转（R）/样式（S）/宽度（W）/栏（C）]：点 B（见图15-4）

在绘图窗口中指定一个用来放置多行文字的矩形区域（AB 两点确定宽度），这时系统会弹出文字编辑器面板和文字输入窗口组成的文字编辑器，利用它们可以设置多行文字的样式、字体及大小等属性。

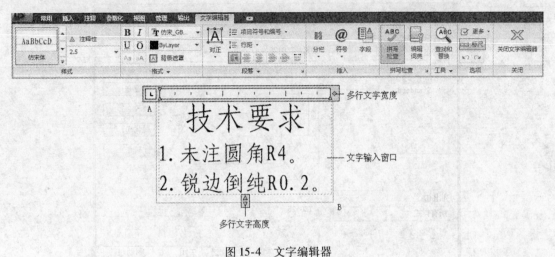

图 15-4　文字编辑器

在文字输入窗口中，可调整右上方的多行文字宽度箭头和正下方多行文字高度箭头来改变多行文字的放置区域。在文字编辑器面板中，有文字的样式（文字样式、高度）、格式（粗体、斜体、下划线、上划线、倾斜角度、字符间距、字符宽度）、文字对齐方式等命令，可用于更改文字编辑器中已有文字的标注方式。更改方法为：选中文字，然后单击对应的按钮；也可选中文字，单击鼠标右键，选择弹出的快捷菜单进行编辑修改。"符号"命令按钮用于在光标位置插入符号，单击该按钮，在弹出的菜单中选取对应符号即可。

当选中的文字包含有"/"、"^"或"#"符号以不同的格式表示分数时，可利用堆叠功能创建堆叠文字，例如分别输入"2004/2008、2004#2008、2004^2008"，选中堆叠的文字并单击鼠标右键，选择弹出快捷菜单的堆叠命令，即可实现对应的堆叠标注，堆叠后的效果如下所示：

$$\frac{2004}{2008} \qquad \frac{2004}{2008} \qquad \frac{2004}{2008}$$

要编辑已创建的多行文字，可通过双击多行文字，来进行编辑修改。

第二节　尺寸标注的设置

在图形设计中，尺寸标注是绘图设计中的一项重要内容，图形中各个实体对象的真实大小和相互位置只有经过尺寸标注后才能确定。本节主要介绍尺寸标注样式的设置。

在 AutoCAD 2010 中，使用标注样式可以控制标注的格式和外观，建立强制执行的尺寸标注标准。单击"注释"/"标注"面板右下角的"标注样式"命令按钮，或单击"格式"/"标注样式"菜单命令，系统会弹出"标注样式管理器"对话框（见图 15-5）。该对话框可完成以下功能：预览标注样式、创建新的标注样式、修改现有的标注样式、设置标注样式替代值、设置当前标注样式、比较标注样式、删除标注样式、给标注样式重命名等功能。

这里主要介绍如何新建标注样式。单击"标注样式管理器"对话框的"新建"按钮，

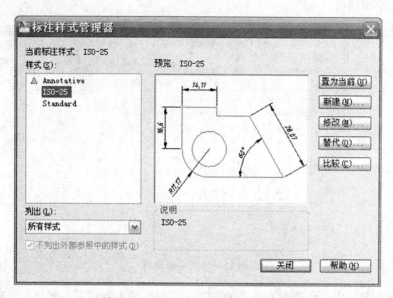

图 15-5　"标注样式管理器"对话框

系统会弹出"创建新标注样式"对话框（见图 15-6），输入"新样式名"："标准样式"，并单击"继续"按钮，系统会弹出"新建标注样式"对话框（见图 15-7）。

图 15-6 所示"创建新标注样式"对话框中，"基础样式"列表框表示用于创建新样式的基础样式，"用于"列表框表示新建标注样式的适用范围，具体用于某类特定的标注，有所有标注、线性标注、角度标注、半径标注、直径标注、坐标标注、引线和公差等选项。

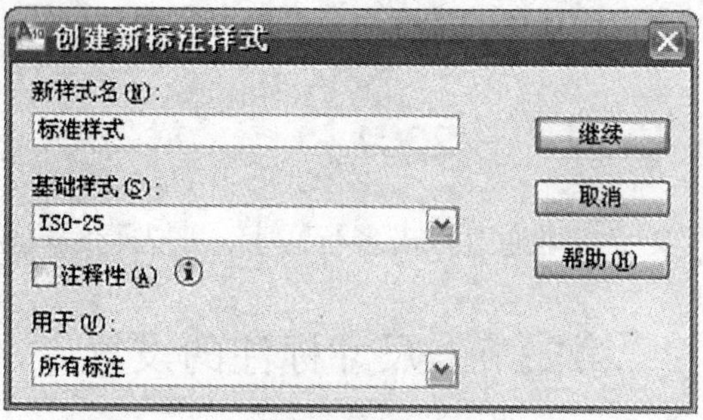

图 15-6　"创建新标注样式"对话框

图 15-7 所示"新建标注样式"对话框中有七个选项卡，分别为"线"、"符号与箭头"、"文字"、"调整"、"主单位"、"换算单位"、"公差"七个选项卡。下面分别介绍这些选项卡的作用。

1. "线"选项卡

图 15-7 所示的"线"选项卡，用来设置尺寸线和尺寸界线的格式和属性。

（1）"尺寸线"区　"尺寸线"区可设置尺寸线的"颜色"、"线宽"、"超出标记"、"基线间距"，控制尺寸线是否隐藏。通常基线间距设置为"8"，如图 15-8 所示。

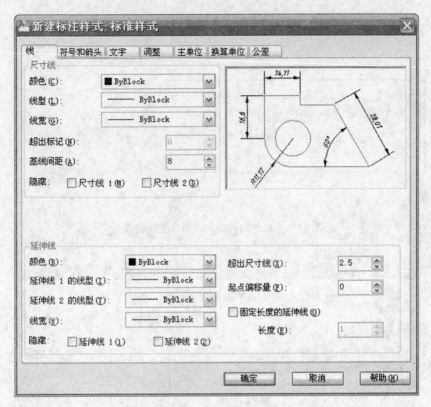

图 15-7　"新建标注样式"/"线"对话框

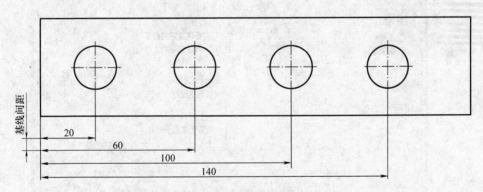

图 15-8　基线间距设置

（2）"延伸线"区　"延伸线"区可设置尺寸界线的"颜色"、"线宽"、"超出尺寸线"的长度、"起点偏移值"，控制尺寸界线是否隐藏。通常设置"起点偏移量"为"0"和"超出尺寸线"值为"2.5"或"3"，如图 15-9 所示。

2. "符号和箭头"选项卡

"符号和箭头"选项卡（见图 15-10）用来设置尺寸"箭头"、"圆心标记"、"弧长符号"以及"半径标注折弯"方面的格式。

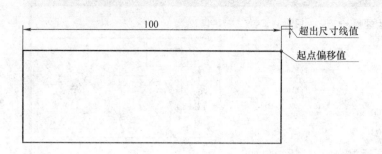

图 15-9　起点偏移量和超出尺寸线值设置

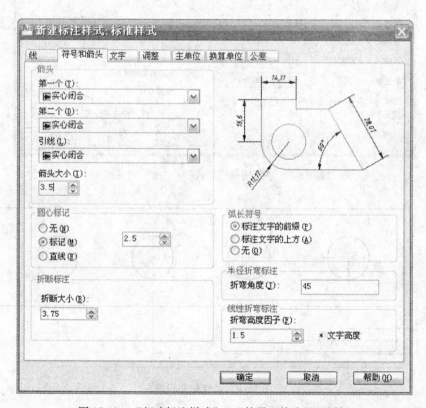

图 15-10　"新建标注样式"/"符号和箭头"对话框

（1）"箭头"区　"箭头"区用于选择尺寸线和引线箭头的种类和定义它们的尺寸大小。对于机械图样，尺寸线和引线的终端形式采用实心箭头，而箭头长度通常设置"3.5"左右。

（2）"圆心标记"区　"圆心标记"区用于控制圆心标记的类型和大小。

3."文字"选项卡

"文字"选项卡（见图 15-11）用于设置尺寸文字的外观、位置及对齐方式。

（1）　"文字外观"区　"文字样式"选择"Standard"文字样式（字体文件为

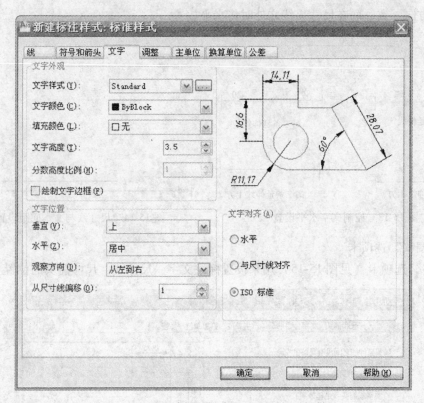

图 15-11 "新建标注样式"/"文字"对话框

gbenor. shx)，"文字高度"设置要根据图幅大小来确定，A4、A3 设置为"3.5"，大于 A3 号设置为"5"。

（2）"文字位置"区 "文字位置"区用于控制文字的垂直、水平位置以及从尺寸线的偏移量。

垂直列表框中的三种常用选项如图 15-12 所示。

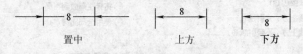

置中   上方   下方

图 15-12 控制文字垂直设置

水平列表框的选项用于控制标注文字在尺寸线方向上相对尺寸界线（AutoCAD 2010 中也称延伸线）的位置，如图 15-13 所示。

"从尺寸线偏移"列表框可设置尺寸线与标注文字间的距离（见图 15-14），通常设置为"1"。

（3）"文字对齐"区 "文字对齐"区可控制标注文字是保持水平还是与尺寸线平行，有三个单选按钮。

1）"水平"：标注文字为水平放置。

2）"与尺寸线对齐"：标注文字方向与尺寸线方向一致。

3）"ISO 标准"：标注文字按 ISO 标注放置，当标注文字在尺寸界线之内时，它的方向与尺寸线方向一致，而在尺寸界线之外时将水平放置。

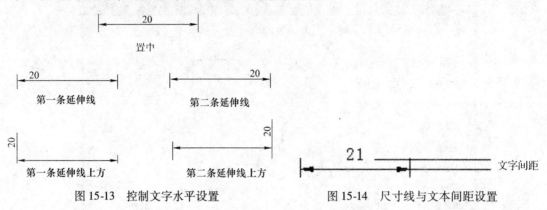

图 15-13　控制文字水平设置　　　　　图 15-14　尺寸线与文本间距设置

4. "调整" 选项卡

"调整" 选项卡（见图 15-15）用来设置标注文字、尺寸线、尺寸箭头的位置。

图 15-15　"新建标注样式" / "调整" 对话框

（1）"调整选项" 区　"调整选项" 区用于确定尺寸界线之间没有足够的空间同时放置标注文字和箭头时，应首先从尺寸界线之间移出的对象。其默认设置为 "文字或箭头（取最佳效果）"，系统自动将文字或箭头选择最佳位置放置，各选项效果，如图 15-16 所示。

（2）"文字位置" 区　标注文字的默认位置是两尺寸线之间，如无法放置时则可选择放置位置，如图 15-17 所示。

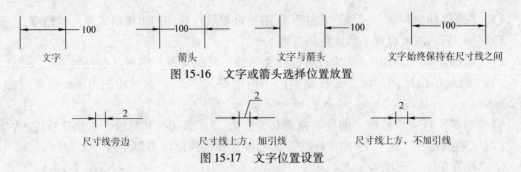

图 15-16　文字或箭头选择位置放置

尺寸线旁边　　　尺寸线上方，加引线　　　尺寸线上方，不加引线

图 15-17　文字位置设置

（3）"标注特征比例"区　"标注特征比例"区可设置标注尺寸的特征比例，以便通过设置比例因子来增加或减少各标注的大小。

1）"使用全局比例"：可以对全部尺寸标注设置缩放比例，该比例不改变尺寸的测量值。

2）"将标注缩放到布局"：可以根据当前模型空间视口与图纸空间之间的缩放关系设置比例。

（4）"优化"区　"优化"区可以设置对标注文本和尺寸线进行细微调整。

1）"手动放置文字"：忽略标注文字的水平设置，在标注时将标注文字放置在用户指定的位置。

2）"在延伸线之间绘制尺寸线"：当尺寸箭头放置在尺寸界线之外时，也在尺寸界线之内绘制出尺寸线。

5. "主单位"选项卡

"主单位"选项卡（见图 15-18）用来设置主标注单位的格式、标注文字的前缀和后缀。

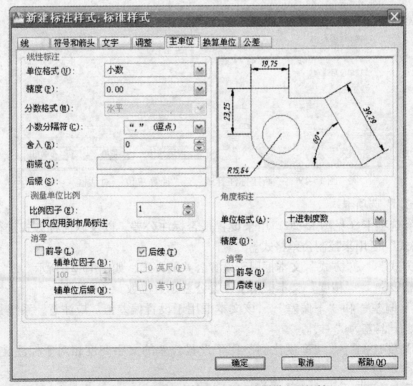

图 15-18　"新建标注样式"／"主单位"对话框

（1）"线性标注"区　　"线性标注"区用于设置线性标注的单位格式和尺寸精度。

1）"舍入"：用来设置小数点精确位数。

2）"前缀"及"后缀"：用来设置标注文字前、后的文本。例如，是否加 mm、φ 等。

3）"测量单位比例"区：如在比例因子框中输入"2"，系统将把 10mm 的尺寸显示为 20mm。

4）"消零"区：如选择"前导"框则 0.5 变为 .5，如选择"后续"框则 2.00 变为 2。

（2）"角度标注"区　　"角度标注"区的设置和线性标注类似。

6. "换算单位"选项卡

"换算单位"选项卡（见图 15-19）用来设计换算单位的格式，如果选择"显示换算单位"复选框，在标注文字中将同时显示以两种单位标识的测量值。

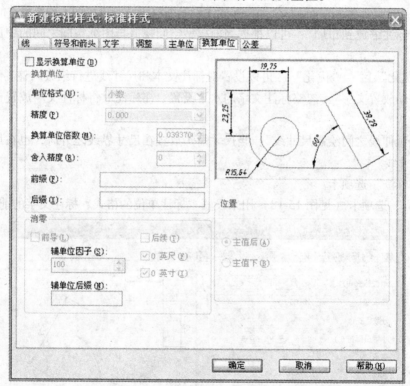

图 15-19　"新建标注样式"／"换算单位"对话框

7. "公差"选项卡

"公差"选项卡（见图 15-20）用来设置是否标注公差，以及以何种方式进行标注。其中"公差格式"区用来控制公差格式。

（1）"方式"　　"方式"文本框用于设置公差的方式，如图 15-21 所示。

（2）"精度"　　"精度"文本框用于设置公差小数位数。

（3）"上偏差"和"下偏差"　　该文本框用于设置偏差值。应注意，系统是默认上偏差为" + "、下偏差为" − "。

（4）"高度比例"　　"高度比例"用于设置公差的文字高度相对于标注文字的高度，通常设置为"0.717"。

（5）"垂直位置"　　"垂直位置"是控制公差与标注文字的对齐方式，如图 15-22 所示。

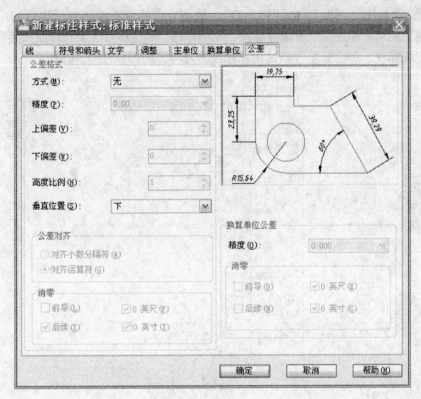

图 15-20   "新建标注样式" / "公差" 对话框

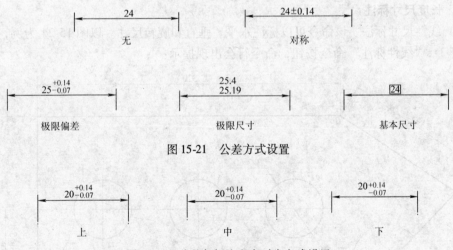

图 15-21 公差方式设置

图 15-22 公差与标注文字对齐方式设置

（6）"消零"   "消零" 的功能与前面介绍的相同。

第三节   尺寸及形位公差的标注

AutoCAD 2010 提供了多种尺寸标注命令，可以对长度、半径、直径等进行标注。通常在"注释"/"标注"面板上（见图15-23），单击对应的命令按钮就可执行相应的尺寸标注命令。常见的尺寸标注命令有线性标注、对齐标注、角度标注、半径标注、直径标注、基线标注、连续标注、形位公差（新的国家标准为几何公差）标注等。

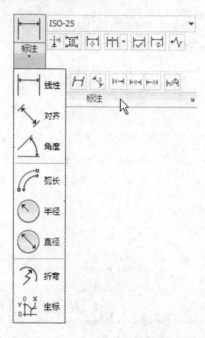

图 15-23　　"注释"/"标注"面板

一、长度尺寸标注

（1）线性尺寸标注　该命令可以标注水平、垂直和旋转尺寸。以图15-24为例，单击标注面板「线性"线性标注"命令按钮，命令行会出现提示：

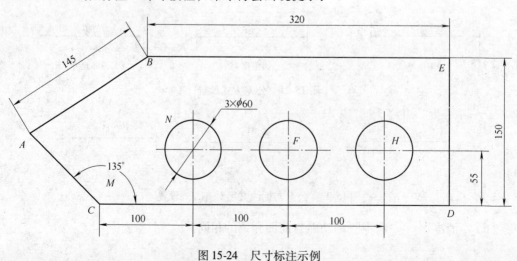

图 15-24　尺寸标注示例

命令：_ dimlinear

指定第一条延伸线原点或 ＜选择对象＞：点 D

指定第二条延伸线原点：点 H

指定尺寸线位置或 ［多行文字（M）/文字（T）/角度（A）/水平（H）/垂直（V）/旋转（R）］：（在尺寸线位置处选一点）

标注文字 = 55

其中各选项的含义如下：

多行文字：将进入多行文字编辑模式，用户可以使用图 15-4 的文字编辑器输入标注文字。注意，文字输入窗口中的尖括号（＜＞）表示系统测量默认值。

文字：可以以单行文字的形式输入标注文字。

角度：用于设置标注文字的旋转角度。

水平/垂直：用于标注水平尺寸和垂直尺寸。

旋转：用于放置旋转标注对象的尺寸线。

（2）对齐标注　该命令可以标注一条与两条尺寸界线的起点对齐的尺寸线。如果选择要标注尺寸的对象，标注的尺寸线就与该对象平行。以图 15-24 为例，单击标注面板＼对齐"对齐标注"命令按钮，命令行会出现提示：

命令：_ dimaligned

指定第一条延伸线原点或 ＜选择对象＞：点 A

指定第二条延伸线原点：点 B

指定尺寸线位置或 ［多行文字（M）/文字（T）/角度（A）］：

标注文字 = 145

（3）基线标注　基线标注首先应先标注一个尺寸，启动基线尺寸标注命令后，系统自动以上次标注的尺寸的第一条尺寸界线为起始基线进行第二个尺寸标注，两尺寸线之间的距离由图 15-7 "新建标注样式"\"线"对话框的基线间距选项的值确定。以图 15-24 为例，在标注"55"尺寸之后进行基线标注，单击标注面板▯▯"基线标注"命令按钮，命令行会出现提示：

命令：_ dimbaseline

指定第二条延伸线原点或 ［放弃（U）/选择（S）］＜选择＞：点 E（55 已标，先 D 点后H 点，现标注"150"）

标注文字 =150

（4）连续标注　该命令可以方便迅速地标注同一行（列）上的尺寸。使用时也应先标注一个尺寸，然后该命令把一串连续尺寸排成一行，以图 15-24 为例，在标注第一个"100"尺寸（先 C 点再 N 点）之后进行连续标注，单击标注面板▯▯"连续标注"命令按钮，命令行会出现提示：

命令：_ dimcontinue

指定第二条延伸线原点或 ［放弃（U）/选择（S）］＜选择＞：点 F

标注文字 = 100

指定第二条延伸线原点或 ［放弃（U）/选择（S）］＜选择＞：点 H

标注文字 = 100

二、标注半径、直径和圆心

标注面板上的◯半径"半径命令"按钮和◯直径"直径命令"按钮分别用于标注半径和直

径，标注半径和直径时，AutoCAD 会自动在其数值前加注其前缀 R 及 ϕ。以图 15-24 为例，单击标注面板"直径"命令按钮，命令行会出现提示：

命令：_ dimdiameter

选择圆弧或圆：圆 N

标注文字 = 60

指定尺寸线位置或 [多行文字（M）/文字（T）/角度（A）]：t（选择文字选项）

输入标注文字 <60>：3×< > （< >表示系统测量默认值60）

指定尺寸线位置或 [多行文字（M）/文字（T）/角度（A）]：

三、角度标注

角度标注命令可以选择两个对象或指定三个点来计算夹角。如果拾取圆弧，则会直接对它进行标注；如果拾取圆，则该圆的圆心被设为顶点，拾取点被置为一个端点，然后提示输入第二个端点；如果拾取一个线段，则提示用户给出第二个线段，并把交点作为顶点。

以图 15-24 为例，单击标注面板△ 角度"角度"命令按钮，命令行会出现提示：

命令：_ dimangular

选择圆弧、圆、直线或 <指定顶点>：直线 *CD*

选择第二条直线：直线 *AC*

指定标注弧线位置或 [多行文字（M）/文字（T）/角度（A）/象限点（Q）]：点 M

标注文字 = 135

四、尺寸标注编辑

尺寸标注完成后并不总是满意的，往往需要做一些修改。最常用的方法是打开状态栏"快捷特性"状态转换按钮，单击需要修改的尺寸，通过弹出的"快捷特性"对话框修改常用的尺寸属性；也可双击尺寸，在弹出的"特性"对话框上修改尺寸属性。以图 15-25 为例，打开状态栏"快捷特性"状态转换按钮，单击已标注的圆尺寸，系统会弹出圆尺寸的"快捷特性"对话框。

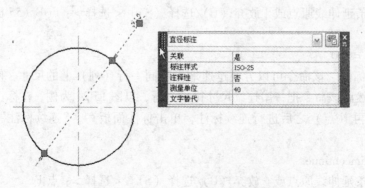

图 15-25　尺寸及其"快捷特性"对话框

图 15-25 的"快捷特性"对话框中，标注样式采用的是"ISO-25"样式，修改为用户自己定义的"标准样式"（见本章第二节），同时文字替代更改为 3×< >，这样会得到图 15-26所示的尺寸标注 3×ϕ40。

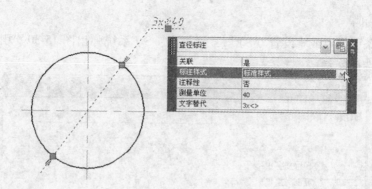

图 15-26　尺寸标注编辑

五、形位公差的标注

单击标注面板展开折叠区域的 ⊞ "公差"命令按钮，系统会弹出"形位公差"对话框，如图 15-27 所示。

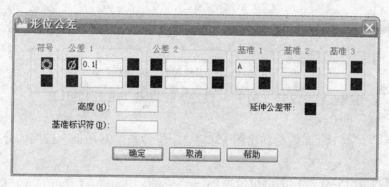

图 15-27　"形位公差"对话框

1）单击"符号"区的 ■框，系统会弹出"特征符号"对话框（见图 15-28），选择相应的形位公差符号，则图 15-27 "形位公差"对话框会显示相应的形位公差符号。

2）单击"公差 1"区的 ■框，可插入一个直径符号"φ"。在编辑框中输入公差数值。

3）在"基准 1"区的编辑框中输入公差 1 的基准参考字母，单击后面的 ■框，系统会弹出"附加符号"对话框（见图 15-29），可选择相应的包容条件符号。

图 15-28　"特征符号"对话框

图 15-29　"附加符号"对话框

在公差标注中，常采用快速引线标注，在命令提示行输入"qleader"，并回车，命令行会出现提示：

命令：qleader

指定第一条引线点或［设置（S）］＜设置＞：S（系统弹出图 15-30 "引线设置"对话框，注释类型选择公差）

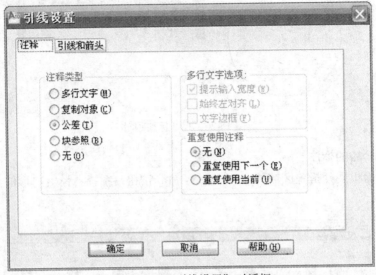

图 15-30　"引线设置"对话框

指定第一条引线点或［设置（S）］＜设置＞：点 B（见图 15-31）

指定下一点：点 C

指定下一点：点 D（系统会弹出图 15-27 "形位公差"对话框，按前面介绍的方法完成输入）

最终会得到图 15-31 所示的形位公差标注。

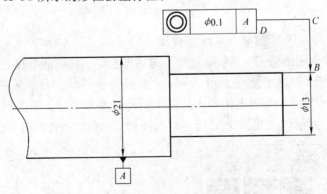

图 15-31　形位公差标注

第四节　尺寸标注实例

一、尺寸标注的一般原则

1）标注尺寸前，应先设置专用尺寸图层。

2）标注尺寸前，应按国家标准设置尺寸标注样式（见本章第二节）。

3）标注尺寸时，应先从小尺寸开始标注，一般按由内向外的顺序进行标注。

4）标注尺寸时，应将相同方式的标注一起处理和统一操作。

5）对需要修改的尺寸，应利用"快捷特性"或"特性"对话框进行修改，而不应修改尺寸标注样式，否则所有尺寸都会发生变化。

6）尺寸样式设置时，应一次多设置几种样式以供今后标注时选择。例如角度标注的尺寸数值，国家标准中规定应是水平置中，因此用户可以新建用于角度标注的尺寸标注样式，以标准样式为基础样式，修改图 15-11 "新建标注样式"/"文字"对话框，其中文字对齐设置为水平即可。

二、轴的尺寸标注

现以图 15-32 为例，介绍几种常用的尺寸标注，其中本例涉及到的有关表面粗糙度的标注问题，将在下一章介绍，具体步骤如下。

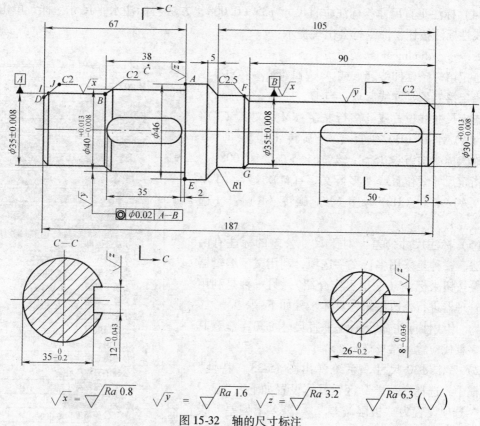

图 15-32　轴的尺寸标注

（1）标注水平尺寸　单击标注面板"线性标注"按钮，命令行会出现提示：

命令：_ dimlinear

指定第一条延伸线起点或 ＜选择对象＞：点 A

指定第二条延伸线起点：点 B

指定尺寸线位置或［多行文字（M）/文字（T）/角度（A）/水平（H）/垂直（V）/旋转（R）］：点 C

标注文字 ＝38

注意：尺寸标注过程中，如果所标尺寸不是系统测量值，则可在第三步中输入 T，选择单行文字选项，然后输入所需的尺寸数值即可。

（2）基线标注　单击标注工具栏"基线标注"按钮，命令行会出现提示：

命令：_ dimbaseline

指定第二条延伸线原点或［放弃（U）/选择（S）］＜选择＞：点 D

标注文字 ＝67

（3）连续标注　先用线性标注标注键槽长度尺寸"35"（略）。再用连续尺寸标注尺寸"2"。单击标注面板"连续标注"按钮，命令行会出现提示：

命令：_ dimcontinue

指定第二条延伸线原点或［放弃（U）/选择（S）］＜选择＞：点 E

标注文字 ＝2

（4）标注垂直尺寸　标注垂直尺寸 ϕ35 ± 0.008，方法与标注水平尺寸一样，单击标注面板线性标注按钮，命令行会出现提示：

命令：_ dimlinear

指定第一条延伸线起点或 ＜选择对象＞：点 F

指定第二条延伸线起点：点 G

指定尺寸线位置或［多行文字（M）/文字（T）/角度（A）/水平（H）/垂直（V）/旋转（R）］：T

输入标注文字 ＜35＞：%%c＜＞%%p0.008

指定尺寸线位置或［多行文字（M）/文字（T）/角度（A）/水平（H）/垂直（V）/旋转（R）］：（选择放置点）

（5）标注尺寸公差　对于尺寸公差的标注有两种方法，一种是采用多行文字选项，利用文字编辑器的堆叠按钮来标注（这里不作介绍），另一种是利用特性管理器进行修改编辑，具体步骤如下：

1）用线性标注命令标注垂直尺寸 ϕ30，注意其中文字替代应输入"%%c＜＞"。

2）双击 ϕ30 尺寸，系统弹出图 15-33"特性"对话框中，选择"公差"区，具体设置如下："显示公差"选项设置为"极限偏差"，"公差下偏差"设置为"0.008"，"公差上偏差"设置为"0.013"，"公差精度"设置为"0.000"，"公差文字高度"设置为"0.717"。

这样会得到图 15-32 最右端的尺寸。

（6）标注倒角　AutoCAD 2010 未提供直接标注倒角的命令，常先将倒角边延长至点 J，并画一条水平线，再利用单行文本命令标注文字 C2 即可。

图 15-33　修改尺寸公差

第十六章　零件图和装配图画法

第一节　块　操　作

在绘图过程中，经常会遇到图形的调用或重复绘制一些图形的情况，这时可以把这些重复绘制的图形或零件图定义成一个图块，在需要时把它插入到其他图形或装配图中，这样可避免重复绘图，节省时间。

块是一个或多个实体对象形成的对象集合，块这个对象集合是一单个实体对象。块操作的优点是能够增加绘图的准确性、提高绘图速度和减少文件大小。用户可以使用"创建块"命令定义块，利用"插入块"命令在图形中引用块，还可用"写块"命令将块作为一个单独的文件存储在磁盘上，使用分解命令将块分解成若干实体。块中还可以带有属性，其属性是文字信息，可根据需要给予改变。

一、块的定义

单击块面板 "创建块"命令按钮，系统会弹出"块定义"对话框（见图16-1）。块定义时必须确定块名、块的组成对象和在插入时要使用的插入点。

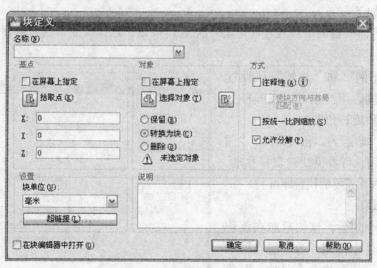

图 16-1　"块定义"对话框

具体步骤如下：

1）在名称栏中输入块名。

2）单击 "拾取点"按钮，AutoCAD 将暂时关闭"块定义"对话框。在绘图区拾取一点，该点将作为今后插入块的插入点。随后回到"块定义"对话框，对话框中会显示拾取点的坐标。

3）单击 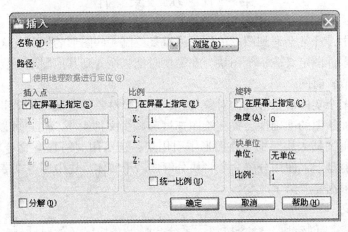 "选择对象"按钮，AutoCAD 会再次关闭对话框，在绘图区选择作为块的对象集合。结束选择后，会再回到"块定义"对话框，这时会提示已选择了几个对象。

4）单击"确定"按钮，完成块定义命令。

二、块插入

单击块面板 "插入块"按钮，系统会弹出"插入"对话框（见图 16-2）。利用"插入"对话框可以在图形中插入块或其他图形，在插入的同时还可以改变所插入块或图形的比例与旋转角度。

图 16-2 "插入"对话框

具体操作如下：

1）在"名称"栏的下拉列表或单击"浏览"按钮，选择要插入的块或存储在计算机上的图形。

2）在"比例"和"旋转"区设置比例和旋转角度，用户也可以在屏幕上指定缩放比例和旋转角度。

3）单击"确定"按钮，图 16-2"插入"对话框关闭，可看见块随鼠标移动，单击左键将块放在需要的位置即可。

三、存储块

当定义一个块后，该块只能在该块定义的图形文件中使用。为了能在别的文件中调用，可用写块命令将块、对象选择集或一个完整的图形文件写入一个文件中，该文件的图形可被其他图形文件引用。

在命令行中输入"Wblock"，并回车，系统会弹出"写块"对话框（见图16-3）。其中"目标"区用来确定保存

图 16-3 "写块"对话框

文件的名称和保存路径。

四、块属性及应用

在 AutoCAD 2010 中，可对任意块添加关于该块的属性，属性是从属于块的文字信息，是块的组成部分。下面讨论块属性的生成、插入及使用方法。

单击"插入"/"属性"面板 `⌕`"定义属性"命令按钮，系统会弹出"属性定义"对话框（见图 16-4）。

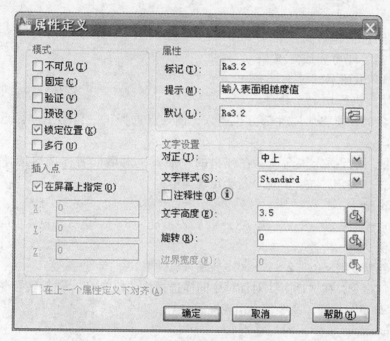

图 16-4　"属性定义"对话框

1."模式"区

"模式"区用于在图形中插入块时，与块对应的属性值的模式，有"不可见"、"固定"、"验证"、"预置"、"锁定位置"和"多行"模式。

2."属性"区

"属性"区提供了三个文本框，需要输入属性"标记"、"提示"和"默认"值。

3."插入点"

"插入点"用于定义插入点坐标。

4."文字设置"

"文字设置"用于定义属性文本的文字样式、对正类型、文字高度及旋转角度。

AutoCAD 2010 中未提供表面粗糙度的标注样式，因此标注表面粗糙度时一般要先定义一个具有属性的块，再用插入块的方法来进行标注。下面就以表面粗糙度的标注方法为例来介绍块操作命令。

具体步骤如下：

1）绘制表面粗糙度符号，如图 16-5a 所示（黑点不用画，用来确定属性位置）。

2）定义属性。单击块面板展开折叠区域的 `⌕`"定义属性"命令按钮，在弹出的"属性定义"对话框中,将属性"标记"设为"Ra3.2",将属性"提示"设为"输入表面粗糙度值",将属性的"默认"值设为"Ra3.2"。在"文字样式"栏中选择"Standard"文字样式,选择"对正"方式为"中上","文字高度"设置为"3.5",如图16-4所示。

单击"确定"按钮,命令行会出现提示:

命令:_ attdef

指定起点:单击图16-5a中的黑点

选择黑点的位置作为属性在块中的插入点位置,即可完成定义属性命令,如图16-5b所示。

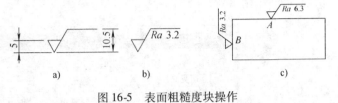

图16-5　表面粗糙度块操作

3)定义块。执行块定义命令,注意在选择对象时,要将块属性部分也选入,插入点选择正三角形下方顶点,输入块名CCD-H。

4)插入块。执行插入块命令,在弹出的"插入"对话框名称选项选择已定义的块"CCD-H",单击"确定"按钮,命令行会出现提示:

命令:_ insert

指定插入点或〔基点(B)/比例(S)/X/Y/Z/旋转(R)〕:点A(见图16-5c)

输入属性值

输入表面粗糙度值<Ra3.2>:Ra6.3(输入属性值)

再次执行该命令,在"插入"对话框中同样选择块"CCD-H","旋转"栏中输入角度"90",单击"确定"按钮,命令行会出现提示:

命令:_ insert

指定插入点或〔基点(B)/比例(S)/X/Y/Z/旋转(R)〕:点B(见图16-5 c)

输入属性值

输入表面粗糙度值<Ra3.2>:

另外,形位公差中的基准要素符号也可定义成具有属性的块。

五、块的分解

在绘制图形中插入的块是一个实体,如果要对已插入的块图形进行修改编辑,必须先把块分解,具有属性的块分解后,属性会变为默认值。单击修改面板 $\boxed{}$ "分解"命令按钮,命令行会出现提示:

命令:_ explode

选择对象:(选择要分解的实体,比如块)

选择对象:

第二节　由零件图拼画装配图

在计算机中绘制一张装配图,可先对已绘制好的零件图进行必要的编辑后,把装配图中需要的图形定义成块,插入到装配图中。具体步骤如下:

1)确定装配图的表达方案。

2）对所需的零件图进行必要的编辑。如擦除装配图中可以省略或简化的工艺结构，关闭不必要的图层，把装配图中需要的图形存为文件或图块，以便使用时调用。

3）进行视图拼合。根据已确定的表达方案，按装配图的画图步骤，逐个调用已有图形进行拼合。

4）进行编辑，补画漏线和其他视图，将多余的图线擦除，补全装配图的其他内容，如尺寸、技术要求、明细栏（常选择注释面板表格命令按钮绘制）、序号（常选择注释面板多重引线命令按钮绘制）等。

下面以轴与齿轮装配为例，简单介绍拼画装配图步骤：

1）打开已完成的轴零件图（见图16-6）。

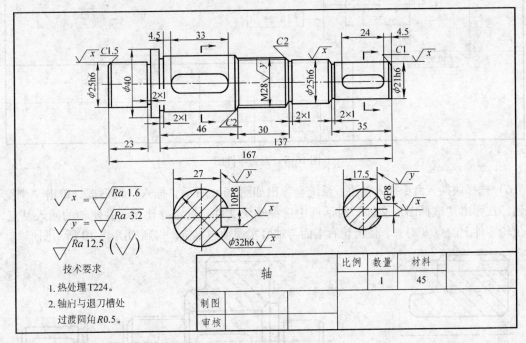

图16-6 轴零件图

2）关闭该图上的尺寸标注层及断面层。

3）将轴的主视图定义为图块（见图16-7），因点 A 所在的轴肩右端面是装配齿轮的轴向定位面，故选取点 A 为块插入点，并取块名"Baxis"。

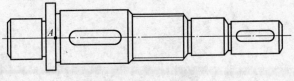

图16-7 定义轴块

4）用"Wblock"写块命令将该块存盘。

5）打开齿轮零件图（见图16-8）。同样关闭尺寸标注层，并删去倒角等，得到图16-9所示图形。

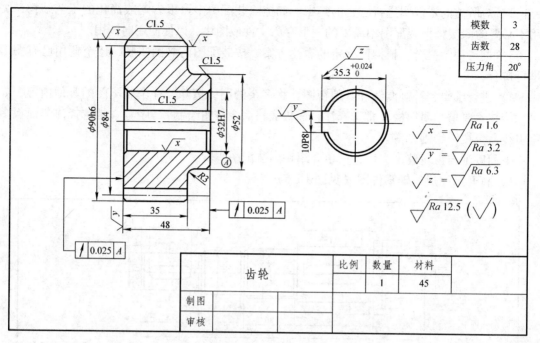

	模数	3
	齿数	28
	压力角	20°

齿轮		比例	数量	材料	
			1	45	
制图					
审核					

$$\sqrt{x} = \sqrt{Ra\ 1.6}$$

$$\sqrt{y} = \sqrt{Ra\ 3.2}$$

$$\sqrt{z} = \sqrt{Ra\ 6.3}$$

$$\sqrt{Ra\ 12.5}\ (\sqrt{\ })$$

图 16-8　齿轮零件图

6）选择块插入命令插入轴块，系统会弹出如图 16-2 所示"插入"对话框，单击"浏览"按钮，在弹出"选择图形文件"对话框中选择轴块文件，设定好比例，并使轴的插入基点 *A* 与齿轮零件上的点 *B* 对齐，使齿轮右端面与轴肩实现轴向定位，得到如图 16-10 所示图形。

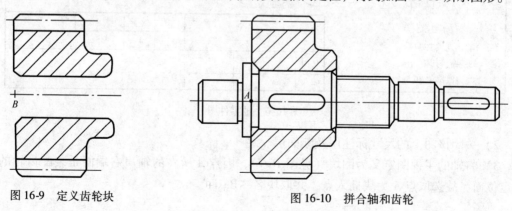

图 16-9　定义齿轮块　　　　　　　图 16-10　拼合轴和齿轮

第十七章　三维绘图简介

前面介绍 AutoCAD 二维绘图功能，但二维图形不能直观地观察产品的设计效果。为此，AutoCAD 有专门三维建模工作空间，提供了非常丰富的三维绘图功能。本章仅对三维图形的绘制方法作一些简单介绍。

第一节　三维绘图基础

一、用户坐标系（UCS）

在绘制三维图形时，经常会在形体的不同表面上创建模型，这就需要用户不断地改变当前的绘图面。如果不重新定义坐标系，AutoCAD 默认以世界坐标体系（WCS）的 XOY 面为绘图基面，这显然不能满足要求。

AutoCAD 2010 可以根据用户的需要定制自己的坐标系即 UCS，这样才能够方便地在空间任意平面（习惯在 UCS 坐标系的 XOY 平面）和位置绘制图形。常用的 UCS 命令可参照"三维建模"工作空间"视图"/"坐标"面板（见图 17-1）。

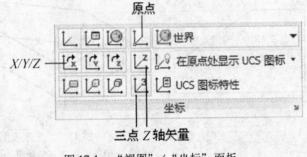

图 17-1　"视图"/"坐标"面板

（1）原点　确定新的坐标原点，X、Y、Z 坐标方向不变。

（2）三点　由三点定义坐标系。

（3）Z 轴矢量　将当前的坐标系沿 Z 轴移动一距离。

（4）$X/Y/Z$　绕 $X/Y/Z$ 轴旋转角度。

下面通过三点 UCS 命令来更改图 17-2 所示的坐标系，图 17-2a 为初始世界坐标系，改变后得到图 17-2b 所示 UCS 坐标系，通常三点 UCS 命令的 Z 轴正方向可通过右手定则来判断。单击坐标面板的三点 UCS 命令按钮，命令行会出现提示：

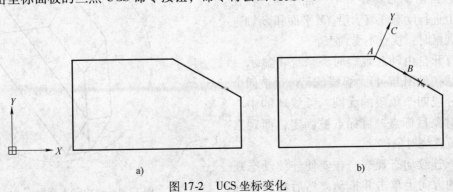

图 17-2　UCS 坐标变化

命令：_ ucs

当前 UCS 名称：＊世界＊

指定 UCS 的原点或［面（F）/命名（NA）/对象（OB）/上一个（P）/视图（V）/世界（W）/X/Y/Z 轴（ZA）］＜世界＞：_ 3

指定新原点 ＜0，0，0＞：点 A（见图 17-2b）

在正 X 轴范围上指定点 ＜58.0000，10.0000，0.0000＞：点 B（见图 17-2b）

在 UCS XY 平面的正 Y 轴范围上指定点 ＜53.0000，19.0000，0.0000＞：点 C（见图 17-2b）

二、三维视点

三维绘图中需要从不同的角度来观察三维物体，因此，就必须变化视点（观察图形的方向）。AutoCAD 2010 提供了灵活地选择视点的功能，可通过选择"视图"/"三维视图"菜单命令来实现，常用命令有：视点预置、视点、六个基本视图和常用的四个方位轴测图。在"三维建模"工作空间"视图"/"视图"面板中也提供了六个基本视图和常用的四个方位轴测图的命令按钮。

图 17-3 是三维物体的基本视图和常用轴测图的三维视图观察。

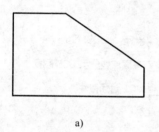 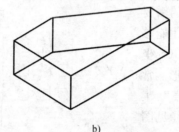

a)   b)   c)

图 17-3　三维视图观察

a) 俯视　b) 西南等轴测　c) 东北等轴测

三、三维导航

三维导航工具允许用户从不同角度、高度和距离查看图形中的对象，常用的命令有动态观察、缩放、平移。其中动态观察分为三种，可单击"视图"/"导航"面板的 动态观察 ▾ "动态观察"命令按钮来实现。

（1）动态观察（受约束）　沿 XY 平面或 Z 轴约束三维动态观察。

（2）自由动态观察　不参照平面，在任意方向上进行动态观察。沿 XY 平面和 Z 轴进行动态观察时，视点不受约束。

当打开自由动态观察时，系统将显示一个弧线球（见图 17-4），弧线球是一个被四个小圆划分成四个象限的大圆。弧线球的中心为三维对象目标点，目标点被固定，而观察设备的位置绕对象移动。

（3）连续动态观察　在要使连续动态观察移动的方向上单击并拖动，然后释放鼠标

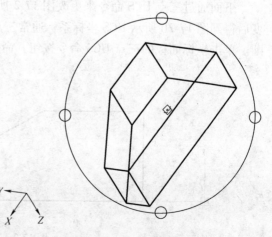

图 17-4　自由动态观察

按钮，轨道沿该方向会继续移动。

四、视觉样式

视觉样式是用来控制视口中边着色的显示，有五种默认的视觉样式，分别是二维线框、三维线框、三维隐藏、概念和真实。可单击视图面板的 █二维线框 ▼ "视觉样式"命令按钮来实现。

常用的三种视觉样式（见图17-5）：二维线框显示用直线和曲线表示边界的对象；三维隐藏显示用三维线框表示的对象并隐藏后面的直线；真实显示着色多边形平面间的对象，并使对象的边平滑化，且显示已附着到对象的材质。

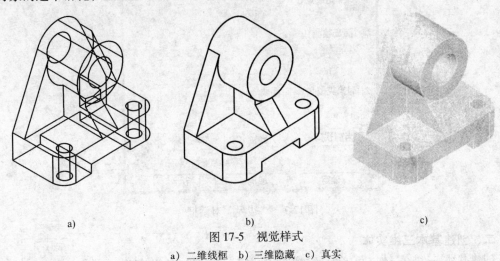

a)   b)   c)

图17-5　视觉样式

a）二维线框　b）三维隐藏　c）真实

第二节　三维实体造型

AutoCAD 2010提供了创建三维表面模型和实体模型的功能，本节主要介绍三维实体造型。实体是指具有质量、体积、重心、惯性矩及回转半径特征的三维对象。

一、创建面域

面域是用形成闭合环的对象创建的二维闭合区域。环可以是直线、多段线、圆、圆弧、椭圆、椭圆弧和样条曲线的组合。组成环的对象必须闭合或通过与其他对象共享端点而形成闭合的区域，其内部可以包含孔。

单击绘图面板展开折叠区域的 ◎ "面域"命令按钮，选择一个或多个用于转换为面域的闭合环图形，结束选择后，即可将它们转换为面域，以图17-6为例，命令行会出现提示：

命令：_ region

选择对象：找到1个（选择5边形）

选择对象：

已提取1个环。

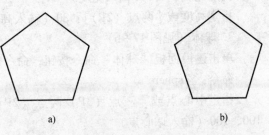

a)   b)

图17-6　绘制的正多边形和创建的面域

已创建 1 个面域。

创建面域也可使用边界命令，单击绘图面板展开折叠区域的  "边界" 命令按钮，系统会弹出"边界创建"对话框（见图 17-7），将"对象类型"设置为"面域"，单击"拾取点"按钮，在图形界面下需创建面域的封闭图形中任选一点，回车后该图形即可变成面域。

图 17-7　"边界"对话框

二、创建基本三维实体

创建基本三维实体，可单击建模面板对应的命令按钮实现（见图 17-8）。下面通过实例介绍几个命令，实例所绘制的基本三维实体，其视图设置为东南正等测，视觉样式设置为二维线框。

1. 长方体（见图 17-9a）

单击建模面板"长方体"命令按钮，命令行会出现提示：

命令：_ box

指定第一个角点或［中心（C）］：100，100（输入角点坐标）

指定其他角点或［立方体（C）/长度（L）］：l（选择长度选项）

指定长度：80（输入长度）

指定宽度：100（输入宽度）

指定高度或［两点（2P）］：80（输入高度）

2. 球体（见图 17-9b）

单击建模面板"球体"命令按钮，命令行会出现提示：

命令：_ sphere

指定中心点或［三点（3P）/两点（2P）/相切、相切、半径（T）］：100，100（输入球心点）

指定半径或［直径（D）］：50（输入球半径）

图 17-8　基本三维实体命令按钮

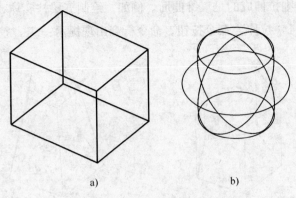

a)　　　　　　　　　b)

图 17-9　绘制的长方体和球体

3. 圆柱体（见图 17-10a）

单击建模面板"圆柱体"命令按钮，命令行会出现提示：

命令：_ cylinder

指定底面的中心点或［三点（3P）/两点（2P）/相切、相切、半径（T）/椭圆（E）］：100，100（选取底面中心）

指定底面半径或［直径（D）］<50.0000>：40（输入半径）

指定高度或［两点（2P）/轴端点（A）］<80.0000>：100（输入高度）

4. 圆锥体（见图 17-10b）

单击建模面板"圆锥体"命令按钮，命令行会出现提示：

命令：_ cone

指定底面的中心点或［三点（3P）/两点（2P）/相切、相切、半径（T）/椭圆（E）］：100，100（选取底面中心）

指定底面半径或［直径（D）］<40.0000>：50（输入半径）

指定高度或［两点（2P）/轴端点（A）/顶面半径（T）］<100.0000>：150（输入高度）

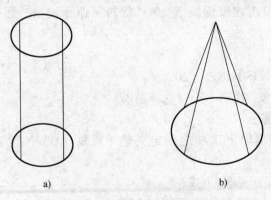

a)　　　　　　　　　b)

图 17-10　绘制的圆柱体和圆锥体

三、拉伸命令绘制实体

使用拉伸命令可以将二维对象沿 Z 轴或某个方向拉伸成三维实体或曲面，拉伸对象可以是任何二维封闭多段线、圆、椭圆、封闭样条曲线或面域。如果要拉伸成三维实体，拉伸对象必须是面域，否则拉伸成的是三维曲面。例如，绘制五棱柱实体，如图 17-11a 所示。

单击建模面板 [] "拉伸"命令按钮，命令行会出现提示：

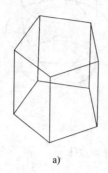 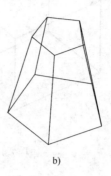

a)   b)

图 17-11   拉伸方法生成的实体

命令：_ extrude

当前线框密度：   ISOLINES = 4

选择要拉伸的对象：找到 1 个（选择正五边形面域）

选择要拉伸的对象：

指定拉伸的高度或［方向（D）/路径（P）/倾斜角（T）］＜200.0000＞：100（输入拉伸高度）

如果拉伸的倾斜角度改为 10，则可获得图 17-11b 所示实体。

四、旋转命令绘制实体

使用旋转命令可以将二维对象绕某一轴旋转生成实体。例如，绘制回转体图形（见图 7-13），具体步骤如下：

1）绘制图 17-12 所示图形，使用面域命令将其定义成一个面域。

2）用 "Isolines" 命令将网格密度设置为 "20"。

3）旋转实体，单击建模面板 [] 旋转 "旋转"命令按钮，命令行会出现提示：

图 17-12   旋转用平面图

命令：_ revolve

当前线框密度：   ISOLINES = 20

选择要旋转的对象：找到 1 个（选择图形）

选择要旋转的对象：

指定轴起点或根据以下选项之一定义轴［对象（O）/X/Y/Z］＜对象＞：点 1（见图 17-12）

指定轴端点：点 2（见图 17-12）

指定旋转角度或［起点角度（ST）］＜360＞：

设置视图为东南正等测，视觉样式为二维线框后如图 17-13a 所示，视觉样式为三维隐藏后如图 17-13b 所示。

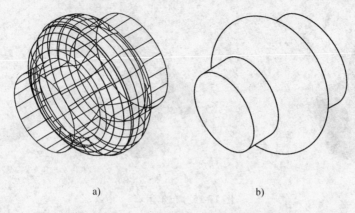

a)   b)

图 17-13　旋转后生成的实体及隐藏后效果图

五、布尔操作

在三维实体造型中，布尔操作命令应用广泛，布尔操作是指对实体（也可以是面域）进行并集、差集及交集的操作，可单击实体编辑面板上的相应命令按钮实现操作。

下面以圆柱和圆锥相交的相贯线为例，介绍如何进行布尔操作，具体步骤如下：

1）用"圆锥体"命令（基本三维实体命令）绘制一圆锥。

2）用"UCS 命令"将原点坐标移动到圆锥的轴线上一点，如图 17-14a 所示。

3）用"拉伸"命令向两侧拉伸绘制一圆柱，如图 17-14b 所示。

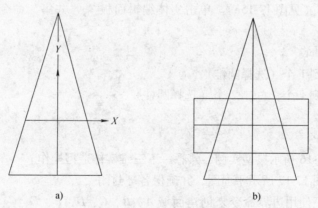

a)   b)

图 17-14　正交的圆锥和圆柱

4）布尔操作命令

① 求并集操作（图 17-15a）。单击实体编辑面板 ⊚ "并集"命令按钮，命令行会出现提示：

命令：_ union

选择对象：找到 1 个（选择圆锥）

选择对象：找到 1 个，总计 2 个（选择圆柱）

选择对象：

② 求差集操作（见图 17-15b）。单击实体编辑面板 ⊚ "差集"命令按钮，命令行会出

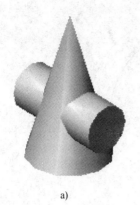  

a)　　　　　　　　　　b)　　　　　　　　　　c)

图 17-15　布尔运算

a）求并集后实体　b）求差集后实体　c）求交集后实体

现提示：

命令：_ subtract 选择要从中减去的实体或面域...

选择对象：找到 1 个（选择圆锥）

选择对象：（回车结束选择）

选择要减去的实体或面域

选择对象：找到 1 个（选择圆柱）

选择对象：

③ 求交集操作（见图 17-15c）。单击实体编辑面板◎"并集"命令按钮，命令行会出现提示：

命令：_ intersect

选择对象：找到 1 个（选择圆锥）

选择对象：找到 1 个，总计 2 个（选择圆柱）

选择对象：

六、综合举例

下面通过图 17-16 所示典型实例，熟悉一下三维实体造型操作。

1）首先绘制图 17-17 所示平面图，并确保各环封闭。

2）创建面域。使用边界命令来创建面域 A、B、C、D、E、F、G、H、I、J、K、L 共 12 个面域。

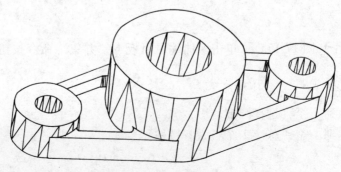

图 17-16　连杆实体

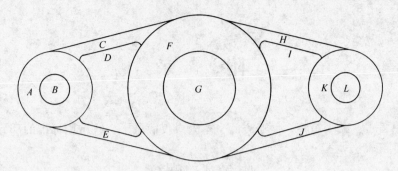

图 17-17　连杆平面图

3）使用布尔差集运算，分别用 A 面域减 B 面域、F 面域减 G 面域、K 面域减 L 面域，获得所需的三个圆环面域。

4）使用实体拉伸命令拉伸步骤 3 所获得的三个圆环面域及 C、D、E、H、I、J 六个面域，注意不同的拉伸高度。

5）使用布尔并集运算，把所有实体并集成一个连杆实体。

附　　录

为了突出重点，减少篇幅，便于查阅，本附录仅摘录了一些常用标准的部分内容。

附录 A　螺纹

附表 1　普通螺纹直径与螺距（GB/T 193—2003，GB/T 196—2003）

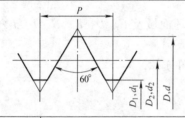

标记示例

公称直径 24mm，螺距为 3mm 的右旋粗牙普通螺纹，公差带代号 6g：M24

公称直径 24mm，螺距为 1.5mm 的左旋细牙普通螺纹，公差带代号 7H：M24×1.5-7H-LH

（单位：mm）

公称直径 D、d		螺距 P		粗牙小径 D_1、d_1	公称直径 D、d		螺距 P		粗牙小径 D_1、d_1
第一系列	第二系列	粗牙	细牙		第一系列	第二系列	粗牙	细牙	
3		0.5	0.35	2.459	20		2.5	2、1.5、1	17.294
	3.5	0.6		2.850		22	2.5		19.294
4		0.7	0.5	3.242	24		3		20.752
	4.5	0.75		3.688		27	3		23.752
5		0.8		4.134	30		3.5	（3）、2、1.5、1	26.211
6		1	0.75	4.917		33	3.5	（3）、2、1.5	29.211
	7	1		5.917	36		4	3、2、1.5	31.670
8		1.25	1、0.75	6.647		39	4		34.670
10		1.5	1.25、1、0.75	8.376	42		4.5		37.129
12		1.75	1.25、1	10.106		45	4.5		40.129
	14	2	1.5、1.25、1	11.835	48		5	4、3、2、1.5	42.587
16		2	1.5、1	13.835		52	5		46.587
	18	2.5	2、1.5、1	15.294	56		5.5		50.046

注：1. 优先选用第一系列，括号内尺寸尽可能不用。第三系列未列入。

　　2. M14×1.25 仅用于发动机的火花塞。

附表2 梯形螺纹直径与螺距 (GB/T 5796.2~5796.3—2005)

标记示例

公称直径为40mm，螺距为7mm，中径公差带代号为7H 的单线右旋梯形内螺纹：Tr40×7-7H

公称直径为40mm，导程为14mm，螺距为7mm，中径公差带代号为8e 的双线左旋梯形外螺纹：

Tr40×14（P7）LH-8e

（单位：mm）

公称直径 d		螺距	中径	大径	小径		公称直径 d		螺距	中径	大径	小径	
第一系列	第二系列	P	$d_2=D_2$	D_4	d_3	D_1	第一系列	第二系列	P	$d_2=D_2$	D_4	d_3	D_1
8		1.5	7.25	8.30	6.20	6.50		26	3	24.50	26.50	22.50	23.00
	9	1.5	8.25	9.30	7.20	7.50			5	23.50	26.50	20.50	21.00
		2	8.00	9.50	6.50	7.00			8	22.00	27.00	17.00	18.00
10		1.5	9.25	10.30	8.20	8.50	28		3	26.50	28.50	24.50	25.00
		2	9.00	10.50	7.50	8.00			5	25.50	28.50	22.50	23.00
	11	2	10.00	11.50	8.50	9.00			8	24.00	29.00	19.00	20.00
		3	9.50	11.50	7.50	8.00		30	3	28.50	30.50	26.50	27.00
12		2	11.00	12.50	9.50	10.00			6	27.00	31.00	23.00	24.00
		3	10.50	12.50	8.50	9.00			10	25.00	31.00	19.00	20.00
	14	2	13.00	14.50	11.50	12.00	32		3	30.50	32.50	28.50	29.00
		3	12.50	14.50	10.50	11.00			6	29.00	33.00	25.00	26.00
16		2	15.00	16.50	13.50	14.00			10	27.00	33.00	21.00	22.00
		4	14.00	16.50	11.50	12.00		34	3	32.50	34.50	30.50	31.00
	18	2	17.00	18.50	15.50	16.00			6	31.00	35.00	27.00	28.00
		4	16.00	18.50	13.50	14.00			10	29.00	35.00	23.00	24.00
20		2	19.00	20.50	17.50	18.00	36		3	34.50	36.50	32.50	33.00
		4	18.00	20.50	15.50	16.00			6	33.00	37.00	29.00	30.00
	22	3	20.50	22.50	18.50	19.00			10	31.00	37.00	25.00	26.00
		5	19.50	22.50	16.50	17.00		38	3	36.50	38.50	34.50	35.00
		8	18.00	23.00	13.00	14.00			7	34.50	39.00	30.00	31.00
24		3	22.50	24.50	20.50	21.00			10	33.00	39.00	27.00	28.00
		5	21.50	24.50	18.50	19.00	40		3	38.50	40.50	36.50	37.00
		8	20.00	25.00	15.00	16.00			7	36.50	41.00	32.00	33.00
									10	35.00	41.00	29.00	30.00

附表3　管螺纹

55°密封管螺纹（GB/T 7306.2—2000）　　　　55°非密封管螺纹（GB/T 7307—2001）

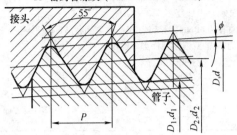 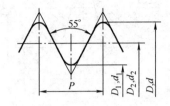

标记示例

尺寸代号为1/2的右旋圆锥外螺纹：R₂1/2

尺寸代号为1/2的右旋圆柱内螺纹：Rp1/2

尺寸代号为1/2的左旋圆锥内螺纹：Rc1/2-LH

标记示例

尺寸代号为1/2的右旋内螺纹：G1/2

尺寸代号为1/2的A级右旋外螺纹：G1/2A

尺寸代号为1/2的B级左旋外螺纹：G 1/2B-LH

（单位：mm）

尺寸代号	25.4mm 内的牙数 n	螺距 P	基本直径			基准距离
			大径 $d=D$	中径 $d_2=D_2$	小径 $d_1=D_1$	
1/8	28	0.907	9.728	9.147	8.566	4.0
1/4	19	1.337	13.157	12.301	11.445	6.0
3/8			16.662	15.806	14.950	6.4
1/2	14	1.814	20.955	19.793	18.631	8.2
3/4			26.441	25.279	24.117	9.5
1	11	2.309	33.249	31.770	30.291	10.4
1 1/4			41.910	40.431	38.952	12.7
1 1/2			47.803	46.324	44.845	12.7
2			59.614	58.135	56.656	15.9
2 1/2			75.184	73.705	72.226	17.5
3			87.884	86.405	84.926	20.6
4			113.030	111.551	110.072	25.4
5			138.430	136.951	135.472	28.6
6			163.830	162.351	160.872	28.6

注：1. 55°密封圆锥管螺纹大径、小径是指基准平面上的尺寸。圆锥内螺纹的端面向里 0.5P 处即为基面，而圆锥外螺纹的基准平面与小端相距一个基准距离。

2. 55°密封管螺纹的锥度为 1：16，即 $\phi=1°47'24''$。

附录 B　常用标准件

附表 4　六角头螺栓

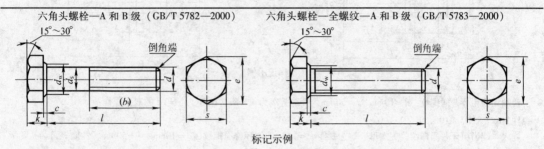

标记示例

螺纹规格 d = M12、公称长度 l = 80mm、性能等级为 8.8 级、表面氧化、产品等级为 A 级的六角头螺栓：

螺栓 GB/T 5782　M12×80

螺纹规格 d = M12、公称长度 l = 80mm、性能等级为 8.8 级、表面氧化、全螺纹、产品等级为 A 级的六角头螺栓：螺栓 GB/T 5783　M12×80

（单位：mm）

螺纹规格 d		M4	M5	M6	M8	M10	M12	M16	M20	M24	M30	M36	M42	M48
b 参考	l≤125	14	16	18	22	26	30	38	46	54	66	—	—	—
	125<l≤200	20	22	24	28	32	36	44	52	60	72	84	96	108
	l>200	33	35	37	41	45	49	57	65	73	85	97	109	121
c_{max}		0.4	0.5			0.6			0.8				1	
k		2.8	3.5	4	5.3	6.4	7.5	10	12.5	15	18.7	22.5	26	30
$d_{s\ max}$		4	5	6	8	10	12	16	20	24	30	36	42	48
s_{max}		7	8	10	13	16	18	24	30	36	46	55	65	75
e_{min}	A	7.66	8.79	11.05	14.38	17.77	20.03	26.75	33.53	39.98	—	—	—	—
	B	7.50	8.63	10.89	14.2	17.59	19.85	26.17	32.95	39.55	50.85	60.79	71.3	82.6
$d_{w\ min}$	A	5.88	6.88	8.88	11.63	14.63	16.63	22.49	28.19	33.61	—	—	—	—
	B	5.74	6.74	8.74	11.47	14.47	16.47	22	27.7	33.25	42.75	51.11	59.95	69.45
l 范围	GB/T 5782	25～40	25～50	30～60	40～80	45～100	50～120	65～160	80～200	90～240	110～300	140～360	160～440	180～480
	GB/T 5783	8～40	10～50	12～60	16～80	20～100	25～120	30～150	40～150	50～150	60～200	70～200	80～200	90～200
l 系列	GB/T 5782	25～65（5 进位）、70～160（10 进位）、180～480（20 进位）												
	GB/T 5783	8、10、12、16、18、20～65（5 进位）、70～160（10 进位）、180、200												

注：1. 末端按 GB/T 2 规定。

2. 螺纹公差：6g。

3. 产品等级：A 级用于 d = 1.6～24 mm 和 l≤10d 或 l≤150mm（按较小值）；B 级用于 d>24 mm 或 l>10d 或 l>150mm（按较小值）。

附表 5　双头螺柱

$b_m = 1d\,(\text{GB/T 897—1988})$　$b_m = 1.25d\,(\text{GB/T 898—1988})$　　$b_m = 1.5d$　（GB/T 899—1988）$b_m = 2d$　（GB/T 900—1988）

A 型　　　　　　　　　　　　　　　　　　　　　B 型

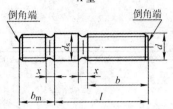　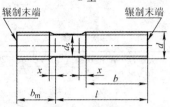

标记示例

两端均为粗牙普通螺纹，$d = 10\text{mm}$，$l = 50\text{mm}$，性能等级为 4.8 级、B 型、$b_m = 1d$ 的双头螺柱：

螺柱 GB/T 897　M10×50

旋入一端为粗牙普通螺纹，旋螺母一端为螺距 $P = 1\text{mm}$ 的细牙普通螺纹，$d = 10\text{mm}$，$l = 50\text{mm}$，性能等级为 4.8 级、A 型、$b_m = 1d$ 的双头螺柱：螺柱 GB/T 897　AM10-M10×1×50

旋入一端为过渡配合的第一种配合，旋螺母一端为粗牙普通螺纹，$d = 10\text{mm}$，$l = 50\text{mm}$，性能等级为 8.8 级、B 型、$b_m = 1d$ 的双头螺柱：螺柱 GB/T 897　GM10-M10×50-8.8

（单位：mm）

螺纹规格 d		M4	M5	M6	M8	M10	M12	M16	M20	M24	M30	M36	M42	M48
b_m	GB/T 897	—	5	6	8	10	12	16	20	24	30	36	42	48
	GB/T 898	—	6	8	10	12	15	20	25	30	38	45	52	60
	GB/T 899	6	8	10	12	15	18	24	30	36	45	54	63	72
	GB/T 900	8	10	12	16	20	24	32	40	48	60	72	84	96
d_s		A 型 d_s = 螺纹大径　　B 型 d_s ≈ 螺纹中径												
x		1.5P												
$\dfrac{l}{b}$		$\dfrac{16\sim22}{8}$	$\dfrac{16\sim22}{10}$	$\dfrac{20\sim22}{10}$	$\dfrac{20\sim22}{12}$	$\dfrac{25\sim28}{14}$	$\dfrac{25\sim30}{16}$	$\dfrac{30\sim38}{20}$	$\dfrac{35\sim40}{25}$	$\dfrac{45\sim50}{30}$	$\dfrac{60\sim65}{40}$	$\dfrac{65\sim75}{45}$	$\dfrac{70\sim80}{50}$	$\dfrac{80\sim90}{60}$
		$\dfrac{25\sim40}{14}$	$\dfrac{25\sim50}{16}$	$\dfrac{25\sim30}{14}$	$\dfrac{25\sim30}{16}$	$\dfrac{30\sim38}{16}$	$\dfrac{32\sim40}{20}$	$\dfrac{40\sim55}{30}$	$\dfrac{45\sim65}{35}$	$\dfrac{55\sim75}{45}$	$\dfrac{70\sim90}{50}$	$\dfrac{80\sim110}{60}$	$\dfrac{85\sim110}{70}$	$\dfrac{95\sim110}{80}$
				$\dfrac{32\sim75}{18}$	$\dfrac{32\sim90}{22}$	$\dfrac{40\sim120}{26}$	$\dfrac{45\sim120}{30}$	$\dfrac{60\sim120}{38}$	$\dfrac{70\sim120}{46}$	$\dfrac{80\sim120}{54}$	$\dfrac{95\sim120}{60}$	$\dfrac{120}{78}$	$\dfrac{120}{90}$	$\dfrac{120}{102}$
						$\dfrac{130}{32}$	$\dfrac{130\sim180}{36}$	$\dfrac{130\sim200}{44}$	$\dfrac{130\sim200}{52}$	$\dfrac{130\sim200}{60}$	$\dfrac{130\sim200}{72}$	$\dfrac{130\sim200}{84}$	$\dfrac{130\sim200}{96}$	$\dfrac{130\sim200}{108}$
											$\dfrac{210\sim250}{85}$	$\dfrac{210\sim300}{97}$	$\dfrac{210\sim300}{109}$	$\dfrac{210\sim300}{121}$
l 系列		16、(18)、20、(22)、25、(28)、30、(32)、35、(38)、40、45、50、(55)、60、(65)、70、(75)、80、(85)、90、(95)、100、110、120、130、140、150、160、170、180、190、200、210、220、230、240、250、260、280、300												

注：1. 括号内尺寸尽可能不采用。

　　2. P 为螺距。

附表6　螺　钉

开槽圆柱头螺钉（GB/T 65—2000）　　　　开槽盘头螺钉（GB/T 67—2008）

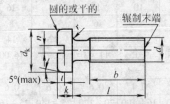 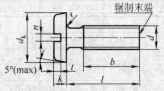

开槽沉头螺钉（GB/T 68—2000）

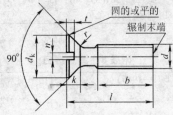

无螺纹部分杆径约等于螺纹中径或允许等于螺纹大径

标记示例

螺纹规格 d = M5，公称长度 l = 20mm，性能等级为4.8级，不经表面处理的开槽沉头螺钉：

螺钉　GB/T 65　M5×20

（单位：mm）

螺纹规格 d	螺距 P	b_{min}	$n_{公称}$	k_{max}			$d_{k max}$			t_{min}			r	l 范围
				GB/T65	GB/T67	GB/T68	GB/T65	GB/T67	GB/T68	GB/T65	GB/T67	GB/T68		
M3	0.5	25	0.8	2	1.8	1.65	5.5	5.6	5.5	0.85	0.7	0.6	0.1	4(5)~30
M4	0.7	38	1.2	2.6	2.4	2.7	7	8	8.4	1.1	1	1	0.2	5(6)~40
M5	0.8	38	1.2	3.3	3.0	2.7	8.5	9.5	9.3	1.3	1.2	1.1	0.2	6(8)~50
M6	1	38	1.6	3.9	3.6	3.3	10	12	11.3	1.6	1.4	1.2	0.25	8~60
M8	1.25	38	2	5	4.8	4.65	13	16	15.8	2	1.9	1.8	0.4	10~80
M10	1.5	38	2.5	6	6	5	16	20	18.3	2.4	2.4	2	0.4	12~80
l 系列	4、5、6、8、10、12、(14)、16、20、25、30、35、40、45、50、(55)、60、(65)、70、(75)、80													

注：1. l 范围中，括号内尺寸为 GB/T 68 的尺寸。

2. l 系列中，括号内尺寸尽可能不采用。

附表7　内六角圆柱头螺钉（GB/T 70.1—2008）

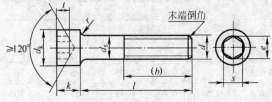

标记示例

螺纹规格 d = M5，公称长度 l = 20mm，性能等级为8.8级，表面氧化的A级内六角圆柱头螺钉：

螺钉　GB/T 70.1　M5×20

（单位：mm）

螺纹规格 d	M3	M4	M5	M6	M8	M10	M12	(M14)	M16	M20	M24
螺距 P	0.5	0.7	0.8	1	1.25	1.5	1.75	2	2	2.5	3
$b_{参考}$	18	20	22	24	28	32	36	40	44	52	60
$d_{k max}$	5.5	7	8.5	10	13	16	18	21	24	30	36

（续）

螺纹规格 d	M3	M4	M5	M6	M8	M10	M12	（M14）	M16	M20	M24
k_{max}	3	4	5	6	8	10	12	14	16	20	24
t_{min}	1.3	2	2.5	3	4	5	6	7	8	10	12
$s_{公称}$	2.5	3	4	5	6	8	10	12	14	17	19
e_{min}	2.87	3.44	4.58	5.72	6.86	9.15	11.43	13.72	16.00	19.44	21.73
$d_{s\,max}$						$=d$					
r_{min}	0.1	0.2	0.2	0.25	0.4	0.4	0.6	0.6	0.6	0.8	0.8
l 范围	5～30	6～40	8～50	10～60	12～80	16～100	20～120	25～140	25～160	30～200	40～240
l 系列	5、6、8、10、12、16、20、25、30、35、40、45、50、55、60、65、70、80、90、100、110、120、130、140、150、160、180、200、220、240										

注：括号内尺寸尽可能不采用。

附表8　紧定螺钉

开槽锥端紧定螺钉（GB/T 71—1985）　　　　开槽平端紧定螺钉（GB/T 73—1985）

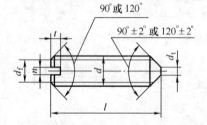 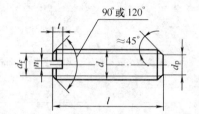

开槽长圆柱端紧定螺钉 (GB/T 75—1985)

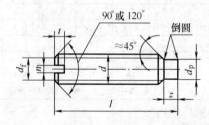

标注示例

螺纹规格 d = M10，公称长度 l = 20mm，性能等级为14H级，表面氧化的开槽锥端紧定螺钉：
螺钉　GB/T 71　M10×20

（单位：mm）

螺纹规格 d	螺距 P	$d_f \approx$	$d_{t\,max}$	$d_{p\,max}$	n	t_{max}	z_{max}	l 范围		
								GB/T 71	GB/T 73	GB/T 75
M3	0.5	螺纹小径	0.3	2	0.4	1.05	1.75	4～16	3～16	5～16
M4	0.7		0.4	2.5	0.6	1.42	2.25	6～20	4～20	6～20
M5	0.8		0.5	3.5	0.8	1.63	2.75	8～25	5～25	8～25
M6	1		1.5	4	1	2	3.25	8～30	6～30	8～30
M8	1.25		2	5.5	1.2	2.5	4.3	10～40	8～40	10～40
M10	1.5		2.5	7	1.6	3	5.3	12～50	10～50	12～50
M12	1.75		3	8.5	2	3.6	6.3	14～60	12～60	14～60
l 系列	3、4、5、6、8、10、12、(14)、16、20、25、30、40、45、50、(55)、60									

注：括号内尺寸尽可能不采用。

附表 9　六角螺母

I 型六角螺母—A 和 B 级（GB/T 6170—2000）　　六角螺母—C 级（GB/T 41—2000）

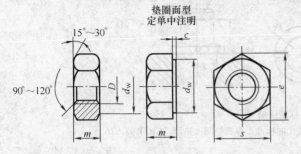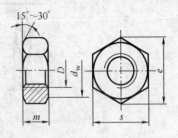

垫圈面型
定单中注明

标记示例

螺纹规格 D = M12、性能等级为 8 级、不经表面处理、产品等级为 A 级的 I 型六角螺母：

螺母　GB/T 6170　M12

螺纹规格 D = 12、性能等级为 5 级、不经表面处理、产品等级为 C 级的六角螺母：螺母　GB/T 41　M12

（单位：mm）

螺纹规格 D		M4	M5	M6	M8	M10	M12	M16	M20	M24	M30	M36	M42	M48
螺距 P		0.7	0.8	1	1.25	1.5	1.75	2	2.5	3	3.5	4	4.5	5
c_{max}		0.4	0.5			0.6			0.8				1	
s_{max}		7	8	10	13	16	18	24	30	36	46	55	65	75
e_{min}	GB/T 6170	7.66	8.79	11.05	14.38	17.77	20.03	26.75	32.95	39.55	50.85	60.79	71.3	82.6
	GB/T 41	—	8.63	10.89	14.2	17.59	19.85	26.17	32.95	39.55	50.85	60.79	71.3	82.6
m_{max}	GB/T 6170	3.2	4.7	5.2	6.8	8.4	10.8	14.8	18	21.5	25.6	31	34	38
	GB/T 41	—	5.6	6.4	7.9	9.5	12.2	15.9	19	22.3	26.4	31.9	34.9	38.9
$d_{w\,min}$	GB/T 6170	5.9	6.9	8.9	11.6	14.6	16.6	22.5	27.7	33.3	42.8	51.1	60	69.5
	GB/T 41	—	6.7	8.7	11.5	14.5	16.5	22	27.7	33.3	42.8	51.1	60	69.5

注：1. A 级用于 $D \leq 16$ 的螺母；B 级用于 $D > 16$ 的螺母；C 级用于 M5 ~ M64 的螺母。

　　2. 螺纹公差：A、B 级为 6H，C 级为 7H；力学性能等级：A、B 级为 6、8、10 级，C 级为 4、5 级。

附表 10　平垫圈

平垫圈—A 级（GB/T 97.1—2002）　　平垫圈　倒角型—A 级（GB/T 97.2—2002）

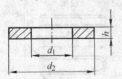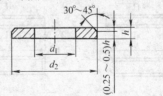

标记示例

标准系列、公称规格 d = 8mm、由钢制造的硬度等级为 200HV 级、不经表面处理的平垫圈：

垫圈　GB/T 97.1　8

（单位：mm）

公称规格（螺纹大径 d）	3	4	5	6	8	10	12	14	16	20	24	30	36
内径 d_1	3.2	4.3	5.3	6.4	8.4	10.5	13	15	17	21	25	31	37
外径 d_2	7	9	10	12	16	20	24	28	30	37	44	56	66
厚度 h	0.5	0.8	1	1.6	1.6	2	2.5	2.5	3	3	4	4	5

附表 11　标准型弹簧垫圈（GB/T 93—1987）

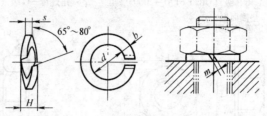

标记示例

规格 16mm、材料为 65Mn、表面氧化的标准型弹簧垫圈：垫圈　GB/T 93　16

（单位：mm）

规格（螺纹大径）	4	5	6	8	10	12	16	20	24	30	36	42	48
d_{min}	4.1	5.1	6.1	8.1	10.2	12.2	16.2	20.2	24.5	30.5	36.5	42.5	48.5
$S = b_{公称}$	1.1	1.3	1.6	2.1	2.6	3.1	4.1	5	6	7.5	9	10.5	12
$m \leqslant$	0.55	0.65	0.8	1.05	1.3	1.55	2.05	2.5	3	3.75	4.5	5.25	6
H_{max}	2.75	3.25	4	5.25	6.5	7.75	10.25	12.5	15	18.75	22.5	26.25	30

附表 12　普通平键

GB/T 1095—2003　平键键槽的剖面尺寸

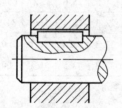 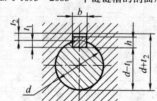

GB/T 1096—2003 普通平键的形式尺寸

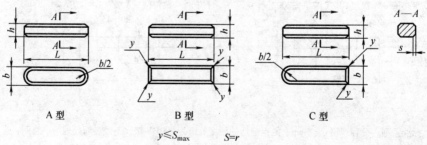

A 型　　　　　　　　B 型　　　　　　　　C 型

$y \leqslant S_{max}$　　　　$S = r$

标记示例

宽度 $b = 16mm$、高度 $h = 10mm$、长度 $L = 100mm$ 的普通 A 型平键：GB/T 1096　键 $16 \times 10 \times 100$

（单位：mm）

（续）

键尺寸		键槽											
		宽度 b						深 度				半径 r	
		基本尺寸	极 限 偏 差					轴 t_1		毂 t_2			
			正常联结		紧密联结	松 联 结		基本尺寸	极限偏差	基本尺寸	极限偏差		
$b \times h$	L范围		轴 N9	毂 JS9	轴和毂 P9	轴 H9	毂 D10					min	max
2×2	6～20	2	−0.004	±0.0125	−0.006	+0.025	+0.060	1.2		1.0		0.08	0.16
3×3	6～36	3	−0.029		−0.031	0	+0.020	1.8	+0.10	1.4	+0.10		
4×4	8～45	4	0	±0.015	−0.012	+0.030	+0.078	2.5		1.8			
5×5	10～56	5	−0.030		−0.042	0	+0.030	3.0		2.3			
6×6	14～70	6						3.5		2.8		0.16	0.25
8×7	18～90	8	0	±0.018	−0.015	+0.036	+0.098	4.0		3.3			
10×8	22～110	10	−0.036		−0.051	0	+0.040	5.0		3.3			
12×8	28～140	12						5.0	+0.20	3.3	+0.20		
14×9	36～160	14	0	±0.0215	−0.018	+0.043	+0.120	5.5		3.8		0.25	0.40
16×10	45～180	16	−0.043		−0.061	0	+0.050	6.0		4.3			
18×11	50～200	18						7.0		4.4			
L系列	6、8、10、12、14、16、18、20、22、25、28、32、36、40、45、50、56、63、70、80、90、100、110、125、140、160、180、200												

附表 13 圆柱销 不淬硬钢和奥氏体不锈钢（GB/T 119.1—2000）

末端形状由制造者确定

允许倒圆或凹穴

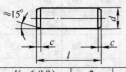

标记示例

公称直径 d = 6mm、公差 m6、公称长度 l = 30mm、材料为钢、不经淬火、不经表面处理的圆柱销：销　GB/T 119.1 6m6×30

（单位：mm）

d(m6/h8)	2	2.5	3	4	5	6	8	10	12	16	20
c≈	0.35	0.4	0.5	0.63	0.8	1.2	1.6	2	2.5	3	3.5
l范围	6～20	6～24	8～30	8～40	10～50	12～60	14～80	18～95	22～140	26～180	35～200
l系列	6、8、10、12、14、16、18、20、22、24、26、28、30、32、35、40、45、50、55、60、65、70、75、80、85、90、95、100、120、140、160、180、200										

附表 14 圆锥销（GB/T 117—2000）

A 型（磨削）：锥面表面粗糙度 $Ra = 0.8 \mu m$

B 型（切削或冷镦）：锥面表面粗糙度 $Ra = 3.2 \mu m$
标记示例

公称直径 d = 6mm、公称长度 l = 30mm、材料 35 钢、热处理硬度 28～38HRC、表面氧化处理的 A 型圆锥销：销　GB/T 117　6×30

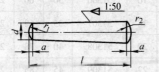

$r_1 \approx d$ 　$r_2 \approx d + a/2 + (0.02l)^2/8a$

（单位：mm）

d(h10)	2	2.5	3	4	5	6	8	10	12	16	20
a≈	0.25	0.3	0.4	0.5	0.63	0.8	1	1.2	1.6	2	2.5
l范围		10～35	12～45	14～65	18～60	22～90	22～120	26～160	32～180	40～200	45～200
l系列	10、12、14、16、18、20、22、24、26、28、30、32、35、40、45、50、55、60、65、70、75、80、85、90、95、100、120、140、160、180、200										

附表 15　滚动轴承

深沟球轴承
（GB/T 276—1994）

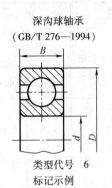

类型代号　6
标记示例

尺寸系列代号为（02）内径代号为06的深沟球轴承：滚动轴承 6206　GB/T 276—1994

圆锥滚子轴承
（GB/T 297—1994）

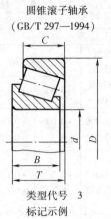

类型代号　3
标记示例

尺寸系列代号为03、内径代号为12 的圆锥滚子轴承：

滚动轴承　30312　GB/T 297—1994

推力球轴承
（GB/T 301—1995）

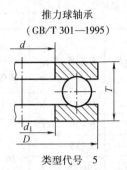

类型代号　5
标记示例

尺寸系列代号为13，内径代号为10 的推力球轴承：滚动轴承　51310 GB/T 301—1995

轴承代号	尺寸/mm			轴承代号	尺寸/mm					轴承代号	尺寸/mm			
	d	D	B		d	D	T	B	C		d	D	T	d_1
（0）2 系列				02 系列						12 系列				
6204	20	47	14	30204	20	47	15.25	14	12	51204	20	40	14	22
6205	25	52	15	30205	25	52	16.25	15	13	51205	25	47	15	27
6206	30	62	16	30206	30	62	17.25	16	14	51206	30	52	16	32
6207	35	72	17	30207	35	72	18.25	17	15	51207	35	62	18	37
6208	40	80	18	30208	40	80	19.75	18	16	51208	40	68	19	42
6209	45	85	19	30209	45	85	20.75	19	16	51209	45	73	20	47
6210	50	90	20	30210	50	90	21.75	20	17	51210	50	78	22	52
6211	55	100	21	30211	55	100	22.75	21	18	51211	55	90	25	57
6212	60	110	22	30212	60	110	23.75	22	19	51212	60	95	26	62
（0）3 系列				03 系列						13 系列				
6304	20	52	15	30304	20	52	16.25	15	13	51304	20	47	18	22
6305	25	62	17	30305	25	62	18.25	17	15	51305	25	52	18	27
6306	30	72	19	30306	30	72	20.75	19	16	51306	30	60	21	32
6307	35	80	21	30307	35	80	22.75	21	18	51307	35	68	24	37
6308	40	90	23	30308	40	90	25.25	23	20	51308	40	78	26	42
6309	45	100	25	30309	45	100	27.25	25	22	51309	45	85	28	47
6310	50	110	27	30310	50	110	29.25	27	23	51310	50	95	31	52
6311	55	120	29	30311	55	120	31.50	29	25	51311	55	105	35	57
6312	60	130	31	30312	60	130	33.50	31	26	51312	60	110	35	62

附录 C　常用零件结构要素

附表 16　紧固件通孔及沉孔尺寸　　　　　　　（单位：mm）

螺纹直径 d		4	5	6	8	10	12	16	20	24	30	36
螺栓和螺钉通孔直径 d_1（GB/T 5277—1985）	精装配	4.3	5.3	6.4	8.4	10.5	13	17	21	25	31	37
	中等装配	4.5	5.5	6.6	9	11	13.5	17.5	22	26	33	39
	粗装配	4.8	5.8	7	10	12	14.5	18.5	24	28	35	42
沉头螺钉用沉孔 GB/T 152.2—1988	d_2	9.6	10.6	12.8	17.6	20.3	24.4	32.4	40.4	—	—	—
	$t \approx$	2.7	2.7	3.3	4.6	5	6	8	10	—	—	—
开槽圆柱头螺钉用沉孔 GB/T 152.3—1988	d_2	8	10	11	15	18	20	26	33	—	—	—
	t	3.2	4	4.7	6	7	8	10.5	12.5	—	—	—
	d_3	—	—	—	—	—	16	20	24	—	—	—
内六角圆柱头螺钉用沉孔	d_2	8	10	11	15	18	20	26	33	40	48	57
	t	4.6	5.7	6.8	9	11	13	17.5	21.5	25.5	32	38
	d_3	—	—	—	—	—	16	20	24	28	36	42
六角头螺栓和螺母用沉孔 GB/T 152.4—1988	d_2	10	11	13	18	22	26	33	40	48	61	71
	d_3	—	—	—	—	—	16	20	24	28	36	42
	t	只要能制出与通孔 d_1 的轴线相垂直的圆平面即可（锪平为止）										

附表 17　倒角和倒圆（GB/T 6403.4—2008）

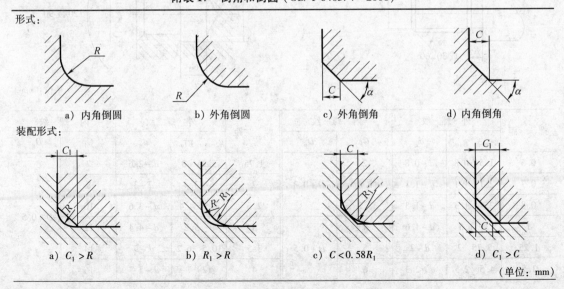

形式：
a) 内角倒圆　b) 外角倒圆　c) 外角倒角　d) 内角倒角

装配形式：
a) $C_1 > R$　b) $R_1 > R$　c) $C < 0.58R_1$　d) $C_1 > C$

（单位：mm）

（续）

直径 φ	>3~6	>6~10	>10~18	>18~30	>30~50	>50~80	>80~120
C 或 R	0.4	0.6	0.8	1.0	1.6	2.0	2.5
直径 φ	>120~180	>180~250	>250~320	>320~400	>400~500	>500~630	>630~800
C 或 R	3.0	4.0	5.0	6.0	8.0	10	12

附表 18 砂轮越程槽（GB/T 6403.5—2008）

磨外圆　　　　　　　　　　磨内圆

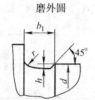 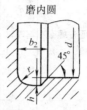

（单位：mm）

d	≤10			>10~50		>50~100		>100	
b_1	0.6	1.0	1.6	2.0	3.0	4.0	5.0	8.0	10
b_2	2.0	3.0		4.0		5.0			
h	0.1	0.2		0.3	0.4		0.6	0.8	1.2
r	0.2	0.5		0.8	1.0		1.6	2.0	3.0

附表 19 普通螺纹退刀槽和倒角（GB/T 3—1997）

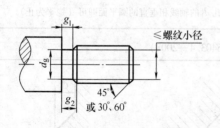 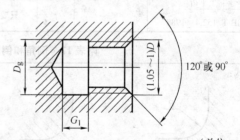

（单位：mm）

螺距	外螺纹		内螺纹		螺距	外螺纹		内螺纹	
	g_{2max}, g_{1min}	d_g	G_1	D_g		g_{2max}, g_{1min}	d_g	G_1	D_g
0.5	1.5　0.8	$d-0.8$	2		1.75	5.25　3	$d-2.6$	7	
0.7	2.1　1.1	$d-1.1$	2.8	$D+0.3$	2	6　3.4	$d-3$	8	
0.8	2.4　1.3	$d-1.3$	3.2		2.5	7.5　4.4	$d-3.6$	10	$D+0.5$
1	3　1.6	$d-1.6$	4		3	9　5.2	$d-4.4$	12	
1.25	3.75　2	$d-2$	5	$D+0.5$	3.5	10.5　6.2	$d-5$	14	
1.5	4.5　2.5	$d-2.3$	6		4	12　7	$d-5.7$	16	

附录 D 极限与配合

附表 20 标准公差数值（GB/T 1800.1—2009）

公称尺寸/mm		标准公差等级																	
大于	至	IT1	IT2	IT3	IT4	IT5	IT6	IT7	IT8	IT9	IT10	IT11	IT12	IT13	IT14	IT15	IT16	IT17	IT18
		/μm											/mm						
—	3	0.8	1.2	2	3	4	6	10	14	25	40	60	0.1	0.14	0.25	0.4	0.6	1	1.4
3	6	1	1.5	2.5	4	5	8	12	18	30	48	75	0.12	0.18	0.3	0.48	0.75	1.2	1.8
6	10	1	1.5	2.5	4	6	9	15	22	36	58	90	0.15	0.22	0.36	0.58	0.9	1.5	2.2
10	18	1.2	2	3	5	8	11	18	27	43	70	110	0.18	0.27	0.43	0.7	1.1	1.8	2.7
18	30	1.5	2.5	4	6	9	13	21	33	52	84	130	0.21	0.33	0.52	0.84	1.3	2.1	3.3
30	50	1.5	2.5	4	7	11	16	25	39	62	100	160	0.25	0.39	0.62	1	1.6	2.5	3.9
50	80	2	3	5	8	13	19	30	46	74	120	190	0.3	0.46	0.74	1.2	1.9	3	4.6
80	120	2.5	4	6	10	15	22	35	54	87	140	220	0.35	0.54	0.87	1.4	2.2	3.5	5.4
120	180	3.5	5	8	12	18	25	40	63	100	160	250	0.4	0.63	1	1.6	2.5	4	6.3
180	250	4.5	7	10	14	20	29	46	72	115	185	290	0.46	0.72	1.15	1.85	2.9	4.6	7.2
250	315	6	8	12	16	23	32	52	81	130	210	320	0.52	0.81	1.3	2.1	3.2	5.2	8.1
315	400	7	9	13	18	25	36	57	89	140	230	360	0.57	0.89	1.4	2.3	3.6	5.7	8.9
400	500	8	10	15	20	27	40	63	97	155	250	400	0.63	0.97	1.55	2.5	4	6.3	9.7

注：基本尺寸小于1mm 时，无 IT14 至 IT18。

附表 21 常用及优先配合轴的极限偏差（GB/T 1800.2—2009）　　　　（单位：μm）

公差带代号 公称尺寸/mm	c	d	f			g		h						
	⑪	⑨	6	⑦	8	⑥	7	⑥	⑦	8	⑨	10	⑪	12
>0 ~ 3	−60 −120	−20 −45	−6 −12	−6 −16	−6 −20	−2 −8	−2 −12	0 −6	0 −10	0 −14	0 −25	0 −40	0 −60	0 −100
>3 ~ 6	−70 −145	−30 −60	−10 −18	−10 −22	−10 −28	−4 −12	−4 −16	0 −8	0 −12	0 −18	0 −30	0 −48	0 −75	0 −120
>6 ~ 10	−80 −170	−40 −76	−13 −22	−13 −28	−13 −35	−5 −14	−5 −20	0 −9	0 −15	0 −22	0 −36	0 −58	0 −90	0 −150
>10 ~ 18	−95 −205	−50 −93	−16 −27	−16 −34	−16 −43	−6 −17	−6 −24	0 −11	0 −18	0 −27	0 −43	0 −70	0 −110	0 −180
>18 ~ 30	−110 −240	−65 −117	−20 −33	−20 −41	−20 −53	−7 −20	−7 −28	0 −13	0 −21	0 −33	0 52	0 −84	0 −130	0 −210
>30 ~ 40	−120 −280	−80 −142	−25 −41	−25 −50	−25 −64	−9 −25	−9 −34	0 −16	0 −25	0 −39	0 −62	0 −100	0 −160	0 −250
>40 ~ 50	−130 −290													

（续）

公差带代号	c	d	f			g		h						
公称尺寸/mm	⑪	⑨	6	⑦	8	⑥	7	⑥	⑦	8	⑨	10	⑪	12
>50~65	−140 −330	−100 −174	−30 −49	−30 −60	−30 −76	−10 −29	−10 −40	0 −19	0 −30	0 −46	0 −74	0 −120	0 −190	0 −300
>65~80	−150 −340													
>80~100	−170 −390	−120 −207	−36 −58	−36 −71	−36 −90	−12 −34	−12 −47	0 −22	0 −35	0 −54	0 −87	0 −140	0 −220	0 −350
>100~120	−180 −400													
>120~140	−200 −450	−145 −245	−43 −68	−43 −83	−43 −106	−14 −39	−14 −54	0 −25	0 −40	0 −63	0 −100	0 −160	0 −250	0 −400
>140~160	−210 −460													
>160~180	−230 −480													
>180~200	−240 −530	−170 −285	−50 −79	−50 −96	−50 −122	−15 −44	−15 −61	0 −29	0 −46	0 −72	0 −115	0 −185	0 −290	0 −460
>200~225	−260 −550													
>225~250	−280 −570													
>250~280	−300 −620	−190 −320	−56 −88	−56 −108	−56 −137	−17 −49	−17 −69	0 −32	0 −52	0 −81	0 −130	0 −210	0 −320	0 −520
>280~315	−330 −650													
>315~355	−360 −720	−210 −350	−62 −98	−62 −119	−62 −151	−18 −54	−18 −75	0 −36	0 −57	0 −89	0 −140	0 −230	0 −360	0 −570
>355~400	−400 −760													
>400~450	−440 −840	−230 −385	−68 −108	−68 −131	−68 −165	−20 −60	−20 −83	0 −40	0 −63	0 −97	0 −155	0 −250	0 −400	0 −630
>450~500	−480 −880													

公差带代号	j	js	k		m		n		p		r	s	t	u
公称尺寸/mm	7	6	⑥	7	6	7	⑥	7	⑥	7	6	⑥	6	⑥
>0~3	+6 −4	±3	+6 0	+10 0	+8 +2	+12 +2	+10 +4	+14 +4	+12 +6	+16 +6	+16 +10	+20 +14		+24 +18
>3~6	+8 −4	±4	+9 +1	+13 +1	+12 +4	+16 +4	+16 +8	+20 +8	+20 +12	+24 +12	+23 +15	+27 +19		+31 +23
>6~10	+10 −5	±4.5	+10 +1	+16 +1	+15 +6	+21 +6	+19 +10	+25 +10	+24 +15	+30 +15	+28 +19	+32 +23		+37 +28
>10~18	+12 −6	±5.5	+12 +1	+19 +1	+18 +7	+25 +7	+23 +12	+30 +12	+29 +18	+36 +18	+34 +23	+39 +28		+44 +33

（续）

公差带代号 公称尺寸/mm	j	js	k		m		n		p		r	s	t	u
	7	6	⑥	7	6	7	⑥	7	⑥	7	6	⑥	6	⑥
>18 ~ 24	+13 / −8	±6.5	+15 / +2	+23 / +2	+21 / +8	+29 / +8	+28 / +15	+36 / +15	+35 / +22	+43 / +22	+41 / +28	+48 / +35		+54 / +41
>24 ~ 30	+13 / −8	±6.5	+15 / +2	+23 / +2	+21 / +8	+29 / +8	+28 / +15	+36 / +15	+35 / +22	+43 / +22	+41 / +28	+48 / +35	+54 / +41	+61 / +48
>30 ~ 40	+15 / −10	±8	+18 / +2	+27 / +2	+25 / +9	+34 / +9	+33 / +17	+42 / +17	+42 / +26	+51 / +26	+50 / +34	+59 / +43	+64 / +48	+76 / +60
>40 ~ 50	+15 / −10	±8	+18 / +2	+27 / +2	+25 / +9	+34 / +9	+33 / +17	+42 / +17	+42 / +26	+51 / +26	+50 / +34	+59 / +43	+70 / +54	+86 / +70
>50 ~ 65	+18 / −12	±9.5	+21 / +2	+32 / +2	+30 / +11	+41 / +11	+39 / +20	+50 / +20	+51 / +32	+62 / +32	+60 / +41	+72 / +53	+85 / +66	+106 / +87
>65 ~ 80	+18 / −12	±9.5	+21 / +2	+32 / +2	+30 / +11	+41 / +11	+39 / +20	+50 / +20	+51 / +32	+62 / +32	+62 / +43	+78 / +59	+94 / +75	+121 / +102
>80 ~ 100	+20 / −15	±11	+25 / +3	+38 / +3	+35 / +13	+48 / +13	+45 / +23	+58 / +23	+59 / +37	+72 / +37	+73 / +51	+93 / +71	+113 / +91	+146 / +124
>100 ~ 120	+20 / −15	±11	+25 / +3	+38 / +3	+35 / +13	+48 / +13	+45 / +23	+58 / +23	+59 / +37	+72 / +37	+76 / +54	+101 / +79	+126 / +104	+166 / +144
>120 ~ 140	+22 / −18	±12.5	+28 / +3	+43 / +3	+40 / +15	+55 / +15	+52 / +27	+67 / +27	+68 / +43	+83 / +43	+88 / +63	+117 / +92	+147 / +122	+195 / +170
>140 ~ 160	+22 / −18	±12.5	+28 / +3	+43 / +3	+40 / +15	+55 / +15	+52 / +27	+67 / +27	+68 / +43	+83 / +43	+90 / +65	+125 / +100	+159 / +134	+215 / +190
>160 ~ 180	+22 / −18	±12.5	+28 / +3	+43 / +3	+40 / +15	+55 / +15	+52 / +27	+67 / +27	+68 / +43	+83 / +43	+93 / +68	+133 / +108	+171 / +146	+235 / +210
>180 ~ 200	+25 / −21	±14.5	+33 / +4	+50 / +4	+45 / +17	+63 / +17	+60 / +31	+77 / +31	+79 / +50	+96 / +50	+106 / +77	+151 / +122	+195 / +166	+265 / +236
>200 ~ 225	+25 / −21	±14.5	+33 / +4	+50 / +4	+45 / +17	+63 / +17	+60 / +31	+77 / +31	+79 / +50	+96 / +50	+109 / +80	+159 / +130	+209 / +180	+287 / +258
>225 ~ 250	+25 / −21	±14.5	+33 / +4	+50 / +4	+45 / +17	+63 / +17	+60 / +31	+77 / +31	+79 / +50	+96 / +50	+113 / +84	+169 / +140	+225 / +196	+313 / +284
>250 ~ 280	±26	±16	+36 / +4	+56 / +4	+52 / +20	+72 / +20	+66 / +34	+86 / +34	+88 / +56	+108 / +56	+126 / +94	+190 / +158	+250 / +218	+347 / +315
>280 ~ 315	±26	±16	+36 / +4	+56 / +4	+52 / +20	+72 / +20	+66 / +34	+86 / +34	+88 / +56	+108 / +56	+130 / +98	+202 / +170	+272 / +240	+382 / +350
>315 ~ 355	+29 / −28	±18	+40 / +4	+61 / +4	+57 / +21	+78 / +21	+73 / +37	+94 / +37	+98 / +62	+119 / +62	+144 / +108	+226 / +190	+304 / +268	+426 / +390
>355 ~ 400	+29 / −28	±18	+40 / +4	+61 / +4	+57 / +21	+78 / +21	+73 / +37	+94 / +37	+98 / +62	+119 / +62	+150 / +114	+244 / +208	+330 / +294	+471 / +435
>400 ~ 450	+31 / +32	±20	+45 / +5	+68 / +5	+63 / +23	+86 / +23	+80 / +40	+103 / +40	+108 / +68	+131 / +68	+166 / +126	+272 / +232	+370 / +330	+530 / +490
>450 ~ 500	+31 / +32	±20	+45 / +5	+68 / +5	+63 / +23	+86 / +23	+80 / +40	+103 / +40	+108 / +68	+131 / +68	+172 / +132	+292 / +252	+400 / +360	+580 / +540

注：带圈者为优先选用。

附表 22　常用及优先配合孔的极限偏差（GB/T 1800.2—2009）　（单位：μm）

公称尺寸/mm	A	B	C	D	E	F	F	G	H	H	H	H	H	H
公差带代号	11	12	⑪	⑨	8	⑧	9	⑦	6	⑦	⑧	⑨	10	⑪
>0~3	+330 / +270	+240 / +140	+120 / +60	+45 / +20	+28 / +14	+20 / +6	+31 / +6	+12 / +2	+6 / 0	+10 / 0	+14 / 0	+25 / 0	+40 / 0	+60 / 0
>3~6	+345 / +270	+260 / +140	+145 / +70	+60 / +30	+38 / +20	+28 / +10	+40 / +10	+16 / +4	+8 / 0	+12 / 0	+18 / 0	+30 / 0	+48 / 0	+75 / 0
>6~10	+370 / +280	+300 / +150	+170 / +80	+76 / +40	+47 / +25	+35 / +13	+49 / +13	+20 / +5	+9 / 0	+15 / 0	+22 / 0	+36 / 0	+58 / 0	+90 / 0
>10~18	+400 / +290	+330 / +160	+205 / +95	+93 / +50	+59 / +32	+43 / +16	+59 / +19	+24 / +6	+11 / 0	+18 / 0	+27 / 0	+43 / 0	+70 / 0	+110 / 0
>18~24	+430 / +300	+370 / +160	+240 / +110	+117 / +65	+73 / +40	+53 / +20	+72 / +20	+28 / +7	+13 / 0	+21 / 0	+33 / 0	+52 / 0	+84 / 0	+130 / 0
>24~30	+430 / +300	+370 / +160	+240 / +110	+117 / +65	+73 / +40	+53 / +20	+72 / +20	+28 / +7	+13 / 0	+21 / 0	+33 / 0	+52 / 0	+84 / 0	+130 / 0
>30~40	+470 / +310	+420 / +170	+280 / +120	+142 / +80	+89 / +50	+64 / +25	+87 / +25	+34 / +9	+16 / 0	+25 / 0	+39 / 0	+62 / 0	+100 / 0	+160 / 0
>40~50	+480 / +320	+430 / +180	+290 / +130	+142 / +80	+89 / +50	+64 / +25	+87 / +25	+34 / +9	+16 / 0	+25 / 0	+39 / 0	+62 / 0	+100 / 0	+160 / 0
>50~65	+530 / +340	+490 / +190	+330 / +140	+174 / +100	+106 / +60	+76 / +30	+104 / +30	+40 / +10	+19 / 0	+30 / 0	+46 / 0	+74 / 0	+120 / 0	+190 / 0
>65~80	+550 / +360	+500 / +200	+340 / +150	+174 / +100	+106 / +60	+76 / +30	+104 / +30	+40 / +10	+19 / 0	+30 / 0	+46 / 0	+74 / 0	+120 / 0	+190 / 0
>80~100	+600 / +380	+570 / +220	+390 / +170	+207 / +120	+126 / +72	+90 / +36	+123 / +36	+47 / +12	+22 / 0	+35 / 0	+54 / 0	+87 / 0	+140 / 0	+220 / 0
>100~120	+630 / +410	+590 / +240	+400 / +180	+207 / +120	+126 / +72	+90 / +36	+123 / +36	+47 / +12	+22 / 0	+35 / 0	+54 / 0	+87 / 0	+140 / 0	+220 / 0
>120~140	+710 / +460	+660 / +260	+450 / +200	+245 / +145	+148 / +85	+106 / +43	+143 / +43	+54 / +14	+25 / 0	+40 / 0	+63 / 0	+100 / 0	+160 / 0	+250 / 0
>140~160	+770 / +520	+680 / +280	+460 / +210	+245 / +145	+148 / +85	+106 / +43	+143 / +43	+54 / +14	+25 / 0	+40 / 0	+63 / 0	+100 / 0	+160 / 0	+250 / 0
>160~180	+830 / +580	+710 / +310	+480 / +230	+245 / +145	+148 / +85	+106 / +43	+143 / +43	+54 / +14	+25 / 0	+40 / 0	+63 / 0	+100 / 0	+160 / 0	+250 / 0
>180~200	+950 / +660	+800 / +340	+530 / +240	+285 / +170	+172 / +100	+122 / +50	+165 / +50	+61 / +15	+29 / 0	+46 / 0	+72 / 0	+115 / 0	+185 / 0	+290 / 0
>200~225	+1030 / +740	+840 / +380	+550 / +260	+285 / +170	+172 / +100	+122 / +50	+165 / +50	+61 / +15	+29 / 0	+46 / 0	+72 / 0	+115 / 0	+185 / 0	+290 / 0
>225~250	+1110 / +820	+880 / +420	+570 / +280	+285 / +170	+172 / +100	+122 / +50	+165 / +50	+61 / +15	+29 / 0	+46 / 0	+72 / 0	+115 / 0	+185 / 0	+290 / 0
>250~280	+1240 / +920	+1000 / +480	+620 / +300	+320 / +190	+191 / +110	+137 / +56	+186 / +56	+69 / +17	+32 / 0	+52 / 0	+81 / 0	+130 / 0	+210 / 0	+320 / 0
>280~315	+1370 / +1050	+1060 / +540	+650 / +330	+320 / +190	+191 / +110	+137 / +56	+186 / +56	+69 / +17	+32 / 0	+52 / 0	+81 / 0	+130 / 0	+210 / 0	+320 / 0

公差带代号 公称尺寸/mm	A 11	B 12	C ⑪	D ⑨	E 8	F ⑧	F 9	G ⑦	H 6	H ⑦	H 8	H ⑨	H 10	H ⑪
>315~355	+1560 +1200	+1170 +600	+720 +360	+350 +210	+214 +125	+151 +62	+202 +62	+75 +18	+36 0	+57 0	+89 0	+140 0	+230 0	+360 0
>355~400	+1710 +1350	+1250 +680	+760 +400											
>400~450	+1900 +1500	+1390 +760	+840 +440	+385 +230	+232 +135	+165 +68	+223 +68	+83 +20	+40 0	+63 0	+97 0	+155 0	+250 0	+400 0
>450~500	+2050 +1650	+1470 +840	+880 +480											

公差带代号 公称尺寸/mm	H 12	JS 7	JS 8	K ⑦	K 8	M 7	M 8	N ⑦	N 8	P ⑦	R 7	S ⑦	T 7	U ⑦
>0~3	+100 0	±6	±7	0 -10	0 -14	-2 -12	-2 -16	-4 -14	-4 -18	-6 -16	-10 -20	-14 -24		-18 -28
>3~6	+120 0	±6	±9	+3 -9	+5 -13	0 -12	+2 -16	-4 -16	-2 -20	-8 -20	-11 -23	-15 -27		-19 -31
>6~10	+150 0	±7	±11	+5 -10	+6 -16	0 -15	+1 -21	-4 -19	-3 -25	-9 -24	-13 -28	-17 -32		-22 -37
>10~18	+180 0	±9	±13	+6 -12	+8 -19	0 -18	+2 -25	-5 -23	-3 -30	-11 -29	-16 -34	-21 -39		-26 -44
>18~24	+210 0	±10	±16	+6 -15	+10 -23	0 -21	+4 -29	-7 -28	-3 -36	-14 -35	-20 -41	-27 -48		-33 -54
>24~30													-33 -54	-40 -61
>30~40	+250 0	±12	±19	+7 -18	+12 -27	0 -25	+5 -34	-8 -33	-3 -42	-17 -42	-25 -50	-34 -59	-39 -64	-51 -76
>40~50													-45 -70	-61 -86
>50~65	+300 0	±15	±23	+9 -21	+14 -32	0 -30	+5 -41	-9 -39	-4 -50	-21 -51	-30 -60	-42 -72	-55 -85	-76 -106
>65~80											-32 -62	-48 -78	-64 -94	-91 -121
>80~100	+350 0	±17	±27	+10 -25	+16 -38	0 -35	+6 -48	-10 -45	-4 -58	-24 -59	-38 -73	-58 -93	-78 -113	-111 -146
>100~120											-41 -76	-66 -101	-91 -126	-131 -166
>120~140	+400 0	±20	±31	+12 -28	+20 -43	0 -40	+8 -55	-12 -52	-4 -67	-28 -68	-48 -88	-77 -117	-107 -147	-155 -195
>140~160											-50 -90	-85 -125	-119 -159	-175 -215
>160~180											-53 -93	-93 -133	-131 -171	-195 -235

（续）

公差带代号 公称尺寸/mm	H	JS		K		M		N		P	R	S	T	U
	12	7	8	⑦	8	7	8	⑦	8	⑦	7	⑦	7	⑦
>180～200											−60 −106	−105 −151	−149 −195	−219 −265
>200～225	+460 0	±23	±36	+13 −33	+22 −50	0 −46	+9 −63	−14 −60	−5 −77	−33 −79	−63 −109	−113 −159	−163 −209	−241 −287
>225～250											−67 −113	−123 −169	−179 −225	−267 −313
>250～280											−74 −126	−138 −190	−198 −250	−295 −347
>280～315	+520 0	±26	±40	+16 −36	+25 −56	0 −52	+9 −72	−14 −66	−5 −86	−36 −88	−78 −130	−150 −202	−220 −272	−330 −382
>315～355											−87 −144	−169 −226	−247 −304	−369 −426
>355～400	+570 0	±28	±44	+17 −40	+28 −61	0 −57	+11 −78	−16 −73	−5 −94	−41 −98	−93 −150	−187 −244	−273 −330	−414 −471
>400～450											−103 −166	−209 −272	−307 −370	−467 −530
>450～500	+630 0	±31	±48	+18 −45	+29 −68	0 −63	+11 −86	−17 −80	−6 −103	−45 −108	−109 −172	−229 −292	−337 −400	−517 −580

注：带圈者为优先选用。

参考文献

[1] 夏华生，王其昌，冯秋官. 机械制图 [M]. 北京：高等教育出版社，2004.

[2] 金大鹰. 机械制图 [M]. 北京：机械工业出版社，2001.

[3] 大连理工大学工程图学教研室. 机械制图 [M].6 版. 北京：高等教育出版社，2007.

[4] 何铭新，钱可强. 机械制图 [M].5 版. 北京：高等教育出版社，2004.

[5] 冯秋官. 机械制图 [M].2 版. 北京：高等教育出版社，2007.

[6] 国家质量监督检验检疫总局等. 中华人民共和国国家标准. 技术制图与机械制图 [S]. 北京：中国标准出版社，1993～2009.